国家科学技术学术著作出版基金资助出版

科學专著：前沿研究

稀疏信号处理在新一代无线通信中的应用

归 琳 秦启波 张 凌 宫 博 著

上海科学技术出版社

图书在版编目（CIP）数据

稀疏信号处理在新一代无线通信中的应用 / 归琳等著. -- 上海 : 上海科学技术出版社, 2021.11
（科学专著.前沿研究）
ISBN 978-7-5478-5226-2

Ⅰ. ①稀… Ⅱ. ①归… Ⅲ. ①无线电通信－通信系统－信号处理－研究 Ⅳ. ①TN92

中国版本图书馆CIP数据核字(2021)第037639号

本书受“上海科技专著出版资金”资助

责任编辑　张毅颖
装帧设计　戚永昌

稀疏信号处理在新一代无线通信中的应用
归　琳　秦启波　张　凌　宫　博　著

上海世纪出版(集团)有限公司
上 海 科 学 技 术 出 版 社　出版、发行
(上海市闵行区号景路 159 弄 A 座 9F－10F)
邮政编码 201101　　www.sstp.cn
上海雅昌艺术印刷有限公司印刷
开本 787×1092　1/16　印张 14.5
字数 290 千字
2021 年 11 月第 1 版　2021 年 11 月第 1 次印刷
ISBN 978－7－5478－5226－2/TN・26
定价：98.00 元

内 容 提 要

随着移动互联网和物联网的蓬勃发展，虚拟现实、超高清传输、自动驾驶等前沿应用场景不断涌现。为满足它们对超高速率传输、超大流量密度、千亿级海量连接等方面的需求，迫切需要新的无线通信技术作为支撑。

本书聚焦 5G 的新传输技术，在介绍稀疏信号处理理论和大规模天线、毫米波等无线传输前沿技术的基础上，创新性地提出稀疏信号处理在信道估计、空间调制、混合预编码以及传感网数据聚合等领域的应用，为 5G 和 beyond 5G 系统的海量数据处理提供解决思路。书中扩展介绍的稀疏信号在卫星网络、水声通信等领域的应用，将有助于推动稀疏信号处理在未来天地一体通信上的研究和应用。

本书可以作为通信、信号处理、电子等相关专业本科生和研究生的参考书，也可以作为从事稀疏信号处理、无线通信研究的科研工作者与工程技术人员的参考资料。

《科学专著》系列丛书序

进入21世纪以来,中国的科学技术发展进入到一个重要的跃升期。我们科学技术自主创新的源头,正是来自科学向未知领域推进的新发现,来自科学前沿探索的新成果。学术著作是研究成果的总结,它的价值也在于其原创性。

著书立说,乃是科学研究工作不可缺少的一个组成部分。著书立说,既是丰富人类知识宝库的需要,也是探索未知领域、开拓人类知识新疆界的需要。特别是在科学各门类的那些基本问题上,一部优秀的学术专著常常成为本学科或相关学科取得突破性进展的基石。

一个国家,一个地区,学术著作出版的水平是这个国家、这个地区科学研究水平的重要标志。科学研究具有系统性和长远性,继承性和连续性等特点,科学发现的取得需要好奇心和想象力,也需要有长期的、系统的研究成果的积累。因此,学术著作的出版也需要有长远的安排和持续的积累,来不得半点的虚浮,更不能急功近利。

学术著作的出版,既是为了总结、积累,更是为了交流、传播。交流传播了,总结积累的效果和作用才能发挥出来。为了在中国传播科学而于1915年创办的《科学》杂志,在其自身发展的历程中,一直也在尽力促进中国学者的学术著作的出版。

几十年来,《科学》的编者和出版者,在不同的时期先后推出过好几套中国学者的科学专著。在20世纪三四十年代,出版有《科学丛书》;自20世纪90年代以来,又陆续推出《科学专著丛书》《科学前沿丛书》《科学前沿进展》等,形成了一个以刊物名字样科学为标识的学术专著系列。自1995年起,截至2010年"十一五"结束,在科学标识下,已出版了25部专著,其中有不少佳作,受到了科学界和出版界的欢迎和好评。

为了继续促进中国学者对前沿工作做有创见的系统总结，"十二五"期间，《科学》的编者和出版者决定对**科学**系列学术著作做新的延伸，将**科学**专著学术丛书扩展为三个系列品种，即《**科学**专著：前沿研究》《**科学**专著：生命科学研究》《**科学**专著：大科学工程》，继续为中国学者著书立说尽一份力。

随着中国科学研究向世界前列的挺进，我们相信，在**科学**系列的学术专著之中，一定会有更多中国学者推陈出新、标新立异的佳作问世，也一定会有传世的名著问世！

周光召

（《科学》杂志编委会主编）

2011 年 5 月

序　一

受归琳研究员之邀，为《稀疏信号处理在新一代无线通信中的应用》作序，得以先睹原稿，收益颇多。

此时正值我国 5G+ 产业发展如火如荼，面向 6G 的研究也已在学术界得以快速推进。无线通信代际演进的速度飞快，给无线通信技术的发展带来更高的期望。在追逐通信容量和可靠性的道路上，随着毫米波频段的启用、Massive MIMO 的大规模部署以及密集小区的网络规划，呈现出用更多通信资源的投入来换取容量和性能提升的趋势，通信信号处理面临巨大挑战。算法复杂度日益上升也使得网络整体能耗问题更为凸显。对传统奈奎斯特采样理论下的通信系统而言，如何高效获取并处理海量数据已成为一个关系网络能耗与性能的关键问题。

本书尝试从信号的稀疏特性角度入手，探索低奈奎斯特采样的技术途径，进行前期理论铺垫和关键技术验证，对可能的适用场景作出预判和分析，实现低采样和高效数据处理之间的微妙平衡。通过挖掘并证明无线通信系统不同环节存在稀疏性，以期摸索到一个闭环的稀疏特性链，从而为今后建立基于低奈奎斯特采样的通信系统提供新的设计思路。

区别于一般无线通信著作，本书关注应用场景，并结合作者前期的基金研究成果，就无线通信的一个个场景来展开案例阐述，深入浅出，便于读者阅读和理解。这确实是一部值得从事无线通信技术研究与开发，关心新一代无线通信系统后续发展的广大科技工作者、工程师、高校师生阅读的参考好书。

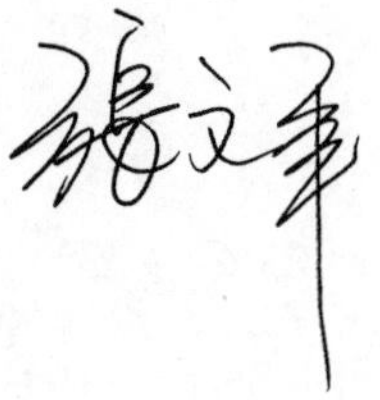

2021 年 5 月

序　　二

如今出一本书容易，出一本好的书不容易，而要出一本经典之作更不容易。

历经数十个春秋寒暑，作者课题组在通信领域辛勤耕耘，积极开拓，获得了国家自然科学基金等多项资助。《稀疏信号处理在新一代无线通信中的应用》是在多年丰硕的科研成果基础上精心打磨而成的专著。

这本著作基于课题组的原创性研究成果，通过众多场景，全面论述稀疏信号处理技术在信道估计、空间调制、混合预编码、无线传感网数据融合等方面的应用，希望推动稀疏信号处理在无线通信及其他领域的进一步研究和应用，构建新一代无线通信系统。

这本著作的特点是将理论数学、数字信号处理方法和通信工程应用技术相结合，汇聚了无线通信、数字信号处理等领域的研究热点，尤其是聚焦5G及beyond 5G系统的新传输技术，并展望beyond 5G及6G时代的天地一体通信。

这是一本非常好的教学科研参考书，有助于教学、科研和工程技术人员充分了解稀疏信号处理及其在无线通信系统中的应用；有助于他们弄清稀疏信号处理理论与无线通信信号分析的关联和实质；有助于他们应对海量数据带来的挑战，有效解决无线通信系统中频谱效率低、通信可靠性差等难题。

最后，用一首词“少年游”（晏殊体），祝贺本书的成功出版，同时也希望读者能够喜欢这本书。

少 年 游

几经寒暑写华章，精彩满书行。十年一剑，终成书卷，文献又添香。

教学相长科研路，学子当争强。开卷有益，望君选读，不负有心郎。

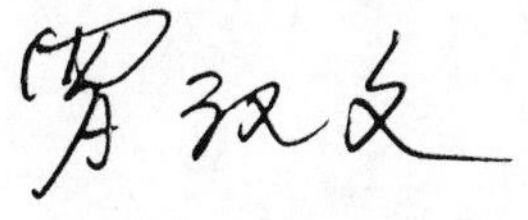

2021年5月

前　言

从 1G 到 4G 时代,移动通信经历了从语音业务到高速宽带业务的飞跃式发展。随着移动互联网和物联网的蓬勃发展,5G 时代到来,虚拟现实、增强现实、超高清传输、自动驾驶等新业务不断涌现。为满足新业务对超高速率传输、超大流量密度、千亿级的海量连接等需求,新传输技术包括大规模天线、空间调制、毫米波混合预编码、非正交多址接入等相继成熟,并在学术圈和工业界受到广泛关注。

通信需求的爆炸性增长对移动网络传输数据的能力提出更高要求。为了高效获取并处理海量数据,近年来以压缩感知为代表的稀疏信号处理技术被引入无线通信领域。压缩感知是典型的稀疏信号处理技术,通过挖掘信号的稀疏特性,以远低于奈奎斯特采样率的频率进行采样,精确重构原始信号,从而有效降低系统开销。何谓信号的稀疏性,指的是信号大部分系数幅度的绝对值等于或者接近零。信号的稀疏性在新一代无线通信系统中广泛存在,例如:毫米波信道具有稀疏性;物联网中同时在线的设备数具有稀疏性;空间调制系统同时激活的天线数具有稀疏性;无线传感网的故障具有稀疏性……这一系列稀疏性的存在为稀疏信号处理在新一代无线通信系统中得以应用提供了前提条件。

本书紧跟通信学科前沿,汇聚了 5G,beyond 5G 等领域的新无线传输技术,剖析了新一代无线通信诸多场景的稀疏性来源,全面阐述稀疏信号处理在信道估计、空间调制、混合预编码、无线传感网数据融合等方面的应用,勾勒出它在新一代无线通信系统中的应用前景,并扩展介绍了其在卫星网络、水声通信等领域的应用。

国内外有关稀疏信号处理在无线通信中应用的相关书籍偏少。本书聚焦最新的无线传输技术,向广大读者详细介绍稀疏信号处理在新一代无线通信系统中的应用,以期培养他们利用稀疏信号处理技术高效解决无线通信中各种问题的能力。著者长期从事宽带无线通信、通信信号处理等领域的研究工作,本书内容基于自己多年的研究工作和国内外相关领域的最新研究成果,旨在推动新无线传输技术的有效部署,推动无线通信的快速发展,以及推动稀疏信号处理在未来天地一体通信上的研究和应用。

本书共分 10 章。第 1 章阐述著写此书的目的以及全书的框架;第 2 章介绍无线通信系统以及大规模天线、毫米波、空间调制等先进无线通信技术;第 3 章回顾稀疏信号处理理论的发展历程,并重点介绍压缩感知工具;第 4 章介绍稀疏信号处理在超宽带通信、频谱感知、非正交多址接入等领域中的应用;第 5 章介绍稀疏信号处理在信道估计中的应用,涉及单天线、大规模天线、毫米波等系统;第 6 章介绍稀疏信号处理在空间调制中的应用;第 7 章介绍稀疏信号处理在毫米波混合预编码中的应用;第 8 章介绍稀疏信号处理在无线传感网中的应用;第 9 章介绍稀疏信号处理在水声通信以及空间信息网中的应用;第 10 章探讨稀疏信号处理在实际应用中存在的若干问题。

上海交通大学电子系研究生闻琛、张跃明、涂玉良、祁蒙、王春阳等为本书做了不少整理和校对工作,罗汉文教授和程鹏给予著者诸多建议和帮助。在此,向他们表示衷心的感谢!

希望本书能够给高等院校通信、信号处理、电子等相关专业的本科生、研究生以及稀疏信号处理、无线通信等领域的科研工作者与工程技术人员提供借鉴和帮助。

鉴于著者水平所限,书中难免有不当之处,殷切希望广大读者批评指正。

目 录

第1章 绪论

进入21世纪以来,互联网、移动通信、云计算和智能家居等产业兴起,带来了信息量的井喷。为保证信息的完整性,现有采样系统一般需要保证采样频率为信号最高频率两倍以上。这样就导致用来传输信息的信号带宽不断增加,对高采样率线性系统的要求进而不断提升。为了高效获取并处理海量数据,学者开始关注信号的稀疏特性,利用稀疏信号处理技术减少需要采集的数据量、信号处理时间、传输时间等系统成本[1]。所谓稀疏特性,即信号在某个维度只有少量非零元,或者系数绝对值的幅值服从幂率衰减特性。对稀疏信号而言,可以通过用少数特征向量的线性组合很好地逼近原始信号。

自然界中,一部分信号自身即具备稀疏特性,如无线信道的冲激响应、超宽带信号的时域波形等。更多情况下,信号需要经过基变换后才具备稀疏特性,如语音和图像信号在经过傅里叶变换、离散余弦变换或小波变换后才具有稀疏特性。

§1.1 理论基础

在相当长的时间内,人们通过正交变换寻找信号的稀疏表示。法国数学家傅里叶提出的傅里叶变换(Fourier transform, FT)揭示了时域和频域之间的内在联系,成为处理各种平稳信号的重要工具。在傅里叶变换的基础上,N. Ahmed等人于20世纪70年代提出了离散余弦变换(discrete cosine transform, DCT),将空间域的信号经过正交变换映射到系数空间,降低了变换后系数的直接相关性,能有效压缩信号[2]。然而,傅里叶变换、离散余弦变换等传统的变换方法,均需根据信号自身的特点,将信号分解在一组完备的正交基上,从而在这些变换域上表达原始信号。对给定信号而言,这类变换方式的表示形式是唯一的,一旦信号的特征与基函数不完全匹配,所获得的分解就不一定是信号的稀疏表示。

考虑到正交变化的局限性,S. G. Mallat于1993年提出稀疏表示理论,利用过完备字典对原始信号进行变换。字典的列向量称为原子,一般要求原子的个数大于信号的维度,原子的选择没有任何限制,只需要贴合被逼近信号的结构。原子数越多,越容易找到贴合信号结构的表示,但同时会带来计算量过大的问题。所以为了平衡计算复杂度和稀疏表示性能,从信号高效稀疏表示的角度出发,一般去掉性质相似的原子,寻找最佳的原子线性组合用以表示原始信号。稀疏表示理论可以自适应地根据信号本身的特点灵活选取原子,用尽量少的原子来准确地表示原始信号[3]。

2004 年,压缩感知(compressive sensing, CS)由 D. Donoho, E. J. Candès 和 T. Tao 等人提出[4-5],稀疏信号处理再次引起学者的广泛关注。传统信号获取流程经历采样、压缩、传输。通常,信号采样后会扔掉大部分数据,那为什么不直接采集少量数据进行传输呢?压缩感知的优势正在于此,它将采样过程和压缩过程相融合,采样率由信号的结构和特征决定,而不再由原始信号的带宽决定。压缩感知作为一种新的采样理论,打破了奈奎斯特采样(Nyquist sampling)定理的局限。它通过挖掘信号的稀疏特性,以远小于奈奎斯特采样定理给定的采样率,对信号进行随机采样,获取信号的离散样本,然后通过非线性重构算法高精度重建原始信号[6]。

§1.2 应用前景

稀疏表示理论和压缩感知理论是稀疏信号处理的基本理论,在信息论、图像处理、雷达通信、地球科学、光学成像、模式识别、生物医学工程等学科受到高度关注。近几年,为了应对新一代无线通信系统的海量数据,稀疏信号处理被逐渐应用到无线通信系统中。

随着移动互联网和物联网业务的快速发展,数据爆发性增长令传输速率、系统容量、频谱效率(spectrum efficiency)等面临严峻挑战。为了满足各种极具挑战性的性能需求[7],一方面需要有先进的空口传输技术提升频谱利用率和传输性能,例如大规模多输入多输出(massive multiple-input multiple-output, Massive MIMO)技术[8]可同时提供多天线赋形增益和多用户复用增益,空间调制(spatial modulation, SM)技术[9]将额外的数据信息承载在激活天线的索引上,有效提高频谱效率;另一方面需要增加更多的频谱资源,提升传输速率和系统容量,例如将频谱资源扩展到毫米波频段[10],通过频谱感知技术感知并利用空闲的频谱资源。

面向新一代无线通信场景,稀疏性广泛存在于不同的对象中,例如无线信道、激活的设备、激活的天线等。具体来看,对无线信道而言,随着信号带宽、符号周期的增大以及大规模天线的引入,无线信道在时延—多普勒—角度域上分辨率越来越高,由于不是每个可分辨空间都有显著路径,因此信道呈现明显的稀疏性。通过挖掘无线信道的稀疏性,可以将稀疏信号处理用于估计信道状态信息(channel state information, CSI),利用少量的导频符号高精度恢复信道系数,有效降低系统导频开销,提高信道估计精度。在物联网场景中,每平方千米的范围内存在数万个用户设备,但是同一时刻仅有少量设备激活,因此激活的设备存在明显的稀疏性。利用该稀疏特性,可以将稀疏信号处理用于上行免调度系统的数据检测,提高检测精度。此时,用户不需要发送接入请求,减少了传输时延,节约了信令开销。在空间调制系统,发端根据输入比特信息选择性激活部分天线并加载星座符号信息，因此所构造的发射信号具有明显的稀疏性。利用该稀疏特征，可以将稀疏信号处理用于数据检测，提高系统的误比特率(bit error rate, BER)性能。此时，天线索引可以携带传输信息，同时有效减少射频链的数量，实现频谱效率和能量效率的有效平衡。此外，混合预编码自适应连接结构具有稀疏性，将稀疏信号处理用于寻找最佳的连接结构，可以提高系统的频谱效率；无线传感网同时发生的故障具有稀疏性，利用该稀疏性可以有效减少网络发送的数据包数量，降低网络的负载和能耗。

由此可见，稀疏性广泛存在于新一代无线通信系统中，稀疏信号处理的应用为新一代无线通信的诸多关键环节提供了性能保证[11]。

§1.3　目标

本书的主要目标在于，介绍稀疏信号处理的基本概念和方法，阐述新一代无线通信系统的关键传输技术，剖析无线通信中信号稀疏性的来源，并详细介绍稀疏信号处理应用到无线通信中的具体步骤和优势，指导读者利用稀疏信号处理技术有效解决无线通信中的各种问题。

稀疏信号处理在无线通信领域的应用范围不仅仅局限于本书谈及的内容，希望本书能激励读者在未来的研究中有更多的发现，继续推动稀疏信号处理在无线通信以及相关领域得到更广泛的应用。

参考文献

[1] 刘婵梓. 基于稀疏表示与压缩感知的高效信号处理技术及其应用[D]. 成都：西南交通大学，2010.

[2] 李洪安. 信号稀疏化与应用[M]. 西安：西安电子科技大学出版社，2017.

[3] Mallat S G, Zhang Z. Matching pursuits with time-frequency dictionaries[J]. IEEE Transactions on Signal Processing, 1993, 41(12): 3397 - 3415.

[4] Donoho D L. Compressed sensing[J]. IEEE Transactions on Information Theory, 2006, 52(4): 1289 - 1306.

[5] Candès E J, Tao T. Near-optimal signal recovery from random projections: universal encoding strategies[J]. IEEE Transactions on Information Theory, 2006, 52(12): 5406 - 5425.

[6] Candès E J, Wakin M B. An introduction to compressive sampling[J]. IEEE Signal Processing Magazine, 2008, 25(2): 21 - 30.

[7] 王映民，孙韶辉，高秋彬. 5G 传输关键技术[M]. 北京：电子工业出版社，2017.

[8] Marzetta T L. Noncooperative cellular wireless with unlimited numbers of base station antennas[J]. IEEE Transactions on Wireless Communications, 2010, 9(11): 3590 - 3600.

[9] Mesleh R Y, Haas H, Sinanovic S, et al. Spatial modulation[J]. IEEE Transactions on Vehicular Technology, 2008, 57(4): 2228 - 2241.

[10] Swindlehurst A L, Ayanoglu E, Heydari P, et al. Millimeter-wave massive MIMO: the next wireless revolution[J]. IEEE Communications Magazine, 2014, 52(9): 56 - 62.

[11] Gao Z, Dai L, Han S, et al. Compressive sensing techniques for next-generation wireless communications[J]. IEEE Wireless Communications, 2018, 25(3): 144 - 153.

第2章 无线通信系统及关键技术概述

根据网络覆盖范围以及传输速率的差异，无线通信系统可以划分为无线个域网(wireless personal area network, WPAN)、无线局域网(wireless local area network, WLAN)、无线城域网(wireless metropolitan area network, WMAN)和无线广域网(wireless wide area network, WWAN)。无线个域网是为了实现活动半径小、业务类型丰富、面向特定群体的连接而设计的无线通信系统，主要采用蓝牙(bluetooth)、超宽带(ultra-wideband, UWB)、蜂舞协议(Zigbee)等技术。无线局域网是指在某一区域内由多台计算机互联成的计算机组，范围一般在方圆几千米以内，主要采用无线保真(wireless fidelity, Wi-Fi)等技术。无线城域网是在一个城市范围内建立的计算机通信网，主要采用微波接入的世界范围互操作(world interoperability for microwave access, WiMAX)。无线广域网覆盖的范围从几十千米到几千千米，能连接多个城市或国家，其交换机间点到点的通信方式包括蜂窝移动通信、光纤、微波、卫星通信等。

§2.1 无线通信系统

蜂窝通信和超宽带传输分别是无线广域网和无线个域网的关键技术之一，它们分别为数千千米和数米范围内的无线通信提供了可靠的解决方案，并且被广泛应用于实际工程中。无线传感网采集的数据是物联网海量信息的重要来源之一，其相关技术的飞速发展对"万物互联"的实现有至关重要的意义。接下来对蜂窝系统、超宽带系统、无线传感网分别进行介绍。

2.1.1 蜂窝系统

经过长期的发展演进，蜂窝移动通信实现了从1G迈向5G的大飞跃。

图2-1为移动通信系统发展演进的示意图。

1978年，第一代移动通信系统(the 1st generation mobile communication system, 1G)由美国贝尔实验室研究成功，传输速率约2.4 kbps。1G在20世纪80年代早期得到广泛应用。典型代表有美国高级移动电话系统(advanced mobile phone system,

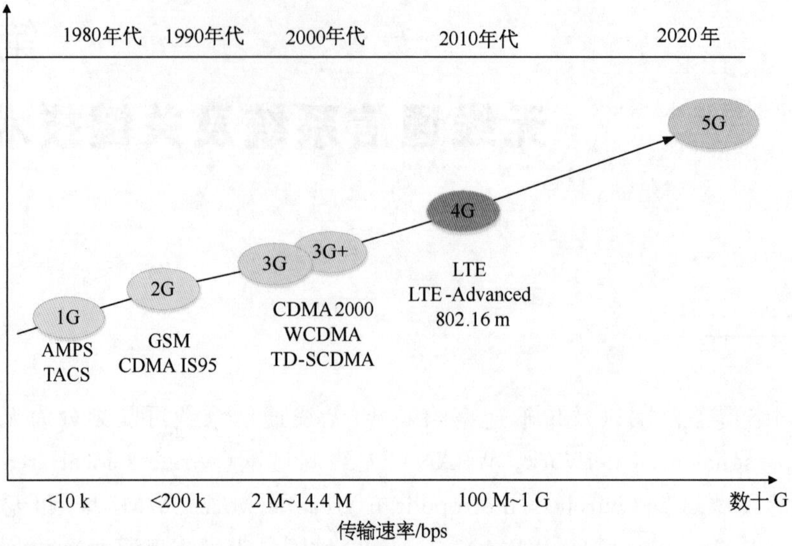

图 2-1　移动通信系统发展演进过程

AMPS),欧洲全接入通信系统(total access communication system, TACS),以及北欧移动电话(nordic mobile telephony, NMT)等。1G采用模拟通信技术,只能应用在一般语音传输上,不具备上网功能,抗干扰性能差,信号不稳定且安全性差,终端尺寸大,频率复用度和系统容量都不高。

为解决模拟系统存在的诸多缺陷,数字移动通信技术应运而生。从 20 世纪 80 年代中期开始,以传输语音和低速数据业务为特征的第二代移动通信系统(the 2nd generation mobile communication system,2G)开始应用,它又称为窄带数字通信系统。典型代表有欧洲全球移动通信系统(global system for mobile communications, GSM),美国数字化高级移动电话系统(digital AMPS, DAMPS)、IS-95、日本个人数字蜂窝(personal digital cellular, PDC)等。1G 跨入 2G 是模拟调制转变为数字调制。相较于1G,2G 具备高度保密性,系统容量增加,同时兼具语音通话、收发短消息以及上网的功能,传输速率可达 64 kbps。2G 时代的移动通信低速传输数据,为提高数据传输速率,随后出现了 2.5G 的移动通信系统,如通用分组无线服务(general packet radio service, GPRS),增强型数据速率 GSM 演进(enhanced data rate for GSM evolution, EDGE)和IS-95B,其传输速率可达 64～144 kbps。2.5G 系统既可以提供语音呼叫,还可以支持电子邮件、消息的收发,并支持 Web 浏览。

在 20 世纪 90 年代 2G 系统蓬勃发展的同时,世界范围内已经开始掀起针对第三代移动通信系统(the 3rd generation mobile communication system,3G)的研究热潮。3G 的主要通信制式包括欧洲、日本等主导的宽带码分多址(wideband code division multiple access, WCDMA)、美国的 CDMA2000 和中国的时分同步码分多址(time-division synchronous code division multiple access, TD-SCDMA)。3G 的数据传输速率较 2G 有

大幅提升，可达 2 Mbps。WCDMA 面向后续系统演进出现了高速分组接入(high speed packet access, HSPA)，其峰值下行速率可达 14.4 Mbps；而后，进一步发展的 HSPA＋，峰值下行速率可达 42 Mbps、峰值上行速率可达 22 Mbps。3G 时代，基于高频宽和稳定的传输，影像电话和大量数据的传送更为普遍，移动通信有更加多样化的应用，3G 被视为开启移动通信新纪元的关键。

表 2－1 对 1G 至 3G 主要的蜂窝系统进行总结。

表 2－1　1G 至 3G 主要的蜂窝系统

类　　型	AMPS	GSM	WCDMA
引入年份(年)	1983	1990	2001
频段(Hz)	D/L：869 M～894 M U/L：824 M～849 M	850 M/900 M 1.8 G/1.9 G	850 M/900 M 1.8 G/1.9 G/2.1 G
信道带宽(Hz)	30 k	200 k	5 M
多址接入	频分多址(FDMA)	时分多址/频分多址 (TDMA/FDMA)	码分多址(CDMA)
双工	频分双工(FDD)	频分双工(FDD)	频分双工(FDD)
典型用户速率(kbps)	2.8～56	GPRS：20～40 EDGE：81～120	150～300

为进一步提升系统的频谱效率，第四代移动通信系统(the 4th generation mobile communication system，4G)，即长期演进(long term evolution, LTE)，将 Wi－Fi 和 WiMAX 融合，采用了正交频分多址(orthogonal frequency division multiple access, OFDMA)，并引入多输入多输出(multiple-input multiple-output, MIMO)技术，能够支持高数据率的移动视频传输。4G 网络的下载速率可达 100 Mbps，比拨号上网快 2 000 倍，上传速率也能达到 20 Mbps。LTE－Advanced(LTE－A)是 LTE 的演进系统，是严格意义上的 4G，在 100 MHz 带宽下，其峰值下行速率 1 Gbps，峰值上行速率 500 Mbps。在 LTE 的正交频分复用(orthogonal frequency division multiplexing, OFDM)/MIMO 等关键技术基础上，LTE－A 进一步包括频谱聚合、中继、多点协同传输(coordinated multiple point, CoMP)等。如今，全球 4G 信号覆盖已非常广泛。表 2－2 给出了 LTE 与 LTE－A 的性能对比。

1G 至 4G 完成了移动通信系统从模拟技术到数字技术，语音业务到数据业务，低速率传输到高速率传输的演进。第五代移动通信系统(the 5th generation mobile communication system, 5G)的主要目的是为更多用户提供海量的数据速率业务。5G 网络的频谱效率有大幅增强，并且与 4G LTE 和 Wi－Fi 兼容，可提供高速率覆盖和具有低时延的平滑通信[1]。

表 2-2　LTE 与 LTE-A 性能比较

类　型	LTE	LTE-A
标准	3GPP Release 8	3GPP Release 10/11/12
信道带宽(MHz)	1.4,3,5,10,15,20	1.25,1.4,2.5,3,5,10,15,20,40,100
峰值下行速率(bps)	150M(2×2MIMO,20 MHz)	1G
峰值上行速率(bps)	75M(10 MHz)	500M
子帧帧长(ms)	1	1
下行多址接入	正交频分多址(OFDMA)	正交频分多址(OFDMA)
上行多址接入	单载波频分多址(SC-FDMA)	单载波频分多址(SC-FDMA)
双工	频分双工(FDD)和时分双工(TDD)	频分双工(FDD)和时分双工(TDD)
数据调制	OFDM：QPSK,16QAM 和 64QAM	OFDM：QPSK,16QAM 和 64QAM
信道编码	卷积和 Turbo 编码	卷积和 Turbo 编码
关键技术	采用发射分集、空间复用、上行链路 4×4MIMO、多用户协同 MIMO 等关键技术	采用载波聚合、上/下行多天线增强(上行 4 天线,下行 8 天线,最多 8×8MIMO)、多点协作传输、中继、异构网干扰协调增强等关键技术

从移动互联网和物联网主要应用场景、业务需求及挑战出发,5G 主要包括三个场景：增强型移动宽带(enhanced mobile broadband, eMBB),超高可靠与低时延通信(ultra-reliable low-latency communication, URLLC)和大规模机器类通信(massive machine type of communication, mMTC)。eMBB 是在现有移动宽带业务场景的基础上,进一步提升用户体验等性能,主要追求人与人之间极致的通信体验。它可以分为广域连续覆盖和局部热点覆盖两种场景：广域连续覆盖是移动通信最基本的应用场景,以保证用户的移动性和业务连续性为目标,为用户提供无缝的传输体验;局部热点覆盖场景为用户提供极高的数据传输速率,满足网络极高的流量密度需求,实现 1 Gbps 用户体验速率、数十 Gbps 峰值速率。URLLC 面向车联网、工业控制、远程医疗手术等垂直行业,对时延和可靠性的要求非常严格[2]。mMTC 主要面向智慧城市、环境监测等以传感和数据采集为目标的应用场景,其特征是,连接大量元件设备,满足 10^6 km^2 连接数密度指标要求,其发送数据量较低且对传输资料延迟有较低需求。表 2-3 给出了 5G 的性能指标。

为了满足表 2-3 中的性能指标,5G 采用的关键技术如表 2-4 所示。

表 2-3　5G 的性能指标

参　数	用户体验速率(bps)	峰值速率(Gbps)	移动性(km/h)	时延(ms)	连接密度(个/km^2)	业务密度(Mbps/m^2)
指　标	100M～1G	10～20	500	1(空口)	10^6	10

表 2-4　5G 关键技术

类　型	频　段	天　线	多址接入	编　码	双　工
关键技术	毫米波	Massive MIMO	非正交多址接入(NOMA)、稀疏码多址接入(SCMA)、正交频分多址接入(OFDMA)	LDPC, Polar 码	全双工

5G 研究和标准化制定的四个阶段如图 2-2 所示[3]。第一阶段是 2012 年,5G 基本概念提出;第二阶段是 2013—2014 年,主要关注 5G 愿景与需求、应用场景和关键能力;第三阶段是 2015—2016 年,主要关注 5G 定义,开展关键技术研究和验证工作;第四阶段是 2017—2020 年,主要开展 5G 标准方案的制定和系统试验验证。

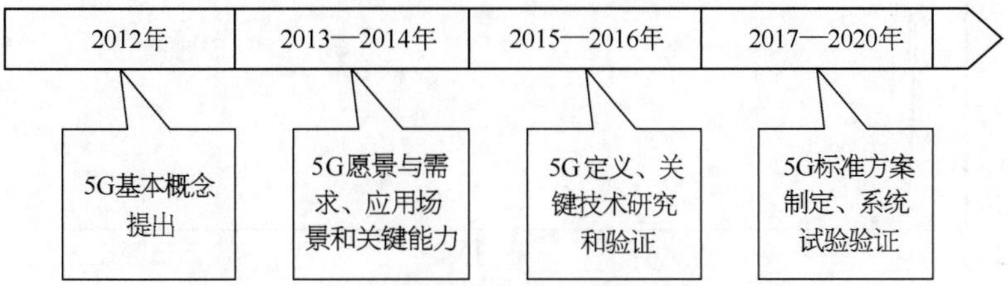

图 2-2　5G 研究和标准化制定的四个阶段

2.1.2　超宽带系统

超宽带系统是近年来无线通信领域的主要突破之一,其凭借高速率、低功耗、廉价的硬件实现、强抗干扰能力以及可与现有窄带通信系统共享频谱等优点,成为实现短距离高速无线通信的理想方式之一。

早在 20 世纪 60 年代就有关于超宽带的讨论,直到 1989 年前后,术语超宽带才得以正式使用。2002 年,美国联邦通信委员会把超宽带定义为,相对带宽大于 20%,绝对带宽大于或者等于 500 MHz,辐射功率不超过 −41.3 dBm/MHz 的无线电信号[4],并限定超宽带系统可使用的频段为 3.1～10.6 GHz。上述绝对带宽是指 $f_H - f_L$,相对带宽是指 $\frac{2(f_H - f_L)}{f_H + f_L}$,$f_H$ 是上限频率,f_L 是下限频率。

目前,超宽带系统的实现主要有两种方案:一是传统的基于脉冲无线电的超宽带(impulse radio ultra-wideband, IR-UWB)技术,它利用宽度在纳秒甚至是皮秒级别的窄脉冲序列进行通信，是一种低占空比的传输方式；二是基于调制载波方式的超宽带技术，包括序列直接扩频超宽带(direct sequence ultra-wideband, DS－UWB)、跳时超宽带(time hopping ultra-wideband, TH－UWB)、多带正交频分复用超宽带(multi-band orthogonal frequency division multiplexing ultra-wideband, MB－OFDM UWB)。接下来，主要介绍 IR－UWB 系统。

超宽带系统典型的发送波形是高斯脉冲，表示为

$$x(t)=x_n(t)\mathrm{e}^{-\frac{t^2}{2\sigma^2}} \tag{2-1}$$

式中，$x_n(t)$ 是一个 n 阶多项式，σ^2 是控制脉冲宽度的参数。常见的超宽带信号波形如图 2－3 所示。

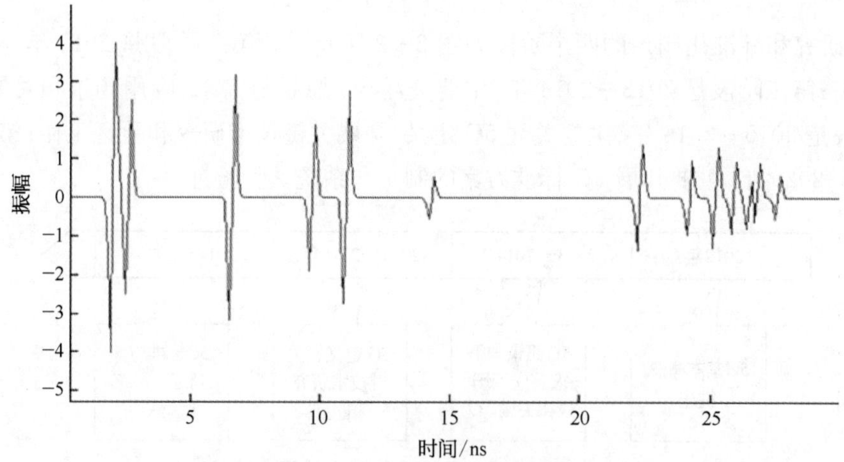

图 2－3　超宽带信号时域波形

与传统的通信系统相比，超宽带系统有如下技术优势。

(1) 传输速率高：由香农公式知，信道容量与带宽成正比。超宽带系统带宽一般为 GHz，因此其理论传输速率高达 Gbps。如果使用 7 GHz 带宽，即使信噪比(signal to noise ratio, SNR)低至－10 dB，其理论信道容量也可达到 1 Gbps。因此，将超宽带技术应用于短距离高速传输场合 (如高速 WPAN)是非常合适的，可以极大地提高空间容量。理论研究表明，基于超宽带的 WPAN 可达到的空间容量比目前 WLAN 标准 IEEE 802.11a 高出一二个数量级。

(2) 兼容性以及抗干扰强：超宽带系统发射的功率谱密度非常低，甚至低于 FCC 规定的电磁兼容背景噪声电平，对现有的窄带系统而言，可将超宽带信号的干扰视为宽带白噪声。同时，由于超宽带发射信号的功率谱本身很平坦，因此超宽带系统可通过滤波的方式去除来自窄带系统的干扰。所以，短距离超宽带无线通信系统可以与其他窄带无线通信系统共存，这对解决现有频谱资源紧缺的困境是非常有利的。

(3) 抗多径能力强：无线通信系统的多径问题一直是影响信息高速传输的关键。超

宽带系统是通过发射脉冲时间极短、占空比极低的信号来传递信息，同时其瞬时功率很高，经过无线信道传播后，多径重叠或者部分重叠的概率很低，因此接收到的信号在时间上是可分离的。正是由于此优点，超宽带接收机很容易分离出多径分量并充分利用发射信号的能量。大量实验表明，在常规无线电信号多径衰落深达 10～30 dB 的环境下，超宽带无线电信号的衰落最多不到 5 dB[5]。

(4) 发射功耗低：超宽带系统发射的脉冲信号持续时间只有几纳秒，并且具有非常低的占空比，因而系统的功耗非常低。民用超宽带系统的平均功率为毫瓦级，只有平常使用的蜂窝电话的千分之一，这也为短距离高速无线传输技术在便携式数字产品中的普及打下了很好的能耗优势基础。极低的信号平均发射功率令信号具有很强的隐蔽性，不易被检测和截获，提高了超宽带通信的保密性与安全性。

超宽带系统的主要应用如下所述。

(1) 具有极高数据速率的短距离通信：超宽带应用在 WPAN 中，例如，电脑元器件之间的无线超宽带通信或者娱乐系统(如 DVD 播放器与电视)中各部分之间的无线连接，以提供高质量实时的音视频交流、文件存储系统之间的交流，替代了家庭娱乐系统中的电缆。

(2) 精确定位和测距与低速率通信的无线传感网：无线传感网的全称是无线传感器网络(wireless sensor network, WSN)，其特点是有限的能源供应(即电池供电设备)和数据速率要求相对平均。在无线传感网中，部署了数百甚至数千廉价的设备，用于监视、家庭自动化、智能电网等。高数据速率的通信系统可实时地收集、传播或交换巨大的传感数据。

(3) 具有极高空间分辨率和障碍穿透力的雷达系统：超宽带信号的高精度测距和目标分化能力可助力雷达成像系统、车载雷达系统等，使得智能防撞和巡航控制系统成为可能。这些系统可以改善依赖道路条件的安全气囊和悬挂制动系统。

超宽带面临的主要挑战是较窄的脉冲宽度。典型超宽带系统的脉冲信号持续时间一般是纳秒级，相对应的信号带宽高达数 GHz。经典的奈奎斯特采样定理表明，为了不失真地将模拟信号转换成数字信号，需要抽样频率 f_s 大于模拟信号最高频率 f_{max} 的两倍，即 $f_s \geqslant 2f_{max}$。以“低功耗、低成本”实现高速率的模数转换非常困难。

2.1.3　无线传感网

无线传感网通常由部署在特定区域的大量低成本、低功耗、多功能的传感节点组成，如图 2-4 所示。这些传感节点体积小，但配有传感器、嵌入式微处理器和无线收发器。这些节点能够从环境中感知、测量以及收集信息，还能在一些判决条件的作用下，把信息传给用户。传感节点上配置的处理、计算和传输资源通常较少，相较于传统的传感器，这些传感节点更便宜，大规模的网络部署成为可能[6-8]。

与传统无线通信网络(如蜂窝系统、移动自组织网络等)相比，无线传感网具有鲜明

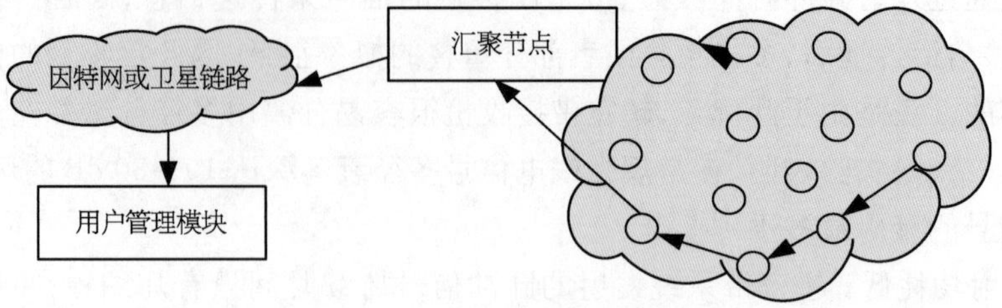

图 2－4　无线传感网示意图

的应用特点[9]：其一是具备自组织性。无线传感网由相互对等的传感节点组成，网络不依赖固定的基础设施，网络中传感节点具有较强的自我协调功能，组网无需辅助设施和人为手段。其二是网络规模较大。由于传感节点具有尺寸小、造价低的特点，可以向目标区域部署大量传感节点，一个无线传感网可能包含多至数千甚至上万个传感节点。其三是网络扩展性强。可以根据需要在无线传感网中增补新的节点，而不需要额外人工操作。新增节点可自动加入原网络，参与全局工作。其四是网络健壮性强。大量的传感节点使得无线传感网具有较大冗余度，且无线传感网中的各类通信协议与机制多采用分布式操作，因此当网络中部分传感节点因能量耗尽或其他故障退出网络时，网络依然能够保持正常工作状态。

无线传感网凭借造价低廉、携带方便、低能耗、组网自由、拓展性强等特点已经被广泛应用于生产生活的方方面面。近些年来，随着物联网技术、移动 5G 新标准的相继提出，无线传感网技术作为它们的主要支撑技术受到广泛关注。

无线传感器网的应用场景主要包括军事安全、环境监测、医疗护理以及工业监控等[10-12]。在军事安全方面，由于无线传感器网络具有密集型、随机分布的特点，因此非常适合应用于恶劣的战场环境中，在侦察敌情、监控兵力及装备和物资，判断生物化学攻击等多方面大显身手。美国国防部对这类项目进行了广泛支持。在环境监测方面，常用无线传感网来检测大范围的空气污染监测、水污染检测等；也可以用来检测鸟类、动物及昆虫的迁移；还可以用在农作物的种植、灌溉方面，通过测量各个不同地点的温度、湿度和光照等，准确控制施肥、灌溉等，提高农作物产量。在医疗护理方面，通过在鞋、家具、家用电器等中嵌入半导体传感器构建传感网，传递必要信息，为老龄人士、阿尔茨海默氏病患者以及残障人士的家庭生活提供帮助，方便他们接受护理，并减轻护理人员的负担。在工业监控方面，无线传感网多用于井矿、核电厂等危险的工业环境中，工作人员可以通过它来实施安全监测；也可以用在交通领域，作为车辆监控的有力工具；还可以用于工业自动化生产线等诸多领域，监控生产进程。

由于传感节点电源能力、存储能力以及传输能力有限，无线传感网的设计通常面临以下挑战[13-15]。

(1) 能耗问题：节点的电池寿命很短，某些情况下，电池难以替换，且无法利用太阳能。

(2) 传播时延和投递率问题：节点的不可靠性使得部分数据包传播时延过长，而投递率较低。

(3) 网络建模和实验结果的可靠性问题：在复杂的无线传感网中，网络拓扑结构不断变化，如何构建高性能的网络模型是一个关键问题。此外，数据转发算法是否正确有效，需要通过大量实验进行验证。而在复杂的物联网环境中，同一数据转发算法在不同应用场景下的实验结果可能存在差别，同一场景下的实验结果也可能会有所不同。因此，为了提高实验结果与预测数据或真实数据的一致性，必须遵循现实情境设计算法，尽量采用实地及真实数据进行测试。

无线传感网的研究内容可以分为三大类，如图 2-5 所示。其一是系统，每个传感节点可以看作为一个独立的系统，为支持不同的应用层软件，需要进行平台设计、操作系统设计以及存储方案设计。其二是通信协议，为使得节点间以及应用间能够通信，需要针对无线传感网设计数据链路层、网络层以及传输层的通信协议。其三是服务，为提升系统性能以及网络效率，需要对不同服务进行分别优化设计，主要包括定位、覆盖、安全、同步、数据聚合和跨层优化。

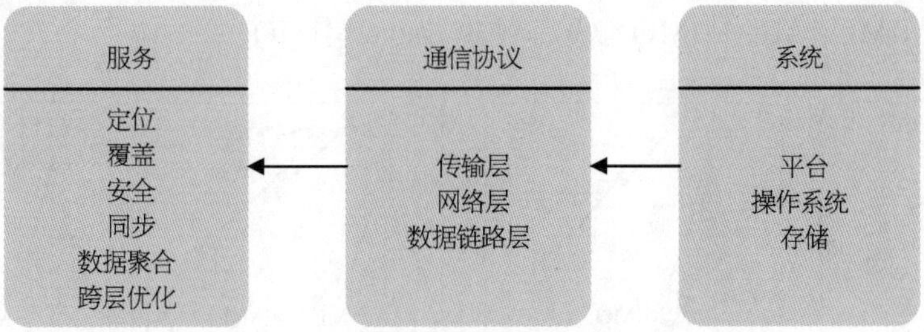

图 2-5 无线传感网中的研究内容分类

§2.2 先进无线通信关键技术

从式(2-2)所示的香农定理看出，移动网络的容量由以下几个因素决定：信道数、带宽、信干噪比(signal to interference plus noise ratio, SINR)。

$$C=\sum_i B_i \log_2\left(1+\frac{P_i}{I_i+N_i}\right) \tag{2-2}$$

式中，i 是信道索引，C 指系统容量，B_i 是带宽，P_i 是信号功率，N_i 是噪声，I_i 指干扰。提升系统容量通常有两个有效方式：一是增加单位带宽的信道数，即提高频谱效率；二是增加系统带宽。本节介绍的四种先进无线技术中，Massive MIMO 技术、空间调制、非正交多址接入(non-orthogonal multiple access, NOMA)技术是通过提高频谱效率来提升系统容量；毫米波技术是通过增加系统带宽来提升系统容量。

2.2.1 Massive MIMO 技术

通过在发端和收端部署多根天线，MIMO 技术将信号处理的范围从时频维度扩展到空间维度上，利用信道在空间的自由度提高系统的频谱效率和传输可靠性。MIMO 技术可以分为空间复用、传输分集和波束赋形。空间复用支持多个数据流的并行传输，能够提高频谱利用率，主要适用于传播环境中散射体较丰富且信道质量较好的场景。传输分集利用多天线带来的自由度抑制信道衰落，能够增强恶劣环境中通信的可靠性。波束赋形通过调整各阵元的加权系数，使得功率集中在期望的方向性波束内，从而降低用户间干扰，提高收端的信干噪比。

MIMO 技术已经应用于多种无线通信系统，例如 LTE，LTE - A，WLAN 等，这些系统实际收发端配置的天线数量并不多。随着智能终端普及以及移动新业务持续增长，无线传输速率需求呈指数增长，研究者提出用大规模阵列天线（large-scale antenna array）[16-18] 替代目前采用的多天线，通过显著增加基站侧配置天线的数目，深度挖掘利用空间维度资源，解决未来移动通信的频谱效率问题及功率效率问题。

MIMO 技术的演进如图 2 - 6 所示[19]，从最初的单输入单输出（single-input single-output, SISO），到单用户 MIMO（single-user MIMO, SU-MIMO），再到多用户 MIMO（multi-user MIMO, MU-MIMO），最后到 Massive MIMO。

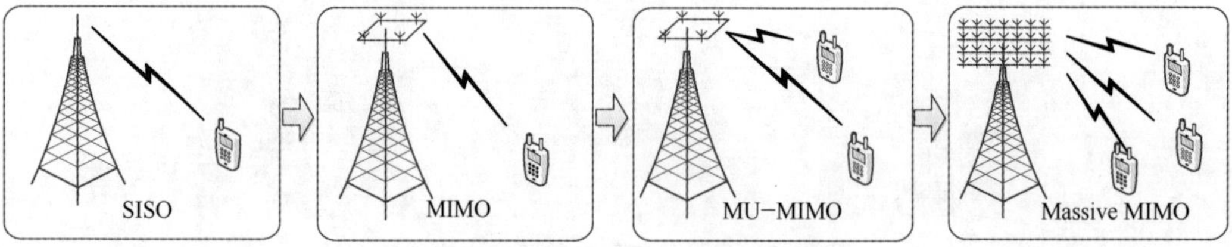

图 2 - 6　MIMO 技术的演进

SISO 和单用户 MIMO 都是点到点通信，不同用户通信过程使用正交的时频资源块，用户之间没有干扰。单用户 MIMO 对应信道矩阵的秩有限，仅能实现少量数据流的并行传输。针对多用户场景，由于不同用户分布在不同的地理位置，经历不同的多径衰落和阴影衰落，基站总是可以找到信道空间独立性较强的多个用户，利用波束赋形的信号空间隔离度实现对多个用户的并行传输，在相同的时频资源块支持多个用户的数据传输，从而极大提高系统的频谱效率。

WCDMA HSPA 只支持 SISO 技术；HSPA＋可支持 2×2 MIMO；LTE Release 10 支持 8 个天线端口进行传输，服务的最大用户数为 4，支持最多 4 个数据流并行传输。Massive MIMO 系统要求基站配置数十甚至上百根天线，以获得更多的空间自由度，从而可将其同时同频服务的最大用户数提升至 10 个甚至更多。

Massive MIMO 作为一种新型 MIMO 技术，不是简单通过增加天线提高容量，它具有许多技术优势[19-20]，如图 2 - 7 所示。

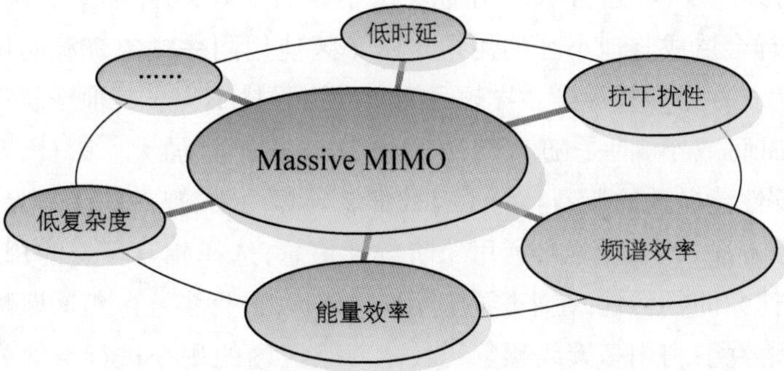

图 2-7　Massive MIMO 的技术优势

(1) 频谱效率：与现有 MIMO 相比，Massive MIMO 的空间分辨率显著增强，能深度挖掘空间维度资源，形成更为窄细、指向性更强、更为准确且增益更高的波束，使得网络中的多个用户可以在同一时频资源上与基站进行通信，从而在不需要增加基站密度和带宽的条件下大幅度提高频谱效率。

(2) 能量效率：由波束赋形带来的信号叠加增益使得每根天线只需以小功率(毫瓦量级)的能耗发射信号，从而避免使用昂贵的大动态范围功率放大器，减少了硬件成本，提高了能量效率。

(3) 低时延：传统通信系统为了对抗信道的深度衰落，需要使用交织器，将由深衰引起的连续突发错误分散到各个不同的时间段上，接收机需完整接收所有数据才能获得信息，这样造成了系统的时延。在 Massive MIMO 系统中，大数定律造就的平坦衰落令信道变得良好，对抗深衰的过程可以大大简化，因此可以大幅降低时延。

(4) 抗干扰：随着天线数量的无限增加，各个用户的信道向量将逐渐趋于正交，多用户干扰则趋于消失。同时，在巨大的波束增益下，加性噪声的影响也变得可以忽略。

(5) 低复杂度：Massive MIMO 技术通过多余空间自由度可大大降低终端信号处理复杂度，在基站侧使用简单的线性信号处理算法，系统就可以达到最佳性能。

Massive MIMO 理论和技术研究仍不充分，在标准化和产业化方面主要面临以下挑战[20]。

(1) 信道状态信息的获取：Massive MIMO 系统的频谱效率受制于空间无线信道状态信息获取的准确性。对 TDD 系统而言，由于上下行使用相同的载频，可以通过信道互易性的方式获得 CSI。然而，上下行受到的干扰不具有互易性，用户越多，干扰越大，互易性越不准确。因此，需要进行互易性校准，且需要对不同天线元件的发射/接收射频链的差异进行校准。由于 FDD 系统上下行频点间差别较大，下行 CSI 的获取只能通过 UE 测量导频信号并反馈给基站的方式实现，所需的导频信号开销会随着发射天线的数目线性增长。在天线端口较少的情况下，其反馈开销并不明显，但是如果在 Massive MIMO 支持的 64 或 128 天线端口情况下，仍然采用反馈信道的方式，就会带来巨大的反馈开销。

(2) 导频污染[21]：5G 通信中，由于超密集小区的引入，多个相邻小区需要复用相同的频率资源，这样会造成其他小区的用户对本小区使用同一频率资源的用户产生干扰，这种小区间干扰就称为导频污染。导频污染产生的干扰不同于其他干扰，它不会随着基站天线数目增加而减小，而是随着基站天线数目增加而加大。因此，导频污染成为 Massive MIMO 性能提升的瓶颈。为了有效抑制导频污染，现有解决方案主要从导频分配以及预编码等方面入手。例如，利用二阶统计信息，选择相互正交的用户复用导频资源；按照波束到达角的相似性，在小区内对用户分组及进行多小区组间匹配，并利用着色图算法进行导频分配；利用多天线预编码技术对小区内的用户进行空间分组，有效利用空域资源降低导频污染。然而，目前文献中大部分降低导频污染的算法[21]复杂度较高，低复杂度、高性能的导频污染消除技术还有待进一步研究。

2.2.2 空间调制

传统多天线技术包括分集技术和复用技术等。分集技术能提高传输可靠性，却不能提升系统容量；复用技术虽可提升系统容量及频谱利用率，但无法避免天线信道间干扰，且检测复杂度大。空间调制作为一种兼顾分集和复用的全新 MIMO 传输技术[22]，在保持传输效率和性能的同时，降低了多天线系统的复杂度、硬件开销以及系统能耗，被视为未来绿色通信[23]的候选传输技术。

空间调制的核心思想是：将一块信息比特映射为两种信息——信号星座图（调制方式）和发射天线的序号，即将天线的激活状态作为新的映射资源，通过建立不同的输入比特与天线序号的映射关系，实现充分利用空间资源的多维调制。基于空间调制的无线传输系统如图 2-8 所示。

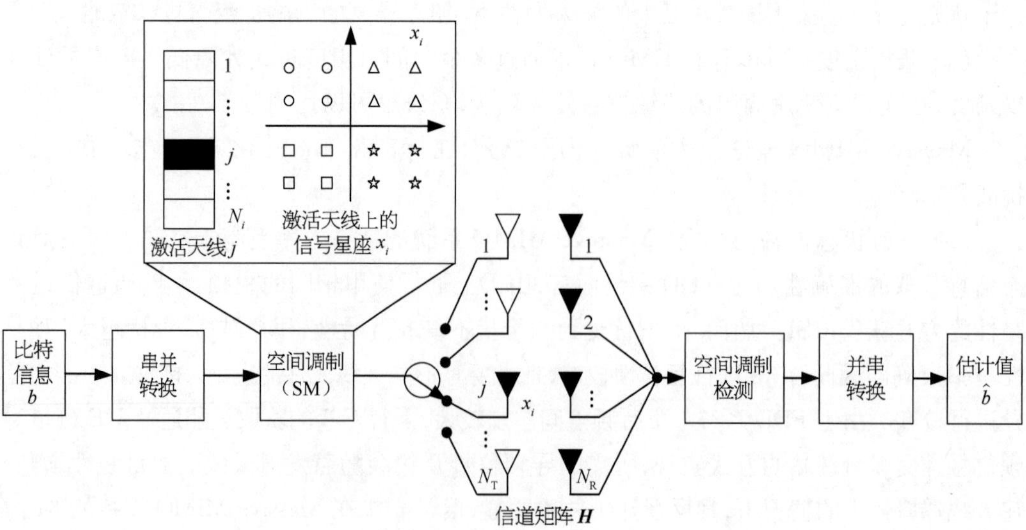

图 2-8　空间调制系统模型

假设系统具有 N_T 根发射天线和 N_R 根接收天线，图 2-8 中数据的传输和检测主要包含三个步骤。

(1) 发端把需要传输的数据比特经串并转换单元转化为比特数据矩阵，矩阵的每一列即为一个发送时刻内传输的数据比特，此数据比特向量的长度对应系统的传输速率大小。

(2) 空间调制单元先根据数据比特向量的一部分确定一根发射天线索引 j，把其余部分映射为传统的幅度相位调制(amplitude phase modulation, APM)星座点 x_i，如 L-PSK 星座或 L-QAM 星座点，第 j 根天线然后被激活用来传输相应的 APM 信号。

(3) 收端的空间调制检测单元在信号空间中搜索信号，对信号进行判决，并通过并串转换单元恢复发射的数据比特。

空间调制系统中，一个时刻只有一根发射天线处于激活状态，其他未激活天线不发送数据。因此，发端只需要一个射频单元链路，就能大大降低传统 MIMO 系统的实施复杂度，且发送天线的同步性和不同天线信道间干扰的问题都被完全避免了。空间调制能够合理地将数字调制、编码和多天线结合起来，兼顾较高的传输速率和低复杂度的物理实现。

传统空间调制系统发端只激活一根发射天线传输数据，对一个 N_T (假设 N_T 为 2 的幂)根发射天线的空间调制系统来说，用于选择激活天线的信息传输率有 $\log_2 N_T$ bit。可以看出，即使发射天线很多，空间调制系统的传输速率仍受到较大程度的限制。为进一步提高系统传输率，使其适应未来无线通信系统的需求，广义空间调制(generalized spatial modulation, GSM)[24]引起了学术界的广泛关注。在广义空间调制系统中，发端有多根发射天线被激活用来传输数据，因此其频谱效率得到有效增加。广义空间调制发射机模型如图 2-9 所示。发端首先将输入的比特信息拆分成两部分，一部分比特信息根据发射天线组合映射表选择激活天线组合，另一部分比特信息被用于调制星座符号。最后，将调制后的符号信息加载到激活的天线上发送出去。

2.2.3　非正交多址接入技术

多址接入技术是多个用户使用一个公共信道实现多用户间通信的通信方式。随着移动通信系统的每一次更新，新的多址接入技术相应出现。第一代移动通信系统采用的是频分多址(frequency division multiple access, FDMA)，第二代移动通信系统采用的是时分多址(time division multiple access, TDMA)，第三代移动通信系统采用的是码分多址(code division multiple access, CDMA)，第四代移动通信系统采用的是 OFDMA。按资源的分配方式，上述多址接入技术都属于正交多址接入技术。正交多址接入技术和非正交多址接入技术的区别在于，正交多址接入技术为保证不同用户之间没有干扰，会将时域、频域等资源进行分割，每一个用户都利用自己独有的时频域资源进行传输；而采用非正交多址接入技术，各用户在传输过程中使用的资源块没有被严格正交分割，这样做

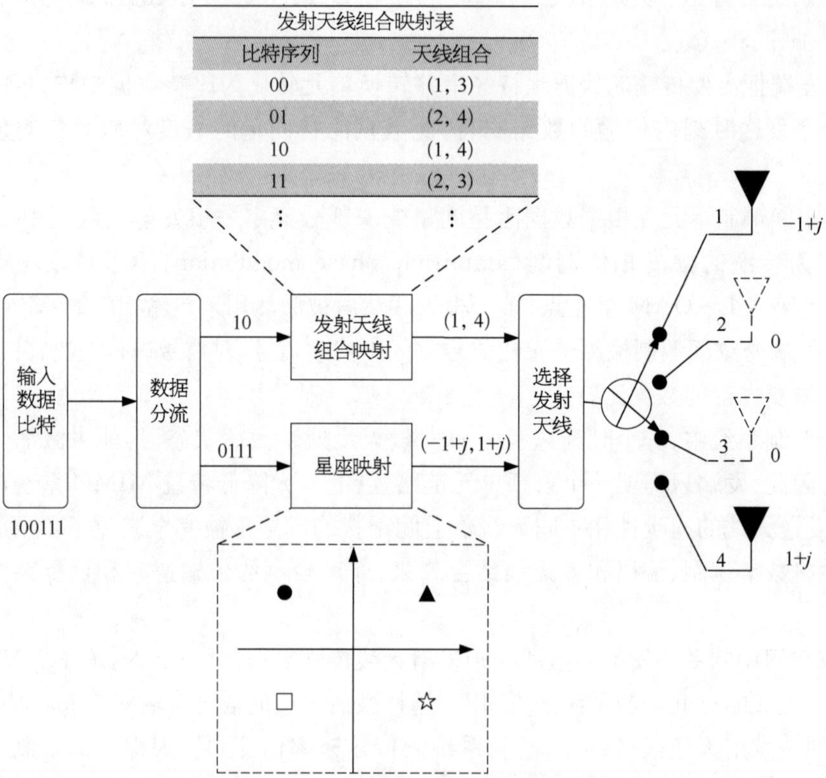

图 2-9 广义空间调制发射机模型

就能将无线资源分配给更多的用户。

图 2-10 简要说明了正交多址接入技术的原理和特点，以及应用的实际技术方案。FDMA 利用不同频带来区分用户，即用户的数据在不同频带上传输，从而避免信号间的相互干扰；TDMA 利用不同时隙来区分用户，即用户的数据在不同时隙上传输，以避免信号间的相互干扰；CDMA 通过使用不同扩频码来区分用户，每个用户的扩频码满足正交性，从而保证信号间不互扰；OFDMA 是在 FDMA 的基础上进一步压缩频带，提高频谱利用率，通过将信道带宽划分为多个正交的子频带，每个用户分配不同的用于传输数据的子载波。OFDMA 的各子信道具有正交性，虽然各子载波互相重叠，但能够很好地抵抗干扰。

正交多址接入技术中，由于一个正交资源只允许分配给一个用户，故严重限制了小区的吞吐量和设备的连接数。面对未来网络需求量的爆炸增长，为满足 5G 网络海量接入和超高容量的需求，非正交多址接入技术被认为是下一代移动通信中最为关键的技术之一。非正交多址接入技术在发端通过不同的维度（如码域、功率域、交织域等）处理，将多用户信号在时频域进行非正交叠加，在收端则通过先进的多用户检测技术，实现多用户信号分离。非正交多址接入技术让多个用户复用相同资源，大大增加了网络中的用户连接数。由于用户有更多机会接入，网络整体的吞吐量和频谱效率因此得到提升。此

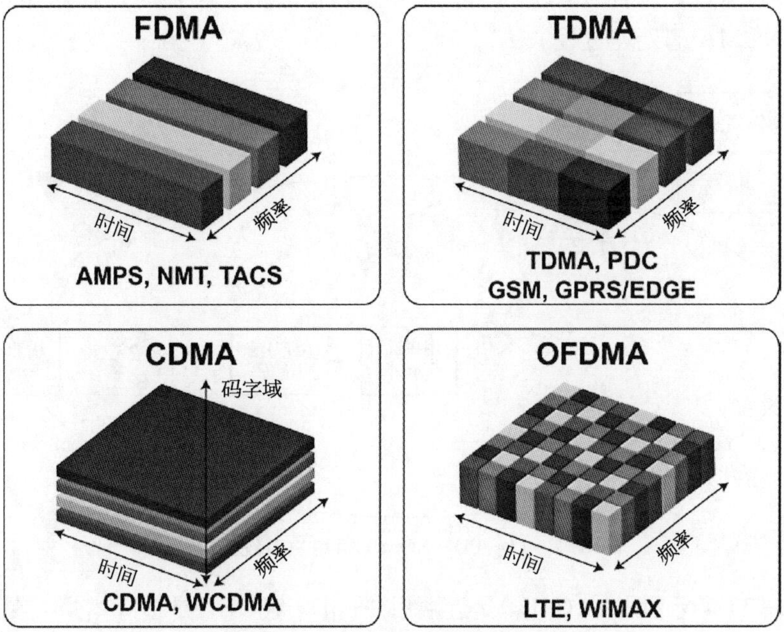

图 2-10　正交多址接入技术

外，采用新型多址接入技术可以更好地实现免调度接入与低时延通信，降低设备功耗。

随着芯片处理能力不断提升，接收机的处理复杂度有了显著提升。实质上，非正交多址接入技术是在接收机复杂度可容忍的条件下，通过允许一定的多用户干扰来增加非正交的资源分配，从而提高系统的频谱效率。目前，主流的非正交多址接入技术主要包括两个方面。其一，基于功率域复用的非正交多址接入(power domain non-orthogonal multiple access, PD-NOMA)技术[25]；其二，基于码域复用的稀疏码多址接入(sparse code multiple access, SCMA)技术[26]。接下来主要介绍这两种非正交多址接入技术的主要原理。

1. PD-NOMA

早在 2010 年，日本 NTT DoCoMo 公司首先提出 PD-NOMA 的概念并展开相关研究，在城市地区做了技术实验。结果表明，采用 PD-NOMA 技术，可以提升大约 50%的宏蜂窝系统的容量。PD-NOMA 在时域、频域、空域的基础上增加了一个新维度，即功率域。在功率域将多个信道条件不同的用户信号叠加，使得这些用户可以共享相同的频谱资源。功率复用的主要思想是根据用户信道条件的差异来分配功率，为体现用户的公平性，给信道条件差的用户分配更多的功率，通过保证最差信道仍能提供可观的传输速率来提高系统的整体性能。在收端，利用串行干扰消除(successive interference cancellation, SIC)技术来移除不同用户间的干扰。SIC 的主要思想是，先从功率最大的接收信号(即信道条件最差的用户信号)开始检测，并把该信号从多址干扰中移除，接着检测信道条件次差的用户信号并移除,依次类推,最终检测到收端用户需要的信号。下面以两用户系统模型介绍 PD-NOMA 的处理过程。

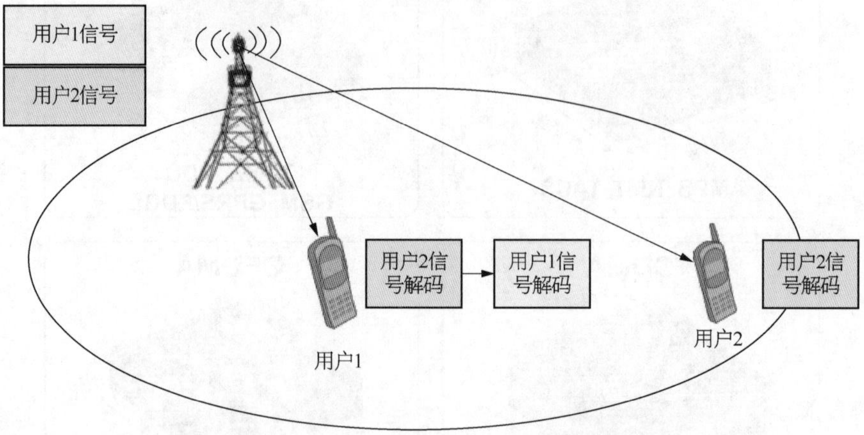

图 2-11 PD-NOMA 两用户系统原理

如图 2-11 所示,用户 1(UE_1)是近端用户,用户 2(UE_2)是边缘用户。在发端,不同用户的发送信号在时频域完全复用,仅通过功率来区分。其中,用户 1 离基站较近,信道条件较好,基站分配给它较低的功率;用户 2 处于小区的边缘,信道条件较差,基站相应分配给它较高的功率。基站侧发送信号的叠加表示为

$$x = \sqrt{\beta_1}\, x_{\mathrm{UE}_1} + \sqrt{\beta_2}\, x_{\mathrm{UE}_2} \tag{2-3}$$

式中,x_{UE_1} 和 x_{UE_2} 分别表示用户 1 和用户 2 的信号,β_k 是基站分配给用户 k ($k=1,2$)的功率分配因子,其中 $\beta_1 < \beta_2$,且 $\beta_1 + \beta_2 = 1$。由于 PD-NOMA 采用功率域复用实现多址,所以功率分配是提高 PD-NOMA 频谱效率的关键技术。通过调整功率分配因子,基站可以自由控制每个用户的吞吐量,小区内所有用户的吞吐量、用户的服务质量(quality of service, QoS)以及用户的公平性等也与功率分配因子紧密相关。

收端用户 k 接收的信号为

$$y_i = h_i x + w_i \tag{2-4}$$

式中,h_i 为用户 i 与基站之间的信道系数,w_i 为加性高斯白噪声。收端利用 SIC 算法对接收信号进行处理。由于发送的混合信号都是经过相同的路径到达收端,因此最优的解码顺序是按照接收信号的强弱。如图 2-11 所示,在用户 1 收端,先检测强功率信号 x_{UE_2},在循环冗余校验(cyclic redundancy check, CRC)正确后,恢复用户 2 的发送信号 $\hat{x}_{\mathrm{UE}_2}$,对接收信号 y_1 消除干扰,得到残余信号 $\hat{y}_1$。

$$\hat{y}_1 = h_1 x + w_1 - \sqrt{\beta_2}\, h_1 \hat{x}_{\mathrm{UE}_2} \tag{2-5}$$

对残余信号 $\hat{y}_1$ 检测译码,即可得到近端弱功率用户 1 的发送数据。而对远端强功率用户 2

来说，直接对接收信号 y_2 进行检测即可。

$$y_2 = h_2 x + w_2 \tag{2-6}$$

通过功率域的信号叠加，PD - NOMA 可以得到较好的复用增益，从而提升频谱效率和系统容量。PD - NOMA 能很好地与多天线技术结合，也能很好地与 OFDMA 和 SC - OFDM 等接入方式兼容。

2. SCMA

SCMA 是一种基于多维调制和稀疏码扩频的码分非正交多址接入技术，它具有类似于 LTE 的层映射过程，即一个用户/数据流可以分配一个或多个 SCMA 层，不同层的比特流将被映射到从不同的码本集合中选出的多维稀疏码字上。图 2 - 12 表示了一个包含 6 个码本的码本集合，可以用来传输 6 层数据，其中每一层数据对应于一个预定义的码本。每一个码本包含 8 个码字，码字长度为 4。在映射过程中，根据比特对应的编号从码本中选择码字，不同数据层的码字直接叠加。SCMA 码字是稀疏的，即它包含的元素中只有少数是非零的，而其余均为零。在同一 SCMA 码本中，不同码字的非零元的位置相同；在不同 SCMA 码本中，非零元的位置则不同，SCMA 的稀疏性有利于降低多用户的冲突，降低收端解调的难度。

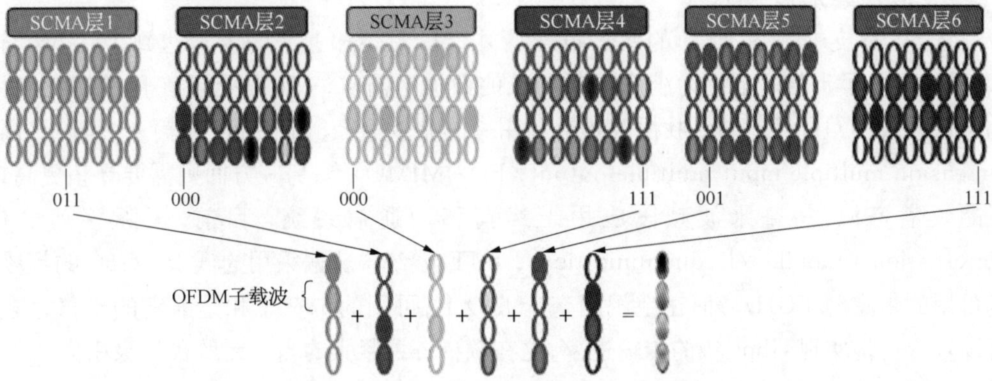

图 2 - 12　SCMA 比特到符号的映射过程

SCMA 码本设计很复杂，这是 SCMA 技术区别于其他非正交多址接入技术的主要特征。SCMA 码本设计可以看成是多维调制和低密度扩频(low density spreading, LDS)的联合优化，因此 SCMA 能够比简单的重复编码获得更多增益。文献[26]对 SCMA 码本设计进行了具体描述：基于欧式距离设计了一种较优的多维星座，并将其作为基本星座；基于所设计的基本星座，通过不同的操作方案(如相位旋转、置换以及复数共轭等方式)构建多个不同层的稀疏码本。

此外，SCMA 的多用户检测算法也是研究重点之一，除了常规的消息传递算法(message passing algorithm, MPA)外，文献[27]提出了 Turbo MPA 接收机，它由消息传递算法和 Turbo 译码构成,能够提升系统特别是在高负载情况下的译码性能。文献[28]提出了部分边缘化的检测算法,能以较低的复杂度达到 MPA 算法的 BER 性能。文献[29]提出了通过对高置信度的用户进行先验判断来简化 SCMA 的检测算法。

PD-NOMA 和 SCMA 都基于非正交传输的思想,可以有效提升系统的吞吐量,实现系统的过载接入,在收端使用相应的多用户检测算法来消除复用用户间的干扰。二者的不同有三点:

(1) 频域复用方式不同。PD-NOMA 技术中,一个用户集合中的所有用户占用完全相同的频域资源;而 SCMA 技术中,一个用户集合中的所有用户并不都占用相同的频域资源,用户码字的非零维度才是用户实际占用的频域资源。

(2) 调制方式不同。PD-NOMA 输入的比特流被调制映射为调制符号后进行传输;而 SCMA 不再有调制的概念,输入的比特流被直接映射为多维稀疏码字,码字每个非零维度上的功率不同。

(3) 收端的多用户检测。PD-NOMA 收端采用的是 SIC 检测技术,该技术将收端的用户信息按照用户的信道依次检测出来;而 SCMA 收端使用的是基于迭代思想的 MPA 检测算法,当迭代结束后,所有用户的信息可以同时被恢复。

2.2.4 毫米波技术

在 5G 白皮书[30] 和 ITU 的愿景报告[31] 中,5G 对传输速率的要求达到 10 Gbps,较 4G 系统增长了十倍以上。为满足不断增长的数据率需求,一方面需要在目前广泛利用的中低频段(6 GHz 以下)寻找提升频谱利用率的有效途径,如全维度多输入多输出(full dimension multiple-input multiple-output, FD-MIMO)等;另一方面则需要开拓更高频段的频谱资源,将毫米波频段应用于蜂窝移动通信系统。目前,国际移动电信(international mobile telecommunications, IMT)系统中普遍采用的低于 6 GHz 的频段,其可用的带宽约 4 GHz。而在空闲的毫米波段上,可用的带宽总和是前者的十倍之多,可以较容易地实现 Gbps 级的传输速率,这在频谱资源紧张的当下无疑极具吸引力。

可用于移动通信的毫米波频段需要考虑如下三个因素:第一,候选频谱的传播特性需要适应承载的移动通信业务,主要包括固定业务、移动业务、无线定位、固定卫星业务等;第二,优先选择具有数百兆 Hz 甚至更宽的连续频谱;第三,候选频谱选择的关键取决于频谱分配、法规的管理。在目前的 3GPP 标准[32] 中,除 0.45～6 GHz 被用作低频段传输外,毫米波段 24.25～52.60 GHz 已被定义为 5G 传输的高频段,如图 2-13 所示。

在许可频谱外,非授权频段也为 5G 提供了频谱资源补充,如 2.4～2.5 GHz,5.725～5.875 GHz,61～61.5 GHz 等。这些频段主要用在短距离无线通信、点到点/点到多点通信系统中。

除极宽的可用频谱带宽外,毫米波系统的另一优势在于收发信机能部署较高密度的天线阵列。为消除天线间的互耦效应,通常要求天线间的距离超过信号波长的一半,而

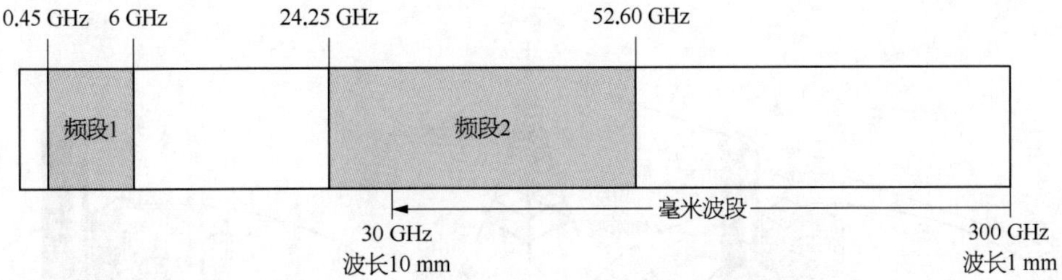

图 2-13　适用于 5G 移动通信的频段范围

毫米波信号的波长较短，这就使得收发信机能够配置较为密集的毫米波天线阵列，从而可与 Massive MIMO 技术进行有效结合。此外，毫米波的波束窄，信号具有极好的方向性，这一优势已经由跟踪精度高的毫米波雷达系统很好展现。

毫米波通信面临着诸多挑战。例如，毫米波信号在大气中的衰减大，绕射能力弱，导致毫米波基站的覆盖范围较小。路径损耗的问题可以在一定程度上通过 Massive MIMO 的波束赋形增益得到缓解，而高增益的窄带波束机制会给毫米波基站和多用户间的窄带波束对准设计算法带来挑战。绕射能力差使得毫米波系统在非视距场景下的性能较差。另外，毫米波系统的射频器件的功耗大，硬件设计复杂。毫米波收发信机要求 CMOS 器件在高频段工作，致使 CMOS 器件需要通过较大的功耗开销才能对微弱的毫米波信号有高灵敏度响应。也就是说，在同样的功耗开销前提下，前端组件的限制会使毫米波系统的发射功率偏低。此外，由于毫米波信号波长短，在设计毫米波芯片时会面临更为复杂的传输线效应，导线的特征阻抗会极大影响信号的传播；在高的载波频率传输中，收发端轻微的移动也会带来较严重的多普勒效应，导致接收机设计难度提升。

毫米波技术常应用于短距离通信，如 5G 的室内热点和密集城区场景下的微基站部署。

1. 室内热点

现代建筑大多以钢筋混凝土为骨架，外部装修为全封闭式，这对室内的无线信号而言，存在较强的衰减和屏蔽作用，通信质量难以保证。而大型写字楼、购物中心、体育馆等通信热点场所对通信数据率则有着高要求。在室内热点场景下，基于毫米波技术的微基站能有效解决通信质量和数据率问题。在大型建筑的多个通信热点区域部署微基站，无线信号可以通过微基站转发给用户，而无需穿过建筑物墙体，从而避免信号的强衰减和屏蔽。此外，宏基站与微基站间由于不存在移动性，其通信链路可靠，微基站通过毫米波与多个终端连接，室内的高数据率通信问题也得到了很好解决。

2. 密集城区

在密集城区场景[33]下，新型网络结构可以在 LTE 的宏基站基础上继续部署大量微基站，构成如图 2-14 所示的密集型网络。

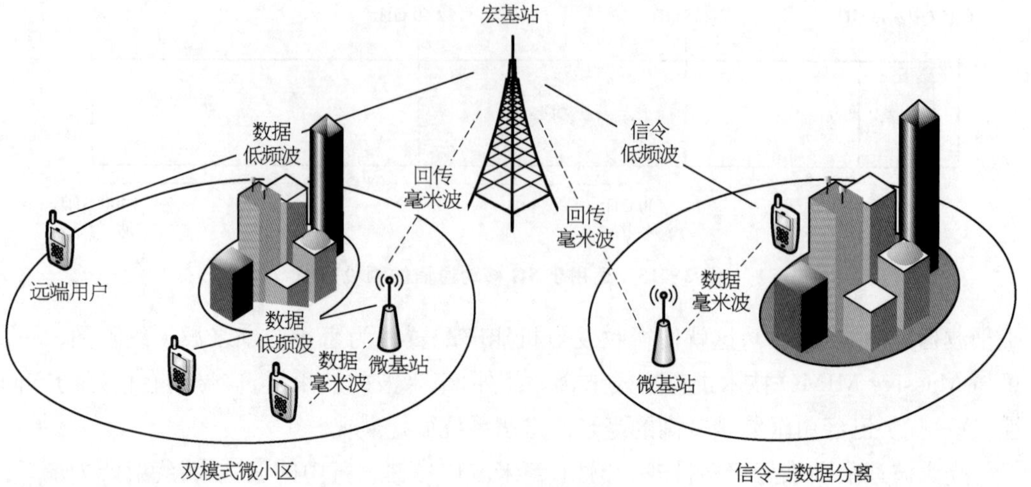

图 2－14　密集城区的毫米波应用

在双模式微小区,距离微小区相对较近的终端可根据具体情况,采用低频波或毫米波与微基站通信,而远端用户则由宏基站通过低频波直接服务。基于毫米波的微基站还能够实现信令与数据分离:毫米波信道用于传输数据信息,包括微基站与终端通信数据,微基站向宏基站回传信息,虽然毫米波覆盖范围较小,但是可以满足终端的高速率传输需求;在低频段承载信令,能够保证信令传输的可靠性以及较大的覆盖范围。这种分流管控的方式不仅充分利用了毫米波段、低频波段传输的各自优势,还极大降低了信令与数据间的干扰。

在室内热点与密集城区场景下,毫米波技术的应用存在相似性。基于毫米波技术的微基站作为宏基站与终端间的中继节点,在保证宏基站与微基站远距离通信可靠的同时,利用毫米波技术为终端提供高数据率通信服务。

§2.3　小结

本章主要概述了蜂窝移动通信的发展史和先进的无线通信传输技术。从 20 世纪 90 年代至今,移动通信实现了跨越性发展。移动互联网和物联网的快速发展对移动通信系统提出了更高的容量要求,系统容量的提升通常可以通过提升频谱效率和增加系统带宽的方式实现。Massive MIMO、空间调制、非正交多址接入、毫米波等技术能有效提升系统容量,已经成为当下无线通信领域的热门研究课题。此外,还简要介绍了无线通信领域中两个重要的系统——超宽带系统和无线传感网。

参考文献

[1]　赵绍刚,李岳梦. 5G 开启未来无线通信创新之路[M]. 北京: 电子工业出版社,2017.

[2] Gupta A, Jha R K. A survey of 5G network: architecture and emerging technologies[J]. IEEE Access, 2015, 3: 1206 - 1232.
[3] 王映民,孙韶辉,高秋彬,等. 5G 传输关键技术[M]. 北京: 电子工业出版社,2017.
[4] Federal Communications Commission (FCC). Reversion of part 15 of the commission's rules regarding ultra-wideband transmission systems [S]. Washington, DC: FCC 02 - 8, 2002: 98 - 153.
[5] 刘传勇,王焱,徐华勇. 改善 UWB 系统性能的关键技术[J]. 装备制造技术,2007(7): 28 - 30.
[6] Yick J, Mukherjee B, Ghosal D. Wireless sensor network survey[J]. Computer Networks, 2008, 52(12): 2292 - 2330.
[7] Pottie G J, Kaiser W J. Wireless integrated network sensors[J]. ACM Communication, 2000, 43(5): 51 - 58.
[8] Akyildiz I, Su W, Sankarasubramaniam Y, et al. Wireless sensor networks: a survey[J]. Computer Networks, 2002, 38(4): 393 - 422.
[9] 类春阳. 无线传感网 MAC 层关键技术研究[D]. 北京: 北京邮电大学,2016.
[10] 陈涛,刘景泰,邴志刚. 无线传感网络研究与运用综述: 天津市自动化学会第 14 届年会论文集[C].自动化与仪表,2005: 41 - 46.
[11] Akyildiz I F, Varun M C. Wireless sensor networks[M]. New York: Wiley, 2010.
[12] Kavi A M, K. Khedo, Perseedoss R. A wireless sensor network air pollution monitoring system[J]. International Journal of Wireless & Mobile Networks, 2010, 2(2): 31 - 45.
[13] 李继蕊,李小勇,高雅丽,等. 物联网环境下数据转发模型研究[J]. 软件学报,2018,29(1): 196 - 224.
[14] Liu L, Wang P, Wang R. Propagation control of data forwarding in opportunistic underwater sensor networks[J]. Computer Networks, 2017, 114: 80 - 94.
[15] Ma H, Yuan P, Zhao D. Research progress on routing problem in mobile opportunistic networks[J]. Journal of Software, 2015, 26(3): 600 - 616.
[16] Marzetta T L. Noncooperative cellular wireless with unlimited numbers of base station antennas[J]. IEEE Transactions on Wireless Communications, 2010, 9(11): 3590 - 3600.
[17] Larsson E G, Edfors O, Tufvesson F, et al. Massive MIMO for next generation wireless systems[J]. IEEE Communications Magazine, 2014, 52(2): 186 - 195.
[18] Lu L, Li G Y, Swindlehurst A L, et al. An overview of massive MIMO: benefits and challenges[J]. IEEE Journal on Selected Topics in Signal Processing, 2014, 8(5): 742 - 758.
[19] 李兴旺,张辉. 5G 大规模 MIMO 理论算法与关键技术[M]. 北京: 机械工业出版社,2018.
[20] 陈鹏. 5G 关键技术与系统演进[M]. 北京: 机械工业出版社,2016.
[21] Elijah O, Leow C Y, Rahman T A, et al. A comprehensive survey of pilot contamination in massive MIMO - 5G system[J]. IEEE Communications Surveys & Tutorials, 2016, 18(2): 905 - 923.
[22] 杨平. 空间调制无线传输关键技术研究[D]. 成都: 电子科技大学,2013.
[23] Renzo M D, Haas H, Ghrayeb A, et al. Spatial modulation for generalized MIMO: challenges,

opportunities, and implementation[J]. Proceedings of the IEEE, 2014, 102: 56 - 103.

[24] Fu J, Hou C P, Xiang W, et al. Generalised spatial modulation with multiple active transmit antennas[C]// IEEE. Proceedings of IEEE Globlecom Workshops, December 6 - 10, 2010. New York: IEEE, 2010: 839 - 844.

[25] Saito Y, Kishiyama Y, Benjebbour A, et al. Non-orthogonal multiple access (NOMA) for cellular future radio access[C]// IEEE. Proceedings of IEEE Vehicular Technology Conference, September 2 - 5, 2013. New York: IEEE, 2013: 1 - 5.

[26] Nikopour H, Balich H. Sparse code multiple access[C]// IEEE. Proceedings of IEEE Personal, Indoor, and Mobile Radio Communication, September 8 - 11, 2013. New York: IEEE, 2013: 332 - 336.

[27] Lu L, Chen Y, Guo W, et al. Prototype for 5G new air interface technology SCMA and performance evaluation[J]. China Communication, 2015, 12(Supplement): 38 - 48.

[28] Mu H, Ma Z, Alhaji M, et al. A fixed low complexity message pass detector for up-link SCMA system[J]. IEEE Wireless Communication Letters, 2015, 4(6): 585 - 588.

[29] Xiao K, Xiao B, Zhang S, et al. Simplified multiuser detection for SCMA with sum-product algorithm[C]// IEEE. Proceedings of IEEE Wireless Communications and Signal Processing (WCSP), October 15 - 17, 2015. New York: IEEE, 2015: 1 - 5.

[30] Chihlin I, Han S, Xu Z, et al. 5G: rethink mobile communications for 2020[J]. Philosophical Transactions of the Royal Society A: Mathematical, Physical and Engineering Sciences, 2016, 374: 20140432.

[31] ITU - R. M 2083: IMT Vision -"Framework and overall objectives of the future development of IMT for 2020 and beyond"[S/OL]. [2015 - 09 - 29]. https: //www.itu.int/rec/R - REC - M. 2083 - 0 - 201509 - I/en.

[32] 3GPP TS 38. 101 - 1 User Equipment (UE) radio transmission and reception. Part 1: Range 1 Standalone (Release 15)[S/OL]. (2018 - 06) [2019 - 01]. http: //3gpp.org/desktopmodules/Specifications/SpecificationDetails.aspx? specificationId=3283.

[33] Busari S A, Huq K M S, Mumtaz S, et al. Millimeter-wave massive MIMO communication for future wireless systems: a survey[J]. IEEE Communications Surveys & Tutorials, 2018, 20(2): 836 - 869.

第3章 稀疏信号处理理论

稀疏信号处理技术通过挖掘信号的稀疏性，对数据进行高效采集、压缩、传输、重构，信号的稀疏性是稀疏信号处理技术的前提。通常用正交变换获取信号的稀疏表示，然而，有限的正交基不可能理想适应各种信号，因此，学者提出采用冗余字典作为基向量，并发展出与之相对应的稀疏表示理论[1]。针对稀疏信号的采样和恢复，E. J. Candès 和 D. L. Donoho 等人于 2004 年提出压缩感知理论[2-3]，可以以低于奈奎斯特采样率的速率对信号进行采样，并通过重构算法高精度恢复原始信号。在压缩感知理论基础上，学者发现很多稀疏重构问题具有结构化的特征，例如多个待重构的稀疏向量对应的非零元位置相同，将该结构特征作为信号处理的先验信息，能更准确恢复原始信号，从而发展出结构化压缩感知理论[4]。

稀疏信号处理理论经历了稀疏表示、压缩感知、结构化压缩感知的发展。具体来看，稀疏表示的目的是构造一个特定的过完备字典，用这个字典上尽可能少的非零元来表示原始信号；压缩感知的目的是寻找信号的稀疏表示，设计合适的测量矩阵，通过测量值重构原始稀疏信号。因此，稀疏表示可以看作是压缩感知的第一个环节；同时，压缩感知也可以作为稀疏表示理论的一种应用，其重构算法皆源自稀疏表示理论中的稀疏分解方法。结构化压缩感知是传统压缩感知理论的进一步扩展，更多考虑原始信号的结构特性，将信号的结构化信息融入压缩感知过程，以更少的测量数据获得更高的信号重构精度[5]。

§3.1 稀疏表示理论

在工程应用中，往往希望通过某种变换找到信号在某个域上的稀疏表示，进而用变换后的稀疏信号取代原始数据，减少需要处理的数据量。稀疏表示理论主要研究两个问题：一是如何找到一个合适的变换字典，能够用这个字典中的原子稀疏表示原始信号；二是如何设计好的算法来快速、准确地进行信号稀疏分解，实现最少非零元的最佳表示，从而使非线性逼近误差尽可能小。

3.1.1 稀疏表示理论的提出

数字时代的出现引发了信息量的喷涌,为解决大数据量信号处理带来的难题,学者利用数据压缩技术,寻找目标信号最精简的表示。变换编码技术是一种重要的信号压缩技术,它寻找原始信号在某变换域的稀疏性,并利用合适的基向量,采用少量非零系数线性组合表示高维的样本信号。例如,在变换域中,联合图像专家组(joint photographic experts group, JPEG)依赖图像在离散余弦变换(discrete cosine transform, DCT)域的稀疏特性,JPEG-2000 依赖图像在小波域的稀疏特性。

通常通过正交变换来获取信号的有效表示,例如信号处理领域常用的傅里叶变换、短时傅里叶变换、离散余弦变换、小波变换等。根据调和分析理论,维度为 N 的一维离散信号 $\boldsymbol{x}$ 可以表示为 N 个单位正交基的线性组合,即

$$\boldsymbol{x}=\sum_{i=1}^{N}\alpha_i\boldsymbol{\psi}_i=\boldsymbol{\Psi\alpha} \tag{3-1}$$

式中, $\boldsymbol{\Psi}=[\boldsymbol{\psi}_1,\ \boldsymbol{\psi}_2,\ \cdots,\ \boldsymbol{\psi}_N]$ 为正交基矩阵,列向量 $\boldsymbol{\psi}_i$ 为基函数, $\boldsymbol{\alpha}=[\alpha_1,\ \alpha_2,\ \cdots,\ \alpha_N]^{\mathrm{T}}$ 是系数向量,每个系数是原始信号和一个基函数的内积,即

$$\alpha_i=\langle\boldsymbol{x},\ \boldsymbol{\psi}_i\rangle \tag{3-2}$$

若 $\boldsymbol{\alpha}$ 中只有少量系数较大,其他系数为 0 或近似为 0,则可以对信号 $\boldsymbol{x}$ 进行有效压缩。信号的稀疏性决定了信号所能达到的最佳压缩效果,压缩处理时通常选择保留前几个较大系数,而将其他系数置零。

长久以来,由于正交基具有很多良好的性能,人们已经习惯对信号进行正交变换,但遗憾的是,一些复杂信号往往难以找到一个正交基,信号在该正交基上的系数只有少量的非零值。以正弦信号和脉冲信号的组合信号为例,这类信号无论是在正弦基还是在时域的冲激函数基上,都不存在稀疏表示,但在这两个基的联合空间中却能被稀疏表示。

实际场景中,正交变换可能存在以下缺点[6]。

(1) 正交变换的结果常常不是稀疏的。这是因为,基函数之间是线性无关的,使得基在信号空间中的分布是稀疏的,信号的能量在分解后会分散在不同的基上。这种分散的能量分布将导致信号表示结果不是稀疏的。非稀疏的表示,不利于信号的信息提取和处理。

(2) 正交变换对信号处理不是自适应的。只有待分析信号的时频结构与基函数对时频空间划分的结构相近时,才能得到好的稀疏表示结果。然而,实际信号的时频特征是千变万化的,因此针对不同类型的信号,需要选用不同的正交基。

为克服正交变换的缺点,S. G. Mallat 等人于 1993 年提出基于冗余字典的稀疏表示理论[7]。稀疏表示理论用过完备的字典代替基函数,根据信号特征自适应地选取变换基,将信号表示为字典中少量向量的线性组合。设字典 $\boldsymbol{D}=[\boldsymbol{d}_1,\ \boldsymbol{d}_2,\ \cdots,\ \boldsymbol{d}_M]\in\mathbb{C}^{N\times M}$ $(N\ll M)$,信号 $\boldsymbol{x}$ 表示为

$$x = D\alpha \tag{3-3}$$

其中，$\alpha = [\alpha_1, \alpha_2, \cdots, \alpha_M]^T$ 为稀疏向量，包含少量的非零元。图 3-1 描述了 α 中包含 4 个非零元时稀疏表示的结果，其中非空白方格表示非零元，白色表示对应元素为 0。

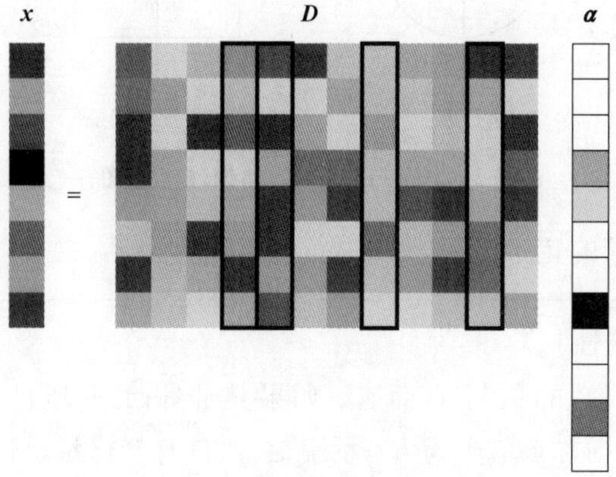

图 3-1　稀疏表示示意图

冗余字典的原子之间不满足正交性，但是比正交基有更强大的信号描述能力，能够更有效地挖掘信号的内在特征。字典的过完备性使得其中的原子在信号组成的空间中足够密集，信号在过完备字典上的分解结果是稀疏的，可以表示为少量原子的线性加权和。与传统正交基分解的信号分析方法相比，基于过完备字典的稀疏表示方法满足了信号自适应表示的需要，即可以自适应地从字典中选取与信号内在结构最匹配的原子来表示信号。

3.1.2　信号稀疏性

稀疏信号是指信号特征是稀疏的，换言之，信号特征的自由度要小于甚至远小于信号本身的维度。在此，引入范数的概念，向量 x 的 $l_p(p \geqslant 1)$ 范数表示为

$$\| x \|_p = (\sum_{i=1}^{N} | x_i |^p)^{\frac{1}{p}} \tag{3-4}$$

范数满足正定性、齐次性和三角不等式。当 $0 < p < 1$，式(3-4)定义的并不是范数，因为违反了三角不等式，此时可以称为准范数。图 3-2 给出了二维空间常用的几种(准)范数的单位球示意图。当 $p = 0$ 时，向量 x 的 l_0 范数表示其非零元个数，定义为

$$\| x \|_0 = \sum_{i=1}^{N} I[| x(i) | > 0] \tag{3-5}$$

式中，$I[\cdot]$ 是指标函数。

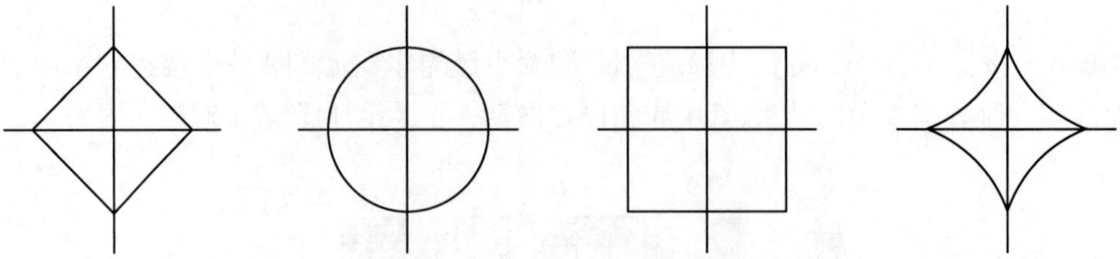

图 3-2 常用范数的单位球示意图

下面给出“稀疏性”的定义[8]。

定义 3-1：严格稀疏性

对有限维空间 $\mathbb{C}^N$ 的信号 $\boldsymbol{x}$ 而言，如果其非零元不超过 $K(K \ll N)$ 个，即 $\|\boldsymbol{x}\|_0 \leqslant K \ll N$，则称该信号为 K-稀疏信号，具有严格稀疏性。

一般来说，在多数实际应用中，信号并不是严格稀疏的，但它们可能是“可压缩的”或者“弱稀疏”的。

定义 3-2：可压缩性

把信号各元素的绝对值按照降序排列，若呈现幂指数衰减性质，即第 k 个元素满足

$$|\boldsymbol{x}(k)| \leqslant Rk^{-\frac{1}{q}},\ 0 < q \leqslant 1,$$

式中，R 是正常数，则称这样的信号为可压缩信号。

如果一个信号本身不具稀疏性，但其在某变换域是稀疏的，例如式(3-1)中，若 $\boldsymbol{\alpha}$ 具有严格稀疏性，则称 $\boldsymbol{x}$ 关于 $\boldsymbol{\Psi}$ 是严格稀疏的；若 $\boldsymbol{\alpha}$ 具有可压缩性，则称 $\boldsymbol{x}$ 关于 $\boldsymbol{\Psi}$ 是可压缩的。

3.1.3 字典构造

需要根据原始信号的结构类型，选择与其特点相适应的字典，只有当字典与待分解的原始信号相匹配时，才可能得到最优的稀疏分解。因此，字典的构造是稀疏表示理论中基础且重要的问题。

字典的构造分为基于固定结构的字典(固定字典)构造和基于学习的字典构造。

1. 固定字典

固定字典的构造一般基于传统正交变换基、紧框架或多尺度几何分析等，所得到的

字典具有普适性的固定结构,以下介绍两类典型的过完备字典[9]。

1) 由精细采样生成的字典

一个过完备的傅里叶字典可以通过精细采样得到。设 l 是大于 1 的数,过完备的傅里叶字典是一个用频率来标识的正弦波形 g_γ 的集合,表示为

$$g_\gamma(n)=e^{j\frac{2\pi\gamma n}{lN}},\ \gamma\in\{0,1,\cdots,\lceil lN\rceil\} \tag{3-6}$$

式中,$\lceil\cdot\rceil$ 表示向上取整。上述字典由 $\lceil lN\rceil$ 个频率波形构成,是通过对频率更精细采样得到的字典,称作 l 倍的过完备傅里叶字典。

其他类型的字典也可以通过更精细采样获得,如过完备的小波字典可以通过对尺度变量和位置参数进行更精细采样得到。

2) 加博字典

加博(Gabor)字典是一种常用的过完备字典,由 D. Gabor 在 1946 年提出,记 $\gamma=(\omega,\tau,\theta,\delta)$。其中,$\omega\in[0,\pi)$,为频率参数;$\tau$ 为位置参数;θ 为相位参数;δ 为持续时间参数。标准的加博字典可以定义为波形 g_γ 的集合,表示为

$$g_\gamma(n)=e^{-\frac{(n-\tau)^2}{\delta^2}}\cos(\omega(n-\tau)+\theta) \tag{3-7}$$

可以通过对这几个参数精细采样得到具体的加博字典,如固定 δ,选择 $\omega_k=k\Delta\omega$,$\tau_l=l\Delta\tau$,$\theta=0$,即可以得到一个具体的离散加博字典。

2. 基于学习的字典

采用固定字典时,计算速度快,但它们的稀疏化能力受限于原始信号。另一种构造字典的思路是基于学习的算法,主要将原始信号当作学习对象,利用学习算法构造与之相对应的特殊完备字典。基于学习的构造法,可以根据原始信号的特定类型进行相应变换,适用于任何符合稀疏域模型的信号,能实现原始信号稀疏性较高的稀疏分解。现有文献中常见的字典学习算法有最优方向(method of optimal directions, MOD)算法[10]、K 奇异值分解(K-singular value decomposition, K-SVD)算法[11]等。其中,MOD 算法进行字典学习时,涉及矩阵的逆运算,计算量很大,效率比较低。K-SVD 算法通过 K 次奇异值分解,依次实现对字典原子和与之相关的稀疏系数的同步更新,能大幅降低时间复杂度,是一种低要求高效率的字典训练方法。

假设给定训练数据库 $\{\boldsymbol{x}^p\}_{p=1}^P$,学习的主要目的是通过学习的方法得到过完备字典 $\boldsymbol{D}$,实现信号的最优拟合,使得每个稀疏表示向量的非零项不多于 k_0 个[1]。目标函数表示为

$$\begin{gathered}\min_{\boldsymbol{D},\{\alpha^p\}_{p=1}^P}\|\boldsymbol{X}-\boldsymbol{D\alpha}\|_F=\sum_{p=1}^P\|\boldsymbol{x}^p-\boldsymbol{D\alpha}^p\|_2\\ \text{s.t.}\ \|\alpha^p\|_0\leqslant k_0,\ p=1,2,\cdots,P\end{gathered} \tag{3-8}$$

式中,$\boldsymbol{X}=(\boldsymbol{x}^1,\cdots,\boldsymbol{x}^p)$,$\boldsymbol{\alpha}=(\boldsymbol{\alpha}^1,\cdots,\boldsymbol{\alpha}^p)$。

字典学习可分为稀疏编码和字典更新两个阶段,如图 3-3 所示。

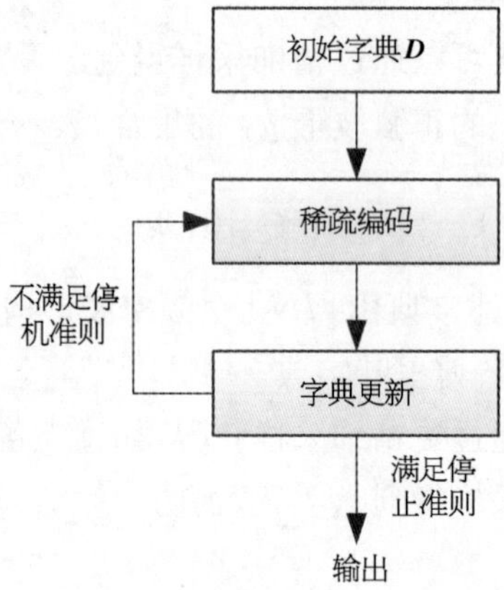

图 3-3　字典学习示意图

表 3-1 给出了 K-SVD 算法步骤[12-13]。

表 3-1　K-SVD 算法

输入：训练数据库 $\{\boldsymbol{x}^p\}_{p=1}^P$，迭代次数 M
输出：输出字典 $\boldsymbol{D}$
步骤 1：初始化字典 $\boldsymbol{D}\in\mathbb{C}^{N\times M}$，可以使用随机元素,也可以使用 M 个随机选择的码本,并将矩阵 $\boldsymbol{D}$ 的各列归一化;迭代序号 $m=0$
步骤 2：稀疏编码　固定字典 $\boldsymbol{D}$，使用追踪算法近似求解 $$\min_{\{\boldsymbol{\alpha}^p\}_{p=1}^P} \|\boldsymbol{X}-\boldsymbol{D}\boldsymbol{\alpha}\|_F=\sum_{p=1}^P\|\boldsymbol{x}^p-\boldsymbol{D}\boldsymbol{\alpha}^p\|_2 \quad \text{s.t.}\ \|\boldsymbol{\alpha}^p\|_0\leqslant k_0,\ p=1,\ 2,\ \cdots,\ P$$
步骤 3：字典更新　根据求解得到的稀疏矩阵逐列更新字典。每次仅更新 $\boldsymbol{D}$ 的第 m 列原子 $\boldsymbol{d}_m$，及矩阵 $\boldsymbol{\alpha}$ 中与之对应的第 m 行系数 $\boldsymbol{\alpha}_R^m$，可将目标函数表示为 $$\|\boldsymbol{X}-\boldsymbol{D}\boldsymbol{\alpha}\|_F^2=\|\boldsymbol{X}-\sum_{j=1}^M\boldsymbol{d}_j\boldsymbol{\alpha}_R^j\|_F^2 =\|(\boldsymbol{X}-\sum_{j\neq m}^M\boldsymbol{d}_j\boldsymbol{\alpha}_R^j)-\boldsymbol{d}_m\boldsymbol{\alpha}_R^m\|_F^2=\|\boldsymbol{E}_m-\boldsymbol{d}_m\boldsymbol{\alpha}_R^m\|_F^2$$ 其中，$\boldsymbol{E}_m=\boldsymbol{X}-\sum_{j\neq m}^M\boldsymbol{d}_j\boldsymbol{\alpha}_R^j$，是去掉字典中第 m 列原子之后对信号进行稀疏表示的残差值。使 $\boldsymbol{d}_m\boldsymbol{\alpha}_R^m$ 接近 $\boldsymbol{E}_m$，即可使总体值最小,尝试对 $\boldsymbol{E}_k$ 进行 K 奇异值分解：$\boldsymbol{E}_k=\boldsymbol{U}\boldsymbol{\Lambda}\boldsymbol{V}^{\mathrm{T}}$，$\boldsymbol{\Lambda}$ 为对角矩阵,对角线上的数值为 $\boldsymbol{E}_k$ 的奇异值。用 $\boldsymbol{U}$ 的首列和 $\boldsymbol{V}$ 的首列与 $\boldsymbol{\Lambda}(1,\ 1)$ 的乘积,分别对字典原子 $\boldsymbol{d}_m$ 和稀疏系数 $\boldsymbol{\alpha}_R^m$ 进行更新。
步骤 4：如果 $\sum_{p=1}^P\|\boldsymbol{x}^p-\boldsymbol{D}\boldsymbol{\alpha}^p\|_2$ 足够小,停止迭代;否则，$m=m+1$，并返回步骤 2

3.1.4　稀疏分解

稀疏分解过程是,假设已知过完备字典 $\boldsymbol{D}$, 在 $\boldsymbol{D}$ 上寻找原始信号 $\boldsymbol{x}$ 最稀疏的表示,等价为

$$\begin{gathered}\hat{\boldsymbol{\alpha}}=\arg\min_{\boldsymbol{\alpha}}\ \|\boldsymbol{\alpha}\|_0\\ \text{s.t. } \boldsymbol{x}\approx\boldsymbol{D\alpha}\end{gathered}\tag{3-9}$$

式(3－9)的约束优化问题可以转换为式(3－10)所示的 l_0 范数优化问题。

$$\hat{\boldsymbol{\alpha}}=\arg\min_{\boldsymbol{\alpha}}\ \|\boldsymbol{D\alpha}-\boldsymbol{x}\|_2^2+\lambda\|\boldsymbol{\alpha}\|_0\tag{3-10}$$

式中,$\lambda>0$, 为正则化常数,用于平衡两项约束条件所占的比重。式(3－10)所示的最优化问题本质上是一个 NP 难问题(NP-hard problem),无法在多项式时间内求解。因此,需要将该问题进行转化,常用的方法是将 l_0 范数优化问题进行松弛化处理,利用连续或者光滑的近似来替换它,例如转化为式(3－11)所示的 l_1 范数优化问题。

$$\hat{\boldsymbol{\alpha}}=\arg\min_{\boldsymbol{\alpha}}\ \|\boldsymbol{D\alpha}-\boldsymbol{x}\|_2^2+\lambda\|\boldsymbol{\alpha}\|_1\tag{3-11}$$

然后利用凸优化算法或者非线性规划算法求解这个优化问题,典型的求解算法包括基追踪(basis pursuit, BP)算法[14]、FOCUSS(focal undetermined system solver)算法[15]等。上述凸松弛算法复杂度高,当信号的维度较大时,计算时间变得难以接受。故此,常利用运行速度较快的贪婪算法解决该问题。

贪婪算法是利用某种相似度量手段,通过不断迭代,在字典中选择原子进行线性组合,向原始信号逼近,从而实现稀疏分解。最为典型的贪婪算法包括匹配追踪(matching pursuit, MP)算法[16]和正交匹配追踪(orthogonal matching pursuit, OMP)算法[17]。MP 算法的基本思想是,在每一次迭代过程中,从过完备原子库里选择与信号最匹配的原子进行稀疏逼近并求出余量,然后继续选出与信号余量最为匹配的原子。经过数次迭代,该信号便可以由一些原子线性表示。但是由于信号在已选定原子集合上的投影是非正交性的,每次迭代的结果可能是次最优的,因此为获得较好的收敛效果,往往需要经过较多的迭代次数。OMP 算法不存在这样的问题。它通过递归对已选择原子集合进行正交化,以保证迭代的最优性,每次迭代,找到残余量在字典中投影最大值的下标,将其作为非零元的位置。OMP 算法的具体实现过程在后续的章节中会详细介绍,此处不作展开。

§3.2　压缩感知理论

压缩感知又称为压缩采样(compressive sampling)或稀疏采样(sparse sampling),它是一种寻找欠定线性系统稀疏解的技术。压缩感知理论指出,以远低于奈奎斯特采样率的速率对稀疏信号或可压缩信号进行采样,仍能高精度重构原始信号。

3.2.1 压缩感知概述

奈奎斯特采样定理指出,若连续信号 $x(t)$ 的最高截止频率为 $\Omega_{\max}$,利用频率为 $2\Omega_{\max}$ 的脉冲信号对 $x(t)$ 抽样,得到抽样信号 $x[k]=x(kT_s)$,其中 $T_s=\frac{1}{2\Omega_{\max}}$,此抽样信号可以完全恢复出原始信号 $x(t)$。图 3-4 描述了奈奎斯特采样定理的采样过程。

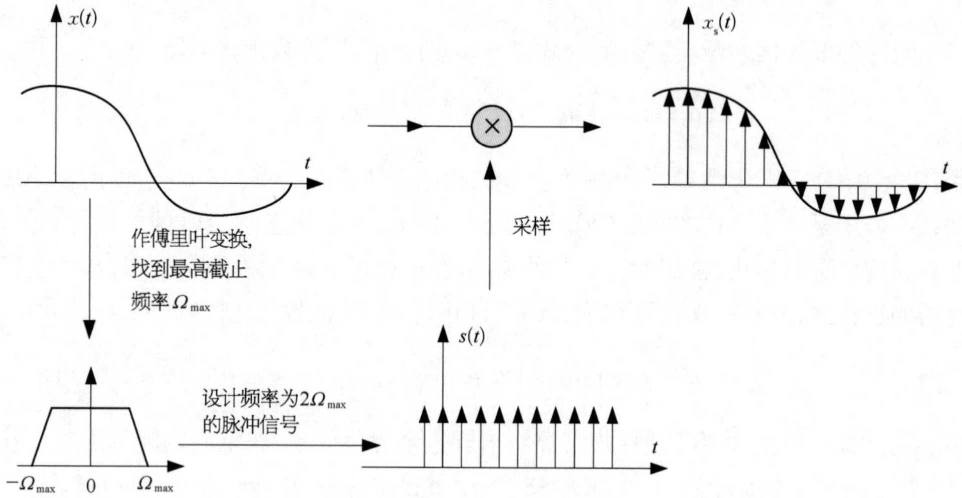

图 3-4 奈奎斯特采样定理的采样过程[12]

从图 3-4 可知,数据的获取首先要对信号作傅里叶变换,找到最高截止频率 $\Omega_{\max}$,然后用频率为 $2\Omega_{\max}$ 的脉冲信号对原始信号抽样。音频、图像等多媒体数据都是基于奈奎斯特采样定理获取的。

随着信号带宽增大,抽样脉冲频率也随之增大,导致抽样得到的数据量过大。面对宽带甚至超宽带信号,人们不得不采用高速率采样,由此产生的大数据量又不得不采用压缩技术去除其中的冗余。以图像处理为例,首先对图像进行抽样,再运用 JPEG 方法对得到的数据进行压缩,保留低频信息,丢弃高频信息。这种数据处理方式对所获得的大量数据进行压缩,丢掉 97%~99%的数据,显而易见是比较低效的。

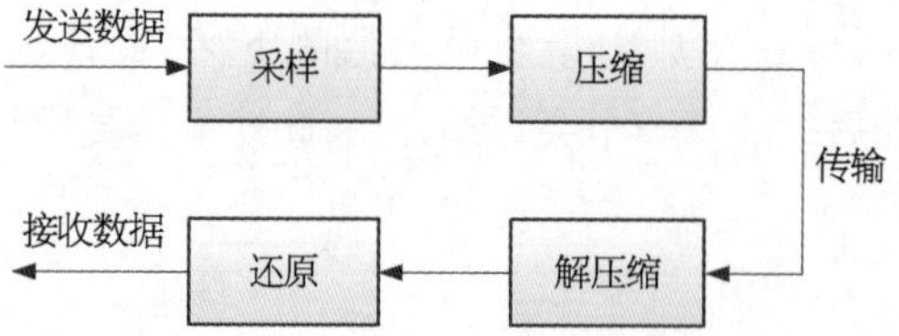

图 3-5 传统信号处理流程

可见,传统的数据压缩技术是从数据本身特性出发,寻找并剔除数据中隐藏的冗余度,从而达到压缩的目的。传统信号处理流程如图 3-5 所示。

这样的压缩处理过程有三处效率非常低:其一,需要对原始数据进行完整的采样,信号长度越大,所需的采样点越多;其二,尽管编码器只保留少量的有效值,但需要计算所有的转换系数;其三,由于每个信号中非零系数所在的位置不一样,编码器必须提高编码速率对大量系数所在位置进行编码。

这些低效率的编码引出值得深思的问题：既然数据采集后又要丢弃大部分冗余信息，而压缩编码过程又相对来说比较困难，那为什么还要花如此大的努力获取整个信号呢？是否有可能直接测量出压缩后的值？压缩感知理论给出了可行的方法，将采样和压缩两个过程合并为压缩测量，这样可以大幅减少采样的数据量，也不需要进行复杂的数据压缩。基于压缩感知的信号处理流程如图 3-6 所示。

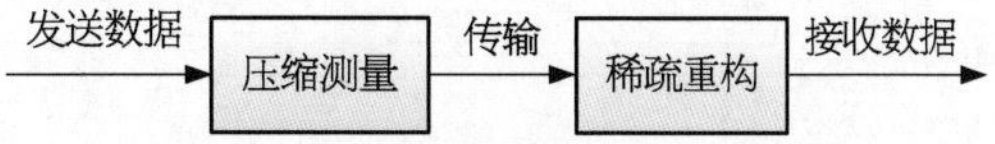

图 3-6　基于压缩感知的信号处理流程

从压缩感知理论看，传统的抽样方法将抽样过程看作是测量和投影两个过程。图 3-7描述了用压缩感知的观点看待奈奎斯特抽样的过程。

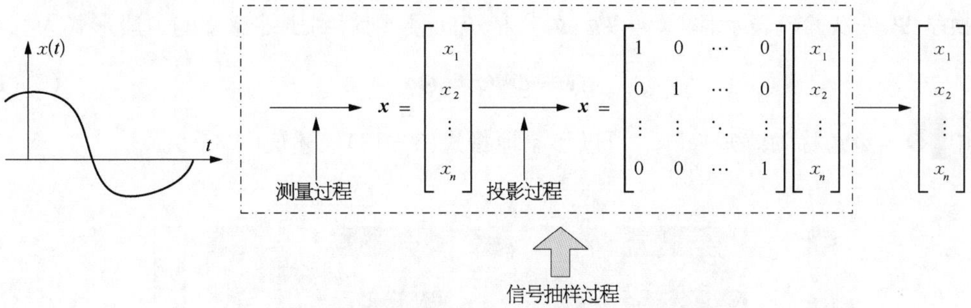

图 3-7　用压缩感知的观点理解传统抽样过程[12]

在信号的测量过程中，使用频率为 2 倍于信号最高截止频率的电子开关对信号进行测量，得到 n 维的测量信号，其中 n 反映了信号的频率，即电子开关的速度。在投影过程中，将 n 维测量信号向单位矩阵投影，投影过程就是用一个矩阵与原始信号相乘，得到最终的抽样信号，抽样结果和测量结果是一致的。从数学角度看，此处的投影过程毫无意义，但是从工程角度看，投影过程体现了一种块抽样的思想。

压缩感知的抽样过程也同样分为测量和投影两个过程，如图 3-8 所示。

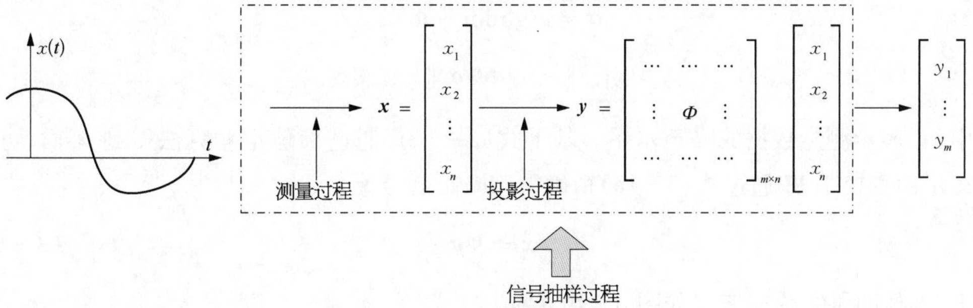

图 3-8　压缩感知的抽样过程[12]

上述两图的不同之处在于，图 3-8 中，压缩感知改进了信号的投影过程，用 $m \times n$ $(m \ll n)$ 的测量矩阵对信号进行测量，得到的抽样信号长度为 m，所以信号在抽样过程中就已经被压缩了。

根据上面的论述,压缩感知的抽样过程可以作如下数学描述: 某未知信号 $\boldsymbol{x} \in \mathbb{R}^{n}$,经过测量矩阵 $\boldsymbol{\Phi} \in \mathbb{R}^{m\times n}$ 得到测量值 $\boldsymbol{y}$,表示为

$$\boldsymbol{y} = \boldsymbol{\Phi x} \tag{3-12}$$

式(3-12)可以看作是原信号 $\boldsymbol{x}$ 在 $\boldsymbol{\Phi}$ 下的线性投影,现在考虑由 $\boldsymbol{y}$ 重构 $\boldsymbol{x}$。很显然,由于 $\boldsymbol{y}$ 的维度远远低于 $\boldsymbol{x}$ 的维度,即 $m \ll n$,因此式(3-12)中未知量个数多于方程个数,该问题是欠定的,有无穷多组解。然而,如果原始信号 $\boldsymbol{x}$ 是稀疏的,并且测量矩阵 $\boldsymbol{\Phi}$ 满足一定条件,理论证明,信号 $\boldsymbol{x}$ 可以由测量值 $\boldsymbol{y}$ 精确重构。

一般来说,自然信号本身不存在稀疏性,但会在某变换域呈现稀疏特性。假设 $\boldsymbol{x}$ 通过变换基 $\boldsymbol{\Psi}$ 可以稀疏表示,即 $\boldsymbol{x} = \boldsymbol{\Psi\alpha}$,$\boldsymbol{\alpha}$ 是稀疏向量,则得到压缩感知的一般形式为

$$\boldsymbol{y} = \boldsymbol{\Phi\Psi\alpha} = \boldsymbol{\Theta\alpha} \tag{3-13}$$

式中,$\boldsymbol{\Theta} = \boldsymbol{\Phi\Psi}$ 称为感知矩阵。可以形象地将式(3-13)描述成图 3-9。

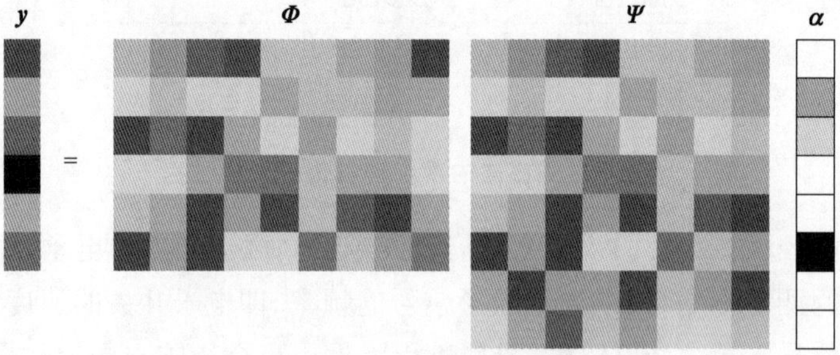

图 3-9　压缩感知示意图

压缩感知的基本任务是,通过构造合适的测量矩阵 $\boldsymbol{\Phi}$,获取 m 个测量数据,然后采用有效的重构算法稳定和高精度地重建原始稀疏信号 $\boldsymbol{x}$。数学上,压缩感知问题描述为

$$\begin{aligned} \hat{\boldsymbol{\alpha}} &= \arg\min_{\boldsymbol{\alpha}} \|\boldsymbol{\alpha}\|_0 \\ \text{s.t.}\ & \|\boldsymbol{y} - \boldsymbol{\Phi\Psi\alpha}\|_2 \leqslant \delta \end{aligned} \tag{3-14}$$

式中,δ 表示测量数据的噪声水平。基于式(3-14),通过稀疏重构算法得到 $\hat{\boldsymbol{\alpha}}$ 后,可以进一步由变换基 $\boldsymbol{\Psi}$ 通过式(3-15)精确重构原始信号 $\hat{\boldsymbol{x}}$。

$$\hat{\boldsymbol{x}} = \boldsymbol{\Psi}\hat{\boldsymbol{\alpha}} \tag{3-15}$$

综上,具体的压缩感知流程如图 3-10 所示。

由图 3-10 可知,压缩感知理论主要包括三个环节: 寻找变换基 $\boldsymbol{\Psi}$,将信号进行稀疏表示;构建合适的测量矩阵 $\boldsymbol{\Phi}$,对原始信号进行压缩测量;设计高效的重构算法,由低维的测量信号恢复出稀疏的高维信号。由于第一个环节已经在 §3.1 中详细介绍,下

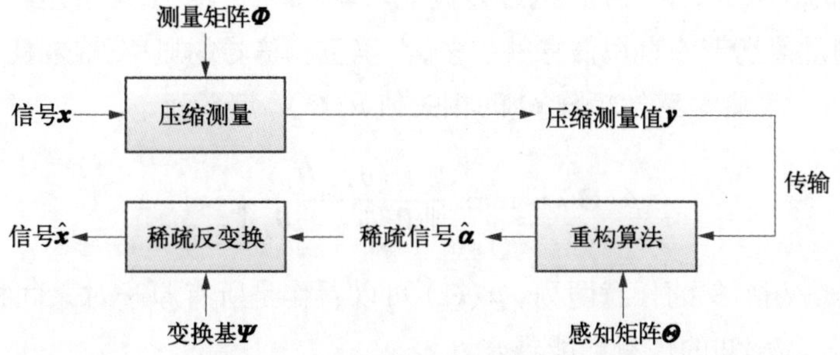

图 3-10　压缩感知理论框架下的信号采集与重构[18]

文重点介绍测量矩阵和重构算法的设计。

从压缩感知实现信号压缩采样到信号重构恢复的过程可以看出,压缩感知的前端数据处理过程是一种简单易行的线性测量过程,而信号的重构恢复过程则是较为复杂的求解优化问题的过程。因此,压缩感知是以牺牲接收机复杂度来换取低采样率的[5]。

3.2.2　测量矩阵设计

1. 设计准则

为重构稀疏信号,E. J. Candes 和 T. Tao 给出并证明了感知矩阵 $\boldsymbol{\Theta}$ 必须满足约束等距性(restricted isometry property, RIP)条件。

定义 3-3: RIP 条件

对任意 k -稀疏向量,如果存在一个 $\delta_k \in (0, 1)$, 使得

$$(1-\delta_k)\ \|\boldsymbol{x}\|_2^2 \leqslant \|\boldsymbol{\Theta x}\|_2^2 \leqslant (1+\delta_k)\ \|\boldsymbol{x}\|_2^2,$$

则矩阵 $\boldsymbol{\Theta}$ 满足 δ_k - RIP 条件。

RIP 刻画感知矩阵和标准正交阵的相似程度,根据对 k -稀疏向量做变换后的 l_2 能量(范数平方)相较于原向量的能量变化不超过 δ_k 倍的条件,对其是否能够用于压缩感知进行判断,保证了感知矩阵不会把两个不同的 k -稀疏信号映射到同一个集合中。

在一般情况下,变换矩阵 $\boldsymbol{\Psi}$ 是固定的,需要通过设计测量矩阵 $\boldsymbol{\Phi}$, 使得感知矩阵 $\boldsymbol{\Theta}$ 满足 RIP 条件。然而,即使信号在某个域上是稀疏的,且 $\boldsymbol{\Psi}$ 是确定的,判断感知矩阵是否满足 RIP 条件仍然比较困难。因此,需要寻找简便的方法来替代 RIP 条件,用于指导测量矩阵的设计。

R. G. Baraniuk 给出 RIP 的等价条件是测量矩阵 $\boldsymbol{\Phi}$ 和变换基 $\boldsymbol{\Psi}$ 不相关,即要求 $\boldsymbol{\Phi}$ 不能被 $\boldsymbol{\Psi}$ 线性表示,反之亦然。$\boldsymbol{\Phi}$ 和 $\boldsymbol{\Psi}$ 的互相关性由 $\mu(\boldsymbol{\Phi}, \boldsymbol{\Psi})$ 度量。

$$\mu(\boldsymbol{\Phi}, \boldsymbol{\Psi}) = \sqrt{N} \max_{i, j} |\langle \boldsymbol{\phi}_i, \boldsymbol{\psi}_j \rangle| \tag{3-16}$$

式中，$\boldsymbol{\phi}_i$ 为 $\boldsymbol{\Phi}$ 的任意列，$\boldsymbol{\psi}_j$ 为 $\boldsymbol{\Psi}$ 的任意列。$\mu(\boldsymbol{\Phi}, \boldsymbol{\Psi})$ 值越小，测量矩阵 $\boldsymbol{\Phi}$ 和变换矩阵 $\boldsymbol{\Psi}$ 越不相关，测量值携带的有用信息就越多，准确重构信号的概率就越高。

更常用的度量准则是感知矩阵 $\boldsymbol{\Theta}$ 的相关值 $\mu(\boldsymbol{\Theta})$，定义为

$$\mu(\boldsymbol{\Theta}) = \max_{i \neq j} \frac{|\langle \boldsymbol{\theta}_i, \boldsymbol{\theta}_j \rangle|}{\|\boldsymbol{\theta}_i\|_2 \|\boldsymbol{\theta}_j\|_2} \tag{3-17}$$

式中，$\boldsymbol{\theta}_i$ 和 $\boldsymbol{\theta}_j$ 是矩阵 $\boldsymbol{\Theta}$ 的任意两列，$\mu(\boldsymbol{\Theta})$ 可以看作是所有原子对之间相似性的度量。$\mu(\boldsymbol{\Theta})$ 值越小，压缩感知的恢复性能越好。

对稀疏信号 $\boldsymbol{x}$ 进行压缩测量时，若测量矩阵 $\boldsymbol{\Phi}$ 满足 δ_{2k} - RIP 条件，且 $\delta_{2k} \in \left(0, \frac{1}{2}\right]$，则测量的数量 m 满足以下条件

$$m \geqslant ck\ln\frac{n}{k} \tag{3-18}$$

就可以准确重建出原始信号，其中 c 是一个很小的常数。很多学者通过大量的实验已经证明当 $m \geqslant 4k$ 时，即可通过抽样信号恢复出原始信号。

由式(3-18)可以看出，测量数量和信号的稀疏度基本上表现为线性关系，信号长度在其中起的作用较小。因此，当信号的稀疏度与信号长度相比较小时，较少的测量数量即可保证信号的恢复。压缩感知以非线性采样定理为基础，证明了一个具有 k 个非零元的 n 维采样信号 $\boldsymbol{x}$ 可以从 $k\log n$ 阶非相干测量中完全重构，用于精确重构的测量数目远远小于信号的采样数。

2. 典型测量矩阵

常用的测量矩阵主要包括三类：一、矩阵的元素服从某种随机分布模型，如高斯分布(Gaussian distribution)、伯努利分布(Bernoulli distribution)等；二、矩阵是随机抽取某些正交矩阵的部分行构成的，如部分傅里叶矩阵、部分哈达玛(Hadamard)矩阵等；三、根据某一特定信号而应用的矩阵，如拓普利兹(Toeplitz)矩阵、循环矩阵、结构化随机矩阵、Chirps 测量矩阵等。

随机高斯矩阵：$\boldsymbol{\Phi} \in \mathbb{R}^{M \times N}$，矩阵的每个元素服从独立的均值为 0，方差为 $\frac{1}{\sqrt{M}}$ 的高斯分布，即

$$\boldsymbol{\Phi}_{m,n} \sim \mathrm{N}\left(0, \frac{1}{\sqrt{M}}\right) \tag{3-19}$$

随机高斯矩阵随机性很强，几乎与任意正交稀疏矩阵不相关。因此，当测量矩阵 $\boldsymbol{\Phi}$ 是高斯矩阵时，感知矩阵 $\boldsymbol{\Theta}$ 能以较大概率满足 RIP 条件。

随机伯努利矩阵：$\boldsymbol{\Phi} \in \mathbb{R}^{M \times N}$，矩阵的每个元素独立服从对称的伯努利分布，即

$$\boldsymbol{\Phi}_{m,n}=\begin{cases}\dfrac{1}{\sqrt{M}},概率为\dfrac{1}{2}\\ -\dfrac{1}{\sqrt{M}},概率为\dfrac{1}{2}\end{cases} \tag{3-20}$$

部分哈达玛矩阵：首先生成 $N\times N$ 大小的哈达玛矩阵，然后随机从该矩阵中选取 M 行向量，构成一个大小 $M\times N$ 的测量矩阵。由于哈达玛矩阵是正交矩阵，从中取 M 行之后得到的 $M\times N$ 大小的部分哈达玛矩阵仍具有较强的非相关性和部分正交性，所以重建效果比较好。但是由于哈达玛矩阵本身的原因，其维数 N 大小必须等于 2 的整数倍，极大地限制了该矩阵的应用范围及场合。

拓普利兹矩阵的结构为

$$\boldsymbol{T}=\begin{pmatrix} t_n & t_{n-1} & \cdots & t_1 \\ t_{n+1} & t_n & \cdots & t_2 \\ \vdots & \vdots & \ddots & \vdots \\ t_{n+m} & t_{n+m-1} & \cdots & t_{1+m} \end{pmatrix} \tag{3-21}$$

拓普利兹矩阵构造方法如下：首先生成一个随机向量 $\boldsymbol{t}$，即 $\boldsymbol{t}=(t_1, t_2, \cdots, t_N)$，然后利用 $\boldsymbol{t}$ 经过 $M(M<N)$ 次循环，构造剩余的 $M-1$ 行向量，最后对列向量进行归一化，得到测量矩阵 $\boldsymbol{\Phi}$。构造矩阵时，向量 $\boldsymbol{t}$ 的元素通常取值为 ±1，且每个元素独立服从伯努利分布。在实际应用中，由于循环移位易用硬件实现，所以该测量矩阵应用前景较好。

采用不同类型的测量矩阵对测量数量、恢复质量等都会产生不同影响。最优的确定性测量矩阵设计仍然是一个开放问题。另外，在众多有关压缩感知理论的文献中，大部分测量矩阵都是预先设计好的，不需要根据测量信号而自适应变化。实际上，如果能够进行自适应的测量，压缩感知的性能可以得到进一步提高。

在不引起歧义的情况下，后续章节中将感知矩阵称为测量矩阵。

3.2.3　重构算法设计

压缩感知重构算法研究如何根据低维的测量值准确恢复原始高维信号，即给定 $\boldsymbol{y}$ 和 $\boldsymbol{\Theta}$，找出一个信号 $\boldsymbol{\alpha}$，使得 $\boldsymbol{y}=\boldsymbol{\Theta\alpha}$ 完全或者近似成立。凸优化方法和贪婪算法是两类主要的压缩感知重构算法。

1. 凸优化方法

l_0 范数是最直接的稀疏性度量函数，在压缩感知模型 $\boldsymbol{y}=\boldsymbol{\Theta\alpha}$ 中，$\boldsymbol{\Theta}$ 为 $M\times N$ 的测量矩阵。求解稀疏向量 $\boldsymbol{\alpha}$，最直接的方法是求解基于 l_0 范数最小化问题。

$$\begin{gathered}\hat{\boldsymbol{\alpha}}=\arg\min_{\boldsymbol{\alpha}}\ \|\boldsymbol{\alpha}\|_0\\ \text{s.t. } \boldsymbol{y}=\boldsymbol{\Theta\alpha}\end{gathered} \tag{3-22}$$

然而,求解 l_0 范数最小化问题过于复杂,若稀疏度为 K,该问题则需要列举 C_N^K 个可能的稀疏子空间,通常是 NP 难问题,多见于理论分析,在实际中很少被采用。

图 3-11 给出了二维空间常用范数的求解示意图,直线表示满足 $\boldsymbol{y}=\boldsymbol{\Theta\alpha}$ 的点集合,直线和范数球的交点就是解。

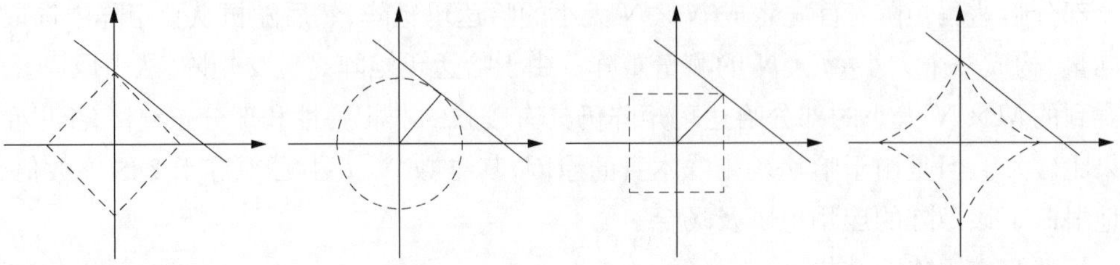

图 3-11　常用范数求解示意图

从图 3-11 可知,采用优化 l_1 范数和 $l_p(p<1)$ 范数求解得到的交点只有一个非零分量,即得到稀疏解;而采用优化 l_2 范数和 l_∞ 范数求解得到的交点有两个非零分量,不是稀疏解。文献[3]中,较详细地证明了 l_1 范数与 l_0 范数最小化在某条件下等价,从而可以将式(3-22)转换为

$$\begin{gathered}\hat{\boldsymbol{\alpha}}=\arg\min_{\boldsymbol{\alpha}}\|\boldsymbol{\alpha}\|_1\\ \text{s.t. } \boldsymbol{y}=\boldsymbol{\Theta\alpha}\end{gathered}\tag{3-23}$$

式(3-23)表示的是凸优化问题,即基追踪问题。与 l_0 范数最小化问题相比,基追踪问题的求解算法可采用传统线性编程技术实现[13],其复杂度可表示为 N 的多项式。将未知向量 $\boldsymbol{\alpha}$ 表示为 $\boldsymbol{\alpha}=\boldsymbol{u}-\boldsymbol{v}$,其中,$\boldsymbol{u},\boldsymbol{v}\in\mathbb{R}^n$,$\boldsymbol{u}$ 拥有 $\boldsymbol{\alpha}$ 中所有的正元,其他元素为零;$\boldsymbol{v}$ 拥有 $\boldsymbol{\alpha}$ 中所有的负元的绝对值,其他元素为零。通过这种替换,并用 $\boldsymbol{x}=[\boldsymbol{u}^{\mathrm{T}},\boldsymbol{v}^{\mathrm{T}}]^{\mathrm{T}}\in\mathbb{R}^{2n}$ 表示拼接向量,得到 $\|\boldsymbol{\alpha}\|_1=\boldsymbol{1}_n^{\mathrm{T}}(\boldsymbol{u}+\boldsymbol{v})=\boldsymbol{1}_{2n}^{\mathrm{T}}\boldsymbol{x}$,$\boldsymbol{\Theta\alpha}=\boldsymbol{\Theta}(\boldsymbol{u}-\boldsymbol{v})=[\boldsymbol{\Theta},-\boldsymbol{\Theta}]\boldsymbol{x}$。从而,基追踪问题可等效转化为式(3-24)。

$$\begin{gathered}\min_{\boldsymbol{x}}\boldsymbol{1}_{2n}^{\mathrm{T}}\boldsymbol{x}\\ \text{s.t. } \boldsymbol{Ax}=\boldsymbol{y},\ \boldsymbol{x}\geqslant 0\end{gathered}\tag{3-24}$$

式中,$\boldsymbol{1}_n$ 表示维度为 $n\times 1$ 的全 1 向量,$\boldsymbol{A}=[\boldsymbol{\Theta},-\boldsymbol{\Theta}]$。式(3-24)表示的是一个典型的线性规划问题,可以采用多种优化方法进行求解,如内点法、单纯形算法等。

实际场景中,式(3-23)表示的模型往往会有噪声存在。当考虑噪声影响时,可以求解以下更加通用的优化问题以实现稀疏信号重构。

$$\begin{gathered}\hat{\boldsymbol{\alpha}}=\arg\min_{\boldsymbol{\alpha}}\|\boldsymbol{\alpha}\|_1\\ \text{s.t. } \|\boldsymbol{y}-\boldsymbol{\Theta\alpha}\|_2\leqslant\delta\end{gathered}\tag{3-25}$$

式中，δ 表示测量数据的噪声水平。式(3－25)表示的优化问题可以转化为基追踪去噪(basis pursuit denoising, BPDN)问题，等价于

$$\arg\min_{\boldsymbol{\alpha}} \frac{1}{2} \|\boldsymbol{y}-\boldsymbol{\Theta\alpha}\|_2^2+\gamma\|\boldsymbol{\alpha}\|_2 \tag{3-26}$$

式中，$\gamma>0$，为常数。或者将上述问题转化为最小绝对值收敛和选择算子(least absolute shrinkage and selection operator, LASSO)问题，表示为

$$\begin{gathered}\arg\min_{\boldsymbol{\alpha}} \|\boldsymbol{y}-\boldsymbol{\Theta\alpha}\|_2 \\ \text{s.t.} \|\boldsymbol{\alpha}\| \leqslant \delta\end{gathered} \tag{3-27}$$

2. 贪婪算法

BP 算法能得到全局最优的解，然而其算法复杂度高，当信号维度较大时，计算时间变得难以接受。贪婪算法因其原理简单、算法复杂度低、易于实现等特点，被广泛应用在稀疏信号重构中。式(3－22)中，未知向量 $\boldsymbol{\alpha}$ 由两个待确定的有效部分组成：解的支撑集，以及支撑集上的非零值。贪婪算法聚焦于求解支撑集，确定支撑集后，$\boldsymbol{\alpha}$ 的非零值可以用最小二乘(least square, LS)算法求解。

贪婪算法的基本思想是，经过多次迭代，不断逼近原始信号。每一次迭代时，从测量矩阵中选取最佳的列向量，使其和残差的内积最大。最典型的贪婪算法为 OMP 算法[19]，它可以利用不相关测量矩阵，以高概率重构原始信号。基于 OMP 算法，学者提出了许多改进算法。例如，D. Needell 等提出了正则正交匹配追踪(regular orthogonal matching pursuit, ROMP)算法[20]，并基于回溯思想提出了压缩采样匹配追踪(compressive sampling matching pursuit, CoSaMP)算法[21]，不仅提供了比 OMP 算法更全面的理论保证，并且在采样过程中对噪声有很强的鲁棒性。ROMP 算法每次迭代时，已经选择的原子会一直保留；而 CoSaMP 算法每次迭代时，已经选择的原子在下次迭代中可能会被抛弃。同样引入回溯思想的还有子空间追踪(subspace pursuit, SP)算法[22]：在得到稀疏向量的支撑集之前先建立一个候选集，之后再从候选集中舍弃不需要的原子，形成最终的支撑集。D. L. Donoho 对 OMP 算法进行一定程度的简化，提出了分段正交匹配追踪(stagewise orthogonal matching pursuit, StOMP)算法[23]。该算法以降低稀疏分解精度为代价，提高了计算速度。这些贪婪算法的目的都是尽可能寻找字典中最少的非零系数来重新表示原始信号。

以下具体介绍两种常用的贪婪算法。

1) OMP 算法

OMP 算法是最早的贪婪迭代算法之一，它以贪婪迭代的方法选择测量矩阵 $\boldsymbol{\Theta}$ 的列，每次选择与当前的残余向量最相关的列，在测量向量中减去相关部分并反复迭代，直到迭代次数达到稀疏度 K，才停止迭代。OMP 算法具体步骤描述如表 3－2 所示。

表 3-2　OMP 算法

输入：测量矩阵 $\boldsymbol{\Theta}=[\boldsymbol{\theta}_1, \cdots, \boldsymbol{\theta}_N]\in\mathbb{R}^{M\times N}$，测量向量 $\boldsymbol{y}$，信号的稀疏度 K，残差阈值 ε
输出：信号稀疏表示系数估计值 $\hat{\boldsymbol{\alpha}}$
步骤 1：初始化残差 $\boldsymbol{r}_0=\boldsymbol{y}$，$\boldsymbol{\Lambda}_0=\varnothing$，$\boldsymbol{A}_0$ 为空矩阵，迭代索引 $k=1$
步骤 2：从 $\boldsymbol{\Theta}$ 中找到与当前残差最为匹配的原子所在的列 $\lambda_k=\arg\max\limits_{j=1,\cdots,N}\mid\langle\boldsymbol{r}_{k-1}, \boldsymbol{\theta}_j\rangle\mid$
步骤 3：更新索引集合 $\boldsymbol{\Lambda}_k=\boldsymbol{\Lambda}_{k-1}\cup\{\lambda_k\}$，更新支持矩阵 $\boldsymbol{A}_k=[\boldsymbol{A}_{k-1}, \boldsymbol{\theta}_{\lambda k}]$
步骤 4：更新残差 $\boldsymbol{r}_k=\boldsymbol{y}-\boldsymbol{A}_k(\boldsymbol{A}_k^{\mathrm{T}}\boldsymbol{A}_k)^{-1}\boldsymbol{A}_k^{\mathrm{T}}\boldsymbol{y}$
步骤 5：如果满足 $k\geqslant K$ 或者 $\Vert\boldsymbol{r}_k-\boldsymbol{r}_{k-1}\Vert<\varepsilon$，循环结束；否则，$k=k+1$，并转到步骤 2
步骤 6：计算系数 $\hat{\boldsymbol{\alpha}}_k=\arg\min\limits_{\boldsymbol{\alpha}}\Vert\boldsymbol{y}-\boldsymbol{A}_k\boldsymbol{\alpha}_k\Vert=(\boldsymbol{A}_k^{\mathrm{T}}\boldsymbol{A}_k)^{-1}\boldsymbol{A}_k^{\mathrm{T}}\boldsymbol{y}$。将 $\hat{\boldsymbol{\alpha}}$ 中与集合 $\boldsymbol{\Lambda}_k$ 对应位置的元素值设为 $\hat{\boldsymbol{\alpha}}_k$，其余元素值设为零

OMP 算法每次只选择一个与残余向量相关的原子，从原子的选择方式上看，实现了单个原子的精确选择。

2) CoSaMP 算法

CoSaMP 算法从原子库中同时选择多个较相关的原子，从而提高算法效率，具体步骤如表 3-3 所示。

表 3-3　CoSaMP 算法

输入：测量矩阵 $\boldsymbol{\Theta}=[\boldsymbol{\theta}_1, \cdots, \boldsymbol{\theta}_N]\in\mathbb{R}^{M\times N}$，测量向量 $\boldsymbol{y}$，信号的稀疏度 K，残差阈值 ε
输出：信号稀疏表示系数估计值 $\hat{\boldsymbol{\alpha}}$
步骤 1：初始化残差 $\boldsymbol{r}_0=\boldsymbol{y}$，$\boldsymbol{\Lambda}_0=\varnothing$，$\boldsymbol{A}_0$ 为空矩阵，迭代索引 $k=1$
步骤 2：计算 $\boldsymbol{u}=\mid\boldsymbol{\Theta}^{\mathrm{T}}\boldsymbol{r}_{t-1}\mid$，选择 $\boldsymbol{u}$ 中 $2K$ 个最大值，将对应序号构成集合 $\boldsymbol{J}_0$
步骤 3：$\boldsymbol{\Lambda}_k=\boldsymbol{\Lambda}_{k-1}\cup\boldsymbol{J}_0$，对所有 $j\in\boldsymbol{J}_0$，$\boldsymbol{A}_k=[\boldsymbol{A}_{k-1}, \boldsymbol{\theta}_j]$
步骤 4：计算系数 $\hat{\boldsymbol{\alpha}}_k=\arg\min\limits_{\boldsymbol{\alpha}}\Vert\boldsymbol{y}-\boldsymbol{A}_k\boldsymbol{\alpha}_k\Vert=(\boldsymbol{A}_k^{\mathrm{T}}\boldsymbol{A}_k)^{-1}\boldsymbol{A}_k^{\mathrm{T}}\boldsymbol{y}$
步骤 5：$\hat{\boldsymbol{\alpha}}_k$ 中绝对值最大的 K 项对应的列序号记为 $\boldsymbol{\Lambda}_k^*$，对应的 $\boldsymbol{A}_k$ 中的 K 列记为 $\boldsymbol{A}_k^*$，更新集合 $\boldsymbol{\Lambda}_k=\boldsymbol{\Lambda}_k^*$，$\boldsymbol{A}_k=\boldsymbol{A}_k^*$
步骤 6：更新残差 $\boldsymbol{r}_k=\boldsymbol{y}-\boldsymbol{A}_k\hat{\boldsymbol{\alpha}}_k=\boldsymbol{y}-\boldsymbol{A}_k(\boldsymbol{A}_k^{\mathrm{T}}\boldsymbol{A}_k)^{-1}\boldsymbol{A}_k^{\mathrm{T}}\boldsymbol{y}$
步骤 7：如果满足 $k\geqslant K$ 或者 $\Vert\boldsymbol{r}_k-\boldsymbol{r}_{k-1}\Vert<\varepsilon$，算法结束；否则，$k=k+1$，并转到步骤 2

CoSaMP 算法保证了候选集合拥有的原子数最多不超过 $3K$ 个，每次迭代支撑集拥有 $2K$ 个原子，同时剔除的原子数目最多不超过 K 个。

3. 贝叶斯方法

贪婪算法在低信噪比时重构性能较差，而贝叶斯压缩感知(Bayesian compressive sensing, BCS)能有效降低噪声的影响。通过利用参数的先验概率函数和样本信息所满足的后验概率函数，获得总体的概率密度函数的过程，就是贝叶斯学习的过程。基于贝叶斯理论的压缩感知算法被称为贝叶斯压缩感知算法[24]。

在压缩感知表达式(3-28)中，$\boldsymbol{y}$ 是 M 阶的测量信号，$\boldsymbol{\Phi}$ 为 $M\times N$ 的测量矩阵，$\boldsymbol{x}$ 为 N 阶原始信号。

$$\boldsymbol{y}=\boldsymbol{\Phi x} \tag{3-28}$$

假设 $\boldsymbol{x}_s$ 和 $\boldsymbol{x}_e$ 为 N 阶向量，$\boldsymbol{x}_s$ 与原始信号 $\boldsymbol{x}$ 中前 K 个最大项对应相等，其余$(N-K)$项为 0。$\boldsymbol{x}_e$ 与 $\boldsymbol{x}$ 中前 $(N-K)$ 个最小项对应相等，其余 K 项为 $0(K\ll N)$。显然，$\boldsymbol{x}=\boldsymbol{x}_s+\boldsymbol{x}_e$，并且

$$\boldsymbol{y}=\boldsymbol{\Phi x}_s+\boldsymbol{\Phi x}_e \tag{3-29}$$

当测量矩阵 $\boldsymbol{\Phi}$ 拥有良好的随机性，根据中心极限定理，$\boldsymbol{\Phi x}_e$ 近似为高斯白噪声。

假设在压缩感知测量过程中，受到高斯白噪声 $\boldsymbol{n}_w$ 的影响，那么式(3-29)可改写为

$$\boldsymbol{y}=\boldsymbol{\Phi x}_s+\boldsymbol{\Phi x}_e+\boldsymbol{n}_w=\boldsymbol{\Phi x}_s+\boldsymbol{n} \tag{3-30}$$

式中，$\boldsymbol{n}=\boldsymbol{\Phi x}_e+\boldsymbol{n}_w$。由于 $\boldsymbol{\Phi x}_e$ 和 $\boldsymbol{n}_w$ 都是高斯白噪声，因此 $\boldsymbol{n}$ 也是一个高斯白噪声，另假设其方差为 σ^2，根据高斯分布的概率密度函数，可得到式(3-31)所示的高斯似然函数。

$$p(\boldsymbol{y}\mid\boldsymbol{x}_s,\sigma^2)=(2\pi\sigma^2)^{-\frac{K}{2}}\mathrm{e}^{-\frac{1}{2\sigma^2}\|\boldsymbol{y}-\boldsymbol{\Phi x}_s\|^2} \tag{3-31}$$

基于式(3-31)，$\boldsymbol{x}_s$ 的恢复问题可以利用贝叶斯估计求解。求解时，需要先假设 $\boldsymbol{x}_s$ 服从某种先验分布。先验分布的设定，决定了后面参数估计算法的复杂程度，以及恢复 $\hat{\boldsymbol{x}}_s$ 的准确度。如何设定既符合 $\boldsymbol{x}_s$ 的先验信息，又利于降低参数估计计算复杂度的 $\boldsymbol{x}_s$ 的先验假设，是 BCS 算法的主要问题。

为了让估计出的信号 $\hat{\boldsymbol{x}}_s$ 具有更好的稀疏性，通常使用超参数的多层结构先验假设来表征原始信号的稀疏性。首先，假设 $\boldsymbol{x}$ 中每个元素都服从 0 均值的高斯先验分布，即

$$p(\boldsymbol{x}\mid\boldsymbol{\alpha})=\prod_{i=1}^{N}\mathrm{N}(x_i\mid 0,\alpha_i^{-1}) \tag{3-32}$$

式中，α_i^{-1} 是高斯概率密度函数的方差。进一步，假设 $\boldsymbol{\alpha}$ 服从参数为 a，b 的伽马分布(Gamma distribution)，表示为

$$p(\boldsymbol{\alpha}\mid a,b)=\prod_{i=1}^{N}\Gamma(\alpha_i\mid a,b) \tag{3-33}$$

将式(3-33)代入式(3-32)中，得到

$$p(\boldsymbol{x}\mid a,b)=\prod_{i=1}^{N}\int_0^{\infty}\mathrm{N}(x_i\mid 0,\alpha_i^{-1})\Gamma(\alpha_i\mid a,b)\mathrm{d}\alpha_i \tag{3-34}$$

对噪声信号做相似处理，设 $\alpha_0{}^{-1}$ 为高斯加性噪声的方差，即 $\alpha_0=\dfrac{1}{\sigma^2}$，可以得到

$$p(\alpha_0 \mid a, b) = \Gamma(\alpha_0 \mid a, b) \tag{3-35}$$

假定 $\boldsymbol{\alpha}$ 和 α_0 已知,则 $\boldsymbol{x}$ 满足均值为 $\boldsymbol{\mu}$,协方差矩阵为 $\boldsymbol{\Sigma}$ 的高斯分布。应用贝叶斯公式,得到

$$\begin{aligned} p(\boldsymbol{x} \mid \boldsymbol{y}, \boldsymbol{\alpha}, \alpha_0) &= \frac{p(\boldsymbol{y} \mid \boldsymbol{x}, \alpha_0) p(\boldsymbol{x} \mid \boldsymbol{\alpha})}{p(\boldsymbol{y} \mid \alpha_0, \boldsymbol{\alpha})} \\ &= \mathrm{N}(\boldsymbol{\mu}, \boldsymbol{\Sigma}) \end{aligned} \tag{3-36}$$

式中,

$$\boldsymbol{\mu} = \alpha_0 \boldsymbol{\Sigma} \boldsymbol{\Phi}^{\mathrm{T}} \boldsymbol{y} \tag{3-37}$$

$$\boldsymbol{\Sigma} = (\boldsymbol{A} + \alpha_0 \boldsymbol{\Phi}^{\mathrm{T}} \boldsymbol{\Phi})^{-1} \tag{3-38}$$

式(3-38)中, $\boldsymbol{A} = \mathrm{diag}(\alpha_1, \alpha_2, \cdots, \alpha_N)$ 是对角矩阵,当后验分布 $p(\boldsymbol{x} \mid \boldsymbol{y}, \boldsymbol{\alpha}, \alpha_0)$ 已知时,由贝叶斯方法可知,原始信号 $\boldsymbol{x}$ 的估计量 $\hat{\boldsymbol{x}}$ 可以通过点估计或者最大化后验概率的方法求得。

所以,对原始信号 $\boldsymbol{x}$ 的估计问题就转化为对参变量 $\boldsymbol{\alpha}$, α_0 的估计问题。对参变量 $\boldsymbol{\alpha}$, α_0 的估计,常使用的方法是第二类型的最大似然估计。在这种算法中,为了计算的便利性,通常对似然函数取对数,表示为

$$\begin{aligned} L(\boldsymbol{\alpha}, \alpha_0) &= \ln p(\boldsymbol{y} \mid \boldsymbol{\alpha}, \alpha_0) = \ln \int p(\boldsymbol{y} \mid \boldsymbol{x}, \alpha_0) p(\boldsymbol{x} \mid \boldsymbol{\alpha}) \mathrm{d}\boldsymbol{x} \\ &= -\frac{1}{2}[K \ln 2\pi + \ln |\boldsymbol{C}| + \boldsymbol{y}^{\mathrm{T}} \boldsymbol{C}^{-1} \boldsymbol{y}] \end{aligned} \tag{3-39}$$

式中, $\boldsymbol{C} = \sigma^2 \boldsymbol{I} + \boldsymbol{\Phi} \boldsymbol{A}^{-1} \boldsymbol{\Phi}^{\mathrm{T}}$。如果直接求解式(3-39),由于参变量太多,往往无法得到闭合解。为解决这一问题,通常采用基于迭代的广义期望最大化(expectation maximum, EM)算法来求解 $\boldsymbol{\alpha}$, α_0 的估计。这种算法通过对似然函数取均值和迭代计算的方式,很好简化了计算的复杂度,并提高了算法的收敛速度,这些优点已经得到了广泛证明[25]。关于 EM 算法中的具体迭代,后续章节会述及,此处不再进一步介绍。

§3.3 结构化压缩感知理论

现实中,很多信号除了具有稀疏性以外,往往结构上还具备其他的先验信息。例如,在多传感器环境中,各传感节点对同一个物体或环境的温度进行测量,采集的信号之间存在相关性;在信道估计模型中,相邻符号、相邻天线或相邻用户对应信道的稀疏特性可能相同或近似相同。对压缩感知问题而言,挖掘信号的结构信息,利用结构化特征作为信号处理的先验信息,能更准确地把握信号特征,减少感知次数,提高恢复精度。下面介绍几种典型的结构化压缩感知。

3.3.1　分布式压缩感知

分布式压缩感知(distributed compressive sensing, DCS)理论利用多个信号具有的共同稀疏性,把压缩感知方法扩展到多个稀疏信号联合恢复的求解。DCS 理论指出,如果多个信号在某变换基下都具有稀疏性,并且这些信号彼此相关,将每个信号通过另一个不相关基进行测量,则利用少量测量数据就能够高精度地重建每一个信号。

以 3 个信号为例,DCS 理论的基本框架如图 3-12 所示。

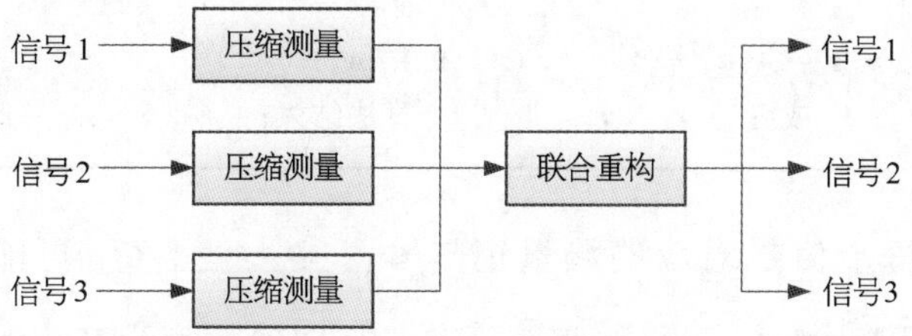

图 3-12　DCS 理论的基本框架

由图 3-12 可知,在编码过程中,每个信号被独立压缩;在重构过程中,所有相关信号通过重构算法被联合恢复。DCS 并没有将整个过程的计算复杂度降低,而是将计算复杂度从编码端转移到联合解码端。DCS 对很多编码端需要低复杂度的分布式应用场景是非常合适的,比如无线传感网和视频编码。借助信号间和信号内的相关性,DCS 可以极大降低测量数目,这在信号间的共同成分占各信号大部分时体现得尤为明显。

DCS 包括三种联合稀疏模型(joint sparsity model, JSM)。在第一种模型 JSM-1 中,多个信号由公共部分和各自独有的部分加和而成,这两部分均为同一稀疏表示基上的稀疏信号。在第二种模型 JSM-2 中,多个信号具有相同的稀疏支撑集,只是支撑集上元素的取值不同。第三种模型 JSM-3 类似 JSM-1,多个信号由公共部分和各自独有的部分加和而成,但是此时的公共部分可以不是稀疏信号,而独有部分则是稀疏信号。

用 $\Lambda=\{1, 2, \cdots, J\}$ 表示组合集中 J 个信号的索引,$\boldsymbol{x}_j \in \mathbb{R}^N (j \in \Lambda)$ 表示信号,$\boldsymbol{\Phi}_j \in \mathbb{R}^{M_j \times N}$ 是第 j 个信号的测量矩阵。如果每个信号的测量矩阵 $\boldsymbol{\Phi}_j$ 相同,即 $\boldsymbol{\Phi}_1=\boldsymbol{\Phi}_2=\cdots=\boldsymbol{\Phi}_J$,则得到 DCS 模型为

$$[\boldsymbol{y}_1, \boldsymbol{y}_2, \cdots, \boldsymbol{y}_J]=\boldsymbol{\Phi}_1[\boldsymbol{x}_1, \boldsymbol{x}_2, \cdots, \boldsymbol{x}_J] \tag{3-40}$$

以 JSM-2 模型为例,假设 $\{\boldsymbol{x}_j\}_{j=1}^J$ 具有相同的支撑集,利用稀疏向量的联合稀疏性可以提高支撑集的估计精度。典型的 DCS 恢复算法为同时正交匹配追踪(simultaneous orthogonal matching pursuit, SOMP)算法[4],其具体步骤如表 3-4 所示。

对 SOMP 算法而言,每个信号成功重构需要的测量数目随着信号数目 J 的增加而减少。当 J 足够大时,则接近稀疏度 K 的测量数目就足以恢复原始信号。

表 3-4 SOMP 算法

输入：测量矩阵 $\boldsymbol{\Phi}=[\boldsymbol{\phi}_1, \cdots, \boldsymbol{\phi}_N]$，测量值 $\boldsymbol{Y}=[\boldsymbol{y}_1, \cdots, \boldsymbol{y}_J]$，信号的稀疏度 K，残差阈值 ε
输出：信号稀疏表示系数估计 $\hat{\boldsymbol{X}}$
步骤 1：初始化残差 $\boldsymbol{r}_0=\boldsymbol{y}$，$\boldsymbol{\Lambda}_0=\varnothing$，$\boldsymbol{A}_0$ 为空矩阵，迭代索引 $k=1$
步骤 2：从 $\boldsymbol{\Phi}$ 中找到与当前残差最为匹配的原子所在的列 $\lambda_k=\arg\max\limits_{j=1, \cdots, N} \Vert \boldsymbol{\phi}_j^{\mathrm{T}}\boldsymbol{Y}\Vert_2$
步骤 3：更新索引集合 $\boldsymbol{\Lambda}_k=\boldsymbol{\Lambda}_{k-1}\cup\{\lambda_k\}$，更新支持矩阵 $\boldsymbol{A}_k=[\boldsymbol{A}_{k-1}, \boldsymbol{\phi}_{\lambda_k}]$
步骤 4：计算系数 $\hat{\boldsymbol{\alpha}}_k=\arg\min\limits_{\boldsymbol{X}_k}\Vert\boldsymbol{Y}-\boldsymbol{A}_k\boldsymbol{X}_k\Vert=(\boldsymbol{A}_k^{\mathrm{T}}\boldsymbol{A}_k)^{-1}\boldsymbol{A}_k^{\mathrm{T}}\boldsymbol{Y}$
步骤 5：更新残差 $\boldsymbol{r}_k=\boldsymbol{Y}-\boldsymbol{A}_k\hat{\boldsymbol{\alpha}}_k=\boldsymbol{Y}-\boldsymbol{A}_k(\boldsymbol{A}_k^{\mathrm{T}}\boldsymbol{A}_k)^{-1}\boldsymbol{A}_k^{\mathrm{T}}\boldsymbol{Y}$
步骤 6：如果满足 $k\geqslant K$ 或者 $\Vert\boldsymbol{r}_k-\boldsymbol{r}_{k-1}\Vert<\varepsilon$，算法结束；否则，$k=k+1$，并转到步骤 2

实际系统中，每个信号对应的测量矩阵 $\boldsymbol{\Phi}_1, \boldsymbol{\Phi}_2, \cdots, \boldsymbol{\Phi}_J$ 可能不同。假设 $\overline{M}=\sum\limits_{j\in\Lambda}M_j$，定义 $\boldsymbol{Y}\in\mathbb{R}^{\overline{M}}$，$\boldsymbol{\Phi}\in\mathbb{R}^{\overline{M}\times JN}$，$\boldsymbol{X}\in\mathbb{R}^{JN}$，则 DCS 模型为 $\boldsymbol{Y}=\boldsymbol{\Phi}\boldsymbol{X}$，其中

$$\boldsymbol{Y}=\begin{bmatrix}\boldsymbol{y}_1\\ \boldsymbol{y}_2\\ \vdots\\ \boldsymbol{y}_J\end{bmatrix}, \boldsymbol{\Phi}=\begin{bmatrix}\boldsymbol{\Phi}_1 & \boldsymbol{0} & \cdots & \boldsymbol{0}\\ \boldsymbol{0} & \boldsymbol{\Phi}_2 & \cdots & \boldsymbol{0}\\ \vdots & \vdots & \ddots & \vdots\\ \boldsymbol{0} & \boldsymbol{0} & \cdots & \boldsymbol{\Phi}_J\end{bmatrix}, \boldsymbol{X}=\begin{bmatrix}\boldsymbol{x}_1\\ \boldsymbol{x}_2\\ \vdots\\ \boldsymbol{x}_J\end{bmatrix} \tag{3-41}$$

显然，可以直接用压缩感知的恢复算法求解 $\boldsymbol{X}$，然而通过利用 $\{\boldsymbol{x}_j\}_{j=1}^J$ 的联合稀疏性，可以以较少的测量值得到较高的恢复精度。为了利用联合稀疏性，可以对矩阵 $\boldsymbol{\Phi}$ 的列向量进行置换操作，从而使向量 $\boldsymbol{X}$ 中的非零元聚集，形成块结构，具体算法会在后续的章节中详细介绍，此处不再展开。

3.3.2 动态压缩感知

在实际应用中，稀疏信号的支撑集不是固定不变的，常呈现一种动态特性，因此称之为时变稀疏信号或者稀疏随机时间序列。和前文介绍的 DCS 不同的是，这里的稀疏信号随时间动态变化，任意相邻两个时刻的稀疏信号的支撑集可能具有较强的时间相关特性，即 t 时刻与 $(t-1)$ 时刻的支撑集有较大部分重叠。

J. Ziniel 等以转移概率的形式描述支撑集变化的过程[26-27]。设 $\boldsymbol{x}_t$ 的第 i 个分量表示为

$$\boldsymbol{x}_t(i)=\boldsymbol{b}_t(i)\times\boldsymbol{\theta}_t(i) \tag{3-42}$$

式中，$\boldsymbol{b}_t(i)\in\{0, 1\}$，用于表示该分量是否为 0，$\boldsymbol{\theta}_t(i)$ 表示这个分量的幅值。定义两个转移概率

$$p_{10}=\Pr\{\boldsymbol{b}_t(i)=1 \mid \boldsymbol{b}_{t-1}(i)=0\} \tag{3-43}$$

$$p_{01}=\Pr\{\boldsymbol{b}_t(i)=0 \mid \boldsymbol{b}_{t-1}(i)=1\} \tag{3-44}$$

用于表示任意一个分量在相邻两个时刻发生变化的转移概率。如果转移概率的值很小，表示支撑集变化缓慢。

卡尔曼滤波器(Kalman filter, KF)是随机时间序列估计的有力工具，它以最小均方误差(minimum mean square error, MMSE)为目标，通过递推的方法对未知变量进行估计。其基本思想是，采用信号与噪声的状态变化模型，利用前一时刻的估计值和当前时刻的测量值来估计当前时刻的变量。

以高斯噪声干扰下的线性离散系统为例。

$$\boldsymbol{x}_t=\boldsymbol{F}\boldsymbol{x}_{t-1}+\boldsymbol{v}_t \tag{3-45}$$

$$\boldsymbol{y}_t=\boldsymbol{\Phi}\boldsymbol{x}_t+\boldsymbol{n}_t \tag{3-46}$$

式中，$\boldsymbol{x}_t$ 是状态向量，$\boldsymbol{y}_t$ 是测量向量，$\boldsymbol{v}_t$ 和 $\boldsymbol{n}_t$ 分别表示服从高斯分布的系统噪声和测量噪声，对应的协方差分别为 $\boldsymbol{Q}$ 和 $\boldsymbol{R}$，$\boldsymbol{F}$ 和 $\boldsymbol{\Phi}$ 为已知的系统矩阵和测量矩阵。卡尔曼滤波过程描述如下。

(1) 首先利用系统的过程模型，预测下一个状态为

$$\boldsymbol{x}_{t|t-1}=\boldsymbol{F}\boldsymbol{x}_{t-1|t-1} \tag{3-47}$$

式中，$\boldsymbol{x}_{t|t-1}$ 是利用上一状态预测的结果，$\boldsymbol{x}_{t-1|t-1}$ 是上一状态最优的结果。

(2) 协方差预测公式

$$\boldsymbol{P}_{t|t-1}=\boldsymbol{F}\boldsymbol{P}_{t-1|t-1}\boldsymbol{F}^{\mathrm{H}}+\boldsymbol{Q} \tag{3-48}$$

式中，$\boldsymbol{P}_{t|t-1}$ 是 $\boldsymbol{x}_{t|t-1}$ 对应的协方差，$\boldsymbol{P}_{t-1|t-1}$ 是 $\boldsymbol{x}_{t-1|t-1}$ 对应的协方差。

(3) 结合预测值和测量值，计算当前时刻的最优估算值

$$\boldsymbol{x}_{t|t}=\boldsymbol{x}_{t|t-1}+\boldsymbol{g}_t(\boldsymbol{y}_t-\boldsymbol{\Phi}\boldsymbol{x}_{t|t-1}) \tag{3-49}$$

式中，$\boldsymbol{g}_t$ 为卡尔曼增益，通过式(3-48)得到

$$\boldsymbol{g}_t=\frac{\boldsymbol{P}_{t|t-1}\boldsymbol{\Phi}^{\mathrm{H}}}{\boldsymbol{\Phi}\boldsymbol{P}_{t|t-1}\boldsymbol{\Phi}^{\mathrm{H}}+\boldsymbol{R}} \tag{3-50}$$

(4) 更新协方差

$$\boldsymbol{P}_{t|t}=(\boldsymbol{I}-\boldsymbol{g}_t\boldsymbol{\Phi})\boldsymbol{P}_{t|t-1} \tag{3-51}$$

对于动态变化的稀疏信号重构问题，美国爱荷华州立大学教授 N. Vaswani 于 2008 年首次提出一种基于降阶的卡尔曼滤波压缩感知(Kalman filtered compressive sensing, KF-CS)算法[28]。该算法用一种支撑集缓慢变化的线性动态系统模型来描述时变稀疏信号的感知测量，并通过图 3-13 所示的循环调用过程完成对时变稀疏信号的动态更新。

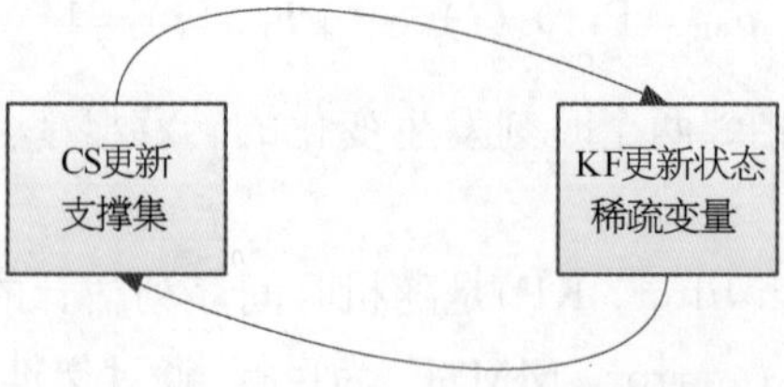

图 3-13　KF-CS 迭代更新稀疏随机序列

设压缩感知模型为 $\boldsymbol{y}_t=\boldsymbol{\Phi}\boldsymbol{x}_t+\boldsymbol{n}_t$，$\boldsymbol{x}_t$ 是稀疏向量，KF-CS 算法的目标是求出不同时刻的最优估计值 $\hat{\boldsymbol{x}}_t$。定义 T_t 为 $\boldsymbol{x}_t$ 的支撑集，即 $\boldsymbol{x}_t$ 中非零系数的集合。KF-CS 算法的具体步骤如表 3-5 所示。

表 3-5　KF-CS 算法[28]

输入：$\boldsymbol{y}_t$，$\boldsymbol{\Phi}$

输出：支撑集 T_t，$\hat{\boldsymbol{x}}_t$

初始化：$\hat{\boldsymbol{x}}_0=0$，$P_0=0$，$T_0=\varnothing$（或者为初始已知的支撑集）

步骤 1：$T\leftarrow T_{t-1}$

步骤 2：对于支持集 T，根据式(3-47)至式(3-51)进行预测和更新，计算滤波误差 $\tilde{\boldsymbol{y}}_{t,f}\triangleq\boldsymbol{y}_t-\boldsymbol{\Phi}\hat{\boldsymbol{x}}_t$

步骤 3：计算归一化的误差值(filter error norm, FEN) $\text{FEN}\triangleq\tilde{\boldsymbol{y}}'_{t,f}\boldsymbol{\Sigma}_{fe,t}^{-1}\tilde{\boldsymbol{y}}_{t,f}$，其中，$\boldsymbol{\Sigma}_{fe,t}^{-1}=(\boldsymbol{I}-\boldsymbol{\Phi}\boldsymbol{g}_t)(\boldsymbol{\Phi}\boldsymbol{P}_{t|t-1}\boldsymbol{\Phi}^{\mathrm{H}}+\boldsymbol{R})(\boldsymbol{I}-\boldsymbol{\Phi}\boldsymbol{g}_t)^{\mathrm{H}}$，若 FEN 比阈值大，则说明支撑集发生了变化，利用 CS 重新估计支撑集

(a) 利用 Dantzig Selector 算法[29]寻找 $\hat{\Delta}$

$$\hat{\beta}_t=\arg\min_{\beta}\|\beta\|_1$$
$$\text{s.t. }\|\boldsymbol{\Phi}_{T^c}^{\mathrm{H}}(\tilde{\boldsymbol{y}}_{t,f}-\boldsymbol{\Phi}_{T^c}\beta)\|_\infty\leqslant\lambda_m\sigma_{\mathrm{obs}}$$
$$\hat{\Delta}=\{i\in T_{t-1}^c:\hat{\beta}_{t,i}^2>\alpha_a\}$$

其中，$\lambda_m=\sqrt{2\ln N}$ 和 α_a 为系统的阈值参数

(b) 更新支撑集 $T_{\mathrm{new}}=T\cup\hat{\Delta}$

(c) $T\leftarrow T_{\mathrm{new}}$，$(\boldsymbol{P}_{t|t-1})_{\hat{\Delta},\hat{\Delta}}=\sigma_{\mathrm{init}}^2\boldsymbol{I}$；运行 KF

步骤 4：删除支撑元素，计算 $\hat{\Delta}_D=\{i\in T:\sum_{\tau=t-k+1}^{t}(\hat{\boldsymbol{x}}_\tau)_i^2<k\alpha_d\}$，$T_{\mathrm{new}}=T\backslash\hat{\Delta}_D$，$T\leftarrow T_{\mathrm{new}}$，$(\hat{\boldsymbol{x}}_t)_{\Delta_D}=0$，$(\boldsymbol{P}_{t|t-1})_{\hat{\Delta}_D,[1:m]}=0$，$(\boldsymbol{P}_{t|t-1})_{[1:m],\hat{\Delta}_D}=0$；运行 KF

步骤 5：$T_t\leftarrow T$，$t\leftarrow t+1$，转到步骤 1

3.3.3　张量压缩感知

张量即为多维数组，更普遍的说法是，N 阶张量为 N 个向量空间的外积所张成的空间。作为张量积的一种特殊形式，克罗内克(Kronecker)积是一种矩阵运算。设 $\boldsymbol{A}=(a_{ij})\in\mathbb{R}^{m\times n}$，$\boldsymbol{B}=(b_{ij})\in\mathbb{R}^{p\times q}$，则矩阵 $\boldsymbol{A}$ 和矩阵 $\boldsymbol{B}$ 的克罗内克积定义为

$$A \otimes B = \begin{bmatrix} a_{11}B & a_{12}B & \cdots & a_{1n}B \\ a_{21}B & a_{22}B & \cdots & a_{2n}B \\ \vdots & \vdots & \ddots & \vdots \\ a_{m1}B & a_{m2}B & \cdots & a_{mn}B \end{bmatrix} \in \mathbb{C}^{mp\times nq} \tag{3-52}$$

考虑方程 $\boldsymbol{AXB}=\boldsymbol{C}$，其中 $\boldsymbol{A}$，$\boldsymbol{B}$ 和 $\boldsymbol{C}$ 是给定的矩阵，$\boldsymbol{X}$ 是未知的矩阵。可以把此方程改写为

$$\mathrm{vec}(\boldsymbol{C})=\mathrm{vec}(\boldsymbol{AXB})=(\boldsymbol{B}^{\mathrm{T}}\otimes \boldsymbol{A})\mathrm{vec}(\boldsymbol{X}) \tag{3-53}$$

式中，$\mathrm{vec}(\boldsymbol{X})$ 表示将矩阵 $\boldsymbol{X}$ 向量化，从而将原方程转化为压缩感知的形式，测量矩阵是克罗内克积形式，记为 $\boldsymbol{\Phi}=\boldsymbol{B}^{\mathrm{T}}\otimes \boldsymbol{A}$。

对任意维的信号，通常需要复用所有或大多数信号值来获得全局压缩测量，对应的是采用密集矩阵 $\boldsymbol{\Phi}$，这样可以获得任意的稀疏结构。但是对多维信号来说，要求针对各维度所有数据的多个传感器同时操作，这大大增加了系统实现的复杂度和数据采集时延。在很多场景中，由于信号传感器数量巨大且需要采集的数据具有短暂时效性，因此很难实现这种多路复用结构。在很多应用和实际系统中，往往只需要在某个指定的维度上对多维信号，例如视频信号的某帧或高光谱数据信号中某个频谱上的图像等进行分段多次测量，并对多次测量的结果进行统一处理。

与传统压缩感知相比，克罗内克压缩感知[30]应用于参数估计中，可以将多维联合估计转变为分别对多个一维空间进行估计，从而大大降低参数估计的复杂度。利用克罗内克积可以生成多维稀疏信号的稀疏基 $\boldsymbol{\Psi}$ 和测量矩阵 $\boldsymbol{\Phi}$。假设 D 维信号 $\boldsymbol{x}\in\mathbb{R}^{N_1}\otimes\cdots\otimes\mathbb{R}^{N_D}=\mathbb{R}^{\prod_{d=1}^{D}N_d}$ 的各维度在稀疏基 $\boldsymbol{\Psi}_d$ 上都是稀疏的，那么 $\boldsymbol{x}$ 的稀疏基为

$$\overline{\boldsymbol{\Psi}}=\boldsymbol{\Psi}_1\otimes\cdots\otimes\boldsymbol{\Psi}_D \tag{3-54}$$

测量矩阵为

$$\overline{\boldsymbol{\Phi}}=\boldsymbol{\Phi}_1\otimes\cdots\otimes\boldsymbol{\Phi}_D \tag{3-55}$$

克罗内克压缩感知算法的性能优于对各维信号进行单独恢复的算法，但是不如基于共同测量的恢复算法。

§3.4　小结

本章围绕稀疏信号处理理论的三个发展阶段——稀疏表示理论、压缩感知理论和结构化压缩感知理论展开综述。稀疏表示理论利用冗余字典，根据信号特征自适应地选取变换基，将信号表示为字典中少量向量的线性组合，实现了对原始信号的有效压缩。压缩感知理论则从奈奎斯特采样定理出发，克服了奈奎斯特采样率的局限，能有效应对宽

带甚至超宽带系统带来的海量数据。它主要包括信号的稀疏表示、测量矩阵的设计和重构算法的设计三个环节。结构化压缩感知理论挖掘信号的结构信息,将结构化特征作为信号处理的先验信息,从而更准确地把握信号特征,减少感知次数,提高恢复精度。

参考文献

[1] Qin Z J, Fan J C, Liu Y W, et al. Sparse representation for wireless communications: a compressive sensing approach[J]. IEEE Signal Processing Magazine, 2018, 35(3): 40 - 58.

[2] Candès E J, Tao T. Near-optimal signal recovery from random projections: universal encoding strategies[J]. IEEE Transactions on Information Theory, 2006, 52(12): 5406 - 5425.

[3] Donoho D L. Compressed sensing[J]. IEEE Transactions on Information Theory, 2006, 52(4): 1289 - 1306.

[4] Duarte M F, Eldar Y C. Structured compressed sensing: from theory to applications[J]. IEEE Transactions on Signal Processing, 2011, 59(9): 4053 - 4085.

[5] 王宁.基于稀疏信号处理的物理层安全机制研究[D]. 北京: 北京邮电大学,2017.

[6] 郭金库,刘光斌,余志勇,等. 信号稀疏表示理论及其应用[M]. 北京: 科学出版社,2013.

[7] Mallat S G, Zhang Z. Matching pursuits with time-frequency dictionaries[J]. IEEE Transactions on Signal Processing, 1993, 41(12): 3397 - 3415.

[8] 李廉林,李芳. 稀疏感知导论[M]. 北京: 科学出版社,2018.

[9] 石光明,林杰,高大化,等. 压缩感知理论的工程应用方法[M]. 西安: 西安电子科技大学出版社,2017.

[10] Engan K, Aase S O, Hakon-Husoy J H. Method of optimal directions for frame design[C]// IEEE. Proceedings of IEEE International Conference on Acoustics, Speech, and Signal Processing, March 15 - 19, 1999. New York: IEEE, 1999: 2443 - 2446.

[11] Aharon M, Elad M, BrucksteinA. K - SVD: an algorithm for designing overcomplete dictionaries for sparse representation[J]. IEEE Transactions on Signal Processing, 2006, 54(1): 4311 - 4322.

[12] 李洪安.信号稀疏化与应用[M]. 西安: 西安电子科技大学出版社,2017.

[13] Elad M. 稀疏与冗余表示理论及其在信号与图像处理中的应用[M]. 曹铁勇,杨吉斌,赵斐,等,译. 北京: 国防工业出版社,2015.

[14] Chen S S, Donoho D L, Saunders M A. Atomic decomposition by basis pursuit[J]. SIAM Review, 2001, 43(1): 129 - 159.

[15] Gorodnitsky I F, Rao B D. Sparse signal reconstruction from limited data using FOCUSS: a re-weighted minimum norm algorithm[J]. IEEE Transactions on Signal Processing, 1997, 45(3): 600 - 616.

[16] Cotter S F, Rao B D. Sparse channel estimation via matching pursuit with application to equalization[J]. IEEE Transactions on Communications, 2002, 50(3): 374 - 377.

[17] Pati Y, Rezaifar R, Krishnaprasad P. Orthogonal matching pursuit: recursive function approximation with application to wavelet decomposition[C]// IEEE. Proceedings of 27th

Asilomar Conference on Signals, Systems and Computers, November 1 - 3, 1993. New York: IEEE, 1993: 40 - 44.

[18] 闫敬文,刘蕾,屈小波. 压缩感知及应用[M]. 北京: 国防工业出版社,2015.

[19] Tropp J A, Gilbert A C. Signal recovery from random measurements via orthogonal matching pursuit[J]. IEEE Transactions on Information Theory, 2007, 53(12): 4655 - 4666.

[20] Needell D, Vershynin R. Signal recovery from incomplete and inaccurate measurements via regularized orthogonal matching pursuit [J]. IEEE Journal of Selected Topics in Signal Processing, 2010, 4(2): 310 - 316.

[21] Needell D, Tropp J A. CoSaMP: iterative signal recovery from incomplete and inaccurate samples[J]. Applied Computational Harmonic Analysis, 2008, 26(3): 301 - 321.

[22] Wei D, Milenkovic O. Subspace pursuit for compressive sensing signal reconstruction[J]. IEEE Transactions on Information Theory, 2009, 55(5): 2230 - 2249.

[23] Donoho D L, Tsaig Y, Drori I, et al. Sparse solution of underdetermined systems of linear equations by stagewise orthogonal matching pursuit [J]. IEEE Transactions on Information Theory, 2012, 58(2): 1094 - 1121.

[24] Ji S, Xue Y, Carin L. Bayesian compressive sensing[J]. IEEE Transactions on Signal Processing, 2008, 56(6): 2346 - 2356.

[25] 张文韬. 基于贝叶斯的压缩感知重构算法研究[D]. 安徽: 安徽大学,2014.

[26] 荆楠,毕卫红,胡正平,等. 动态压缩感知综述[J]. 自动化学报,2015,41(1): 22 - 37.

[27] Ziniel J, Potter L C, Schniter P. Tracking and smoothing of time-varying sparse signals via approximate belief propagation[C]// IEEE. Proceedings of 44th Asilomar Conference on Signals, Systems and Computers, November 7 - 10, 2010. Pacific Grove: IEEE, 2010: 808 - 812.

[28] Vaswani N. Kalman filtered compressed sensing[C]// IEEE. Proceedings of IEEE International Conference on Image Processing, October 12 - 15, 2008. New York: IEEE, 2008: 893 - 896.

[29] Candes E, Tao T. The dantzig selector: statistical estimation when p is much larger than n[J]. Annals of Statistics, 2007, 35(6): 2313 - 2351.

[30] Duarte M F, Baraniuk R G. Kronecker compressive sensing[J]. IEEE Transactions on Image Processing, 2012, 21(2): 494 - 504.

第4章 稀疏信号处理典型应用

随着稀疏表示理论以及压缩感知理论的发展,学者尝试挖掘自然界中各类信号的稀疏性,利用稀疏信号处理技术高效获取并处理海量数据,以达到降低数据采集量、数据传输时间、数据处理时间,提高资源利用率的目的。本章将分析无线通信系统的稀疏性,并介绍稀疏信号处理在无线通信中的几个典型应用。

§4.1 无线通信系统的稀疏性分析

无线通信系统中,一部分信号自身即具备稀疏特性,例如无线信道的冲激响应、超宽带信号的时域波形、物联网同时激活的设备产生的信号等;一部分信号需要经过基变换后才具备稀疏特性,例如,部分信号经过傅里叶变换后在频域表现出稀疏性,无线传感网采集的数据经过小波变换后表现出稀疏性。可见,无线通信系统的稀疏性多处存在。接下来,对无线通信系统的稀疏性来源进行分类介绍。

1) 信号的时频域稀疏性

传输信号的稀疏性是通信系统中最为直观的稀疏性,虽然通常时域内的信号是非稀疏的,但是在某些特殊场景下,信号在时域内也会具有明显稀疏特征。如超宽带系统的发射信号是持续时间极短的窄带脉冲,它在时域内是高度稀疏的,因此在收端就可以利用稀疏信号处理技术来重构信号。信号的频域稀疏性也较为常见,在一些通信系统里,实际信号往往只占用了很小一部分带宽,相对于整个测量的频带资源呈现出稀疏特征。对应的一个典型应用就是低速率模数转化,利用信号的频域稀疏性可以实现低于奈奎斯特采样率的模数转化。

2) 信道冲激响应的稀疏性

稀疏信道是稀疏信号处理技术在无线通信领域的一个重要应用场景。很多室外场景如乡村场景、高铁场景等中,遮挡物较少,无线信号经过少量的折射、反射到达接收机,相对应的信道模型的多径抽头系数表现出稀疏特性,可以通过稀疏信号处理技术进行信号估计。此外,越来越多的实验证据表明,随着信号带宽增加,基站侧部署的天线数增加,无线信道的稀疏性表现得更明显。因此,稀疏信号处理成为一种解决信道估计问题的颇有前景的工具。

3）接入设备的稀疏性

随着通信系统频带的拓宽以及终端接入设备的增多，接入设备的稀疏性也成为无线通信系统一个重要的稀疏性来源。目前，频谱资源的利用率低下，某些频带具有大量的休眠时段，同一时刻在线的授权用户少，出现“频谱空洞”现象。因此，利用某一时刻频带上授权用户的稀疏性可以进行基于稀疏信号处理的频谱感知。对物联网而言，虽然存在着海量连接的设备，但同时接入系统的活跃设备只是其中的一小部分，即活跃设备数表现出明显的稀疏性。同样可以利用稀疏信号处理技术对稀疏活跃用户及其数据进行联合检测。

4）构造的稀疏性

上述均为自然存在的稀疏性，而在某些场景中可人为构造稀疏性能，以有效解决无线通信的具体问题。例如，混合结构的毫米波系统的模拟预编码和数字预编码的联合设计问题很难求解，但可构造过完备字典，将模拟预编码替换成字典矩阵，使得待求解的数字预编码矩阵表现出稀疏性，从而可以利用稀疏信号处理技术对模拟预编码矩阵和数字预编码矩阵进行联合求解。因此，针对一些没有明显稀疏性的场景，可以通过设计过完备字典代替正交基函数来获取稀疏性。

综上可知，无线通信系统的稀疏性来源主要包括信号的时频域稀疏性、信道冲激响应的稀疏性、接入设备的稀疏性，以及构造的稀疏性。表 4－1 为无线通信系统的稀疏性分类，列举了对应的应用实例。

表 4－1　无线通信系统的稀疏性分类

稀疏性来源	对应的应用实例
信号的时频域稀疏性	低速率模数转换、超宽带系统信号检测、空间调制、无线传感网
信道冲激响应的稀疏性	超宽带系统信道估计、单天线／Massive MIMO／毫米波系统信道估计
接入设备的稀疏性	频谱感知、非正交多址接入
构造的稀疏性	混合预编码设计

上述内容对当前通信系统的稀疏性来源做了分类，但是，无论是现有的还是未来的通信系统，其稀疏性的来源不仅仅局限于此。一旦挖掘到新的稀疏性来源，就可能产生新的稀疏信号处理应用，对经典的信号处理方案产生冲击。事实上，即使信号本身不具备稀疏性，但只要找到合适的变换域，任何信号都可以实现在变换域上的稀疏表示或者可压缩表示。考虑最简单的情况，即使一个信号再复杂，如果采用该信号本身作为变换域，则可以实现稀疏度为 1 的高效表示。所以，从理论上说，信号稀疏表示的变换域总是存在的[1]。

以下将主要介绍稀疏信号处理在无线通信中的几个典型应用示例，包括低速率模数转换、频谱感知、超宽带系统、非正交多址接入。关于单天线/Massive MIMO/毫米波系统信道估计、空间调制、混合预编码设计,以及无线传感网的稀疏性分析和稀疏信号处理的应用,将在第 5 章至第 8 章中展开详细阐述。

§ 4.2 低速率模数转换

模数转换器(analog to digital converter, ADC)是将模拟信号转变为数字信号的电子器件。模数转换器作为通信信号处理的一个重要部件,对系统性能有很大影响,本节将结合压缩感知算法,介绍低速率的模数转换器技术。

传统的信号处理以奈奎斯特采样定理为理论基础,当完成 A 信号的数字化后,再对采集信号进行压缩、传输和处理,从而获得传输的信息[2]。然而基于奈奎斯特采样定理的信号处理有两点不足:一是采样率不得低于信号最高频率的两倍。随着科技的高速发展,信号的频率越来越高,ADC 面临很大的采样率压力;二是在压缩编码过程中,为了降低存储、处理和传输的成本,大量经过基变换后得到的小系数被丢弃,造成数据计算和内存资源的浪费。为克服上述问题,压缩感知技术被应用到采样中,压缩感知通过开发信号的稀疏特性,在采样率远小于奈奎斯特频率的情况下,随机采样获取信号的离散样本,然后通过非线性重构算法完美地重建信号。与奈奎斯特采样定理相比,基于压缩感知理论的信号处理具有如下两个方面的优势:一、采样率低。信号中信息的结构和内容决定了压缩感知理论的采样率,而信号的带宽决定了奈奎斯特采样定理的采样率。二、有效性高。基于压缩感知理论的信号处理方式是在对信号进行测量的过程中同时实现了编码;而基于奈奎斯特采样定理的信号处理方式是对信号采样后再编码。

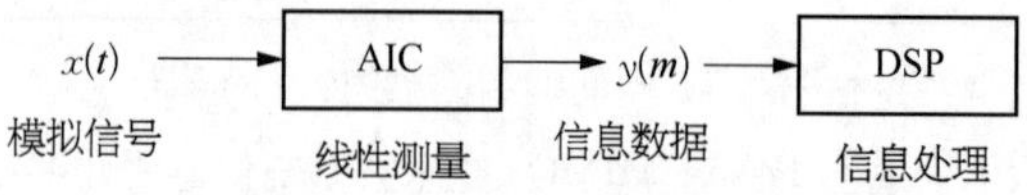

图 4-1 AIC 信息处理框图

基于压缩感知的模数转换器称为模拟信息转换器(analog to information converter, AIC),其处理流程如图 4-1 所示。模拟信号 $x(t)$ 经过 AIC 转换成信息数据 $y(m)$,末端由数字信号处理器(digital signal processor, DSP)完成对信号的重建或者进行相关的信息数据处理。比较常见的 AIC 结构有单支路的随机解调器(random demodulator, RD)结构和多条并行支路的调制宽带转换(modulated wideband conversion, MWC)结构。

4.2.1 随机解调系统

随机解调系统的原理框图如图 4-2 所示。模拟信号 $x(t)$ 输入系统,与伪随机序列所产生的函数 $p(t)$ 进行混频,以模糊频谱,使低速采得的数据中含有原始信号的全部信息。然后,经过积分器累加,通过 ADC 采样得到测量值 $y[m]$。适合随机解调系统的信号主要有带宽受限、周期性和频带稀疏等特点,例如通信信号、声音信号、只有少数傅里

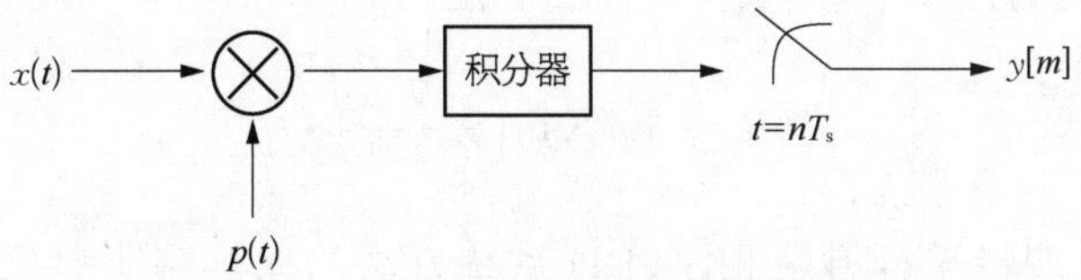

图 4－2　随机解调系统原理框图

叶系数的平滑信号和分段平滑信号等。

这些信号可以展开为傅里叶级数的形式

$$x(t)=\sum_{k=-N}^{N}\alpha_k\psi_k=\sum_{k=-N}^{N}\alpha_k \mathrm{e}^{\mathrm{j}k\frac{2\pi}{T}t} \tag{4-1}$$

式中，$\psi_k=\mathrm{e}^{\mathrm{j}k\frac{2\pi}{T}t}$ 为傅里叶逆变换基函数；$\alpha_k=\langle x(t),\ \psi_k\rangle=\frac{1}{T}\int_T x(t)\mathrm{e}^{-\mathrm{j}k\frac{2\pi}{T}t}\mathrm{d}t$ 为原信号经傅里叶变换后的系数,即各个频谱分量对应的幅值；T 为原信号基波分量的周期。当原信号具有频域稀疏性时，令 $\boldsymbol{\alpha}=[\alpha_{-N},\ \cdots,\ \alpha_N]^{\mathrm{T}}$ 为信号的稀疏表示系数向量，$\boldsymbol{\psi}=[\psi_{-N}(t),\ \cdots,\ \psi_N(t)]$ 为稀疏基，$\boldsymbol{\alpha}$ 中大部分值为零或近似于零,只有 K 个较大的值不为零,K 就称为信号的稀疏度。

设伪随机序列 $p_c(t)$ 产生的输出序列为 $\varepsilon_0,\ \varepsilon_1,\ \cdots,\ \varepsilon_{W-1}$，通过混频器与 $x(t)$ 相乘，当 $x(t)$ 的长度为 W，可等效成一个 W 维向量 $\boldsymbol{x}$ 时，$p_c(t)$ 就等效为一个对角矩阵 $\boldsymbol{D}=\{\varepsilon_0,\ \varepsilon_1,\ \cdots,\ \varepsilon_{W-1}\}$，此时有 $\boldsymbol{x}=\boldsymbol{\psi\alpha}$。为了便于分析累加和采样器存储,假设采样率为 $\frac{R}{W}$。采样器可以写成一个 $R\times W$ 的矩阵 $\boldsymbol{H}$，每行含有 $\frac{W}{R}$ 个连续数值相等且都为 1 的元素,意指对输入进来的信号 $\boldsymbol{x}$ 进行每 $\frac{W}{R}$ 个点的累加。

$$\boldsymbol{H}=\begin{bmatrix} 1 & 1 & \cdots & 1 & & & & & & & & \\ & & & & 1 & 1 & \cdots & 1 & & & & \\ & & & & & & & & \ddots & & & \\ & & & & & & & & & 1 & 1 & \cdots & 1 \end{bmatrix}_{R\times W} \tag{4-2}$$

那么,有 $\boldsymbol{y}=\boldsymbol{\Phi\alpha}$，这里 $\boldsymbol{\Phi}=\boldsymbol{HD\psi}$。稀疏基 $\boldsymbol{\psi}$ 将稀疏表示系数向量 $\boldsymbol{\alpha}$ 映射成模拟信号 $x(t)$，测量矩阵 $\boldsymbol{\Phi}$ 将模拟信号 $x(t)$ 映射成测量值 $\boldsymbol{y}$。

得到测量值 $\boldsymbol{y}$ 和测量矩阵 $\boldsymbol{\Phi}$ 后,以其为参数,利用信号重构算法解式(4－3)所示的优化问题,得到系数 $\boldsymbol{\alpha}$

$$\begin{gathered}\hat{\boldsymbol{\alpha}}=\arg\min_{\boldsymbol{\alpha}}\ \|\boldsymbol{\alpha}\|_1 \\ \text{s.t. }\ \boldsymbol{y}=\boldsymbol{\Phi\alpha}\end{gathered} \tag{4-3}$$

为解决上述问题,可以采用诸如凸优化和贪婪追踪算法等[3]。从文献[4]和[5]的数值结

果看，如要恢复随机的稀疏信号，采样率需要满足

$$R \approx 1.7K\ln\left(\frac{W}{K+1}\right) \tag{4-4}$$

与传统的奈奎斯特采样方法相比，RD 系统方法的采样率明显低，采样点数明显减少，节省了大量空间，对 ADC 的速率要求较低。因此，在对高频信号或含有大量数据信息的信号采样时，可以应用随机解调结构[6]。

4.2.2 调制宽带转换系统

调制宽带转换系统的原理框图如图 4-3 所示，采用多条支路并行的结构来采集多频带稀疏信号，降低了各个通道的测量压力，节约了运算量。各支路中的信号 $x(t)$ 与伪随机序列所产生的函数 $p_i(t)$ 混频，然后经过冲激响应为 $h(t)$ 的模拟低通滤波器，再用低速 ADC 以 $f_s=\dfrac{1}{T_s}$ 的频率采样，T_s 为各支路的采样周期。调制宽带转换系统其实类似于多个 RD 系统并行使用，巧妙地将串行任务分散到各个通道作并行处理，很大程度上减轻了硬件设备的压力。

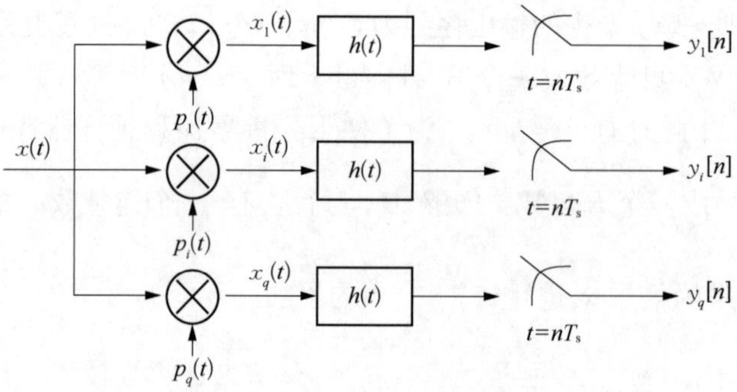

图 4-3 MWC 系统原理框图

MWC 系统的信号处理过程如下。

(1) 周期性波形 $p_i(t)$ 是一个确定的分段函数，取值只有 ± 1，时间间隔为 M，例如

$$p_i(t)=\alpha_{ik}, k\frac{T_p}{M} \leqslant t \leqslant (k+1)\frac{T_p}{M},\ 0 \leqslant k \leqslant M-1 \tag{4-5}$$

式中，$\alpha_{ik} \in \{+1,-1\}$。当 n 为正整数时，$p_i(t+nT_p)=p_i(t)$，T_p 表示 $p_i(t)$ 的周期，$T_p=\dfrac{1}{f_p}$。$p_i(t)$ 通常设为 Gold 序列或 Kasami 序列，其傅里叶展开为

$$p_i(t)=\sum_{l=-\infty}^{+\infty} c_{il}\,\mathrm{e}^{\mathrm{j}\frac{2\pi}{T_p}lt} \tag{4-6}$$

式中，$c_{il}=\dfrac{1}{T_p}\int_0^{T_p} p_i(t)\mathrm{e}^{-\mathrm{j}\frac{2\pi}{T_p}lt}\mathrm{d}t$。

(2) 信号 $x(t)$ 乘以 $\mathrm{e}^{\frac{\mathrm{j}2\pi lt}{T_p}}$ 后，再经过一个模拟低通滤波器 $h(t)$ 就可以表示成 $z_l[n]$ 序列，即 $z_l[n]$ 是信号 $x(t)$ 在 lf_p Hz 附近的采样数据。定义以下符号 $f_{\mathrm{s}}=\dfrac{1}{T_{\mathrm{s}}}$，$F_{\mathrm{s}}=\left[\dfrac{-f_{\mathrm{s}}}{2},\ \dfrac{f_{\mathrm{s}}}{2}\right]$。$x(t)$ 可以由 $z_l[n]$ 表达，研究第 i 个分量，$z_i[n]$ 的离散傅里叶变换可以表示为 $Z_i(\mathrm{e}^{\mathrm{j}2\pi fT_{\mathrm{s}}})=\sum\limits_{-\infty}^{\infty}z_i(n)\mathrm{e}^{-\mathrm{j}2\pi fnT_{\mathrm{s}}}$，为了便于表达，令 $z_i(f)=Z_i(\mathrm{e}^{\mathrm{j}2\pi fT_{\mathrm{s}}})$，则 $z_i(f)=X(f+(i-L-1)f_p)$，$1\leqslant i\leqslant L$，$f\in F_{\mathrm{s}}$，其中 $X(f)$ 为信号 $x(t)$ 的傅里叶变换，$-L\leqslant l\leqslant L$，$L=\left\lceil\dfrac{f_{\max}}{f_p}\right\rceil$。定义 $M=2L+1$，$\boldsymbol{z}[n]=[z_{-L}[n],\ \cdots,\ z_L[n]]^{\mathrm{T}}$。

(3) 在 $t=nT_{\mathrm{s}}$ 处获取的采样序列为 $\boldsymbol{y}[n]=[y_1[n],\ \cdots,\ y_m[n]]^{\mathrm{T}}$，可以写成

$$\boldsymbol{y}[n]=\boldsymbol{C}\boldsymbol{z}[n] \tag{4-7}$$

这里，$\boldsymbol{C}$ 是一个 $m\times M$ 的矩阵，其元素为 c_{il}。贪婪算法可用于重建式(4-7)中的稀疏向量 $\boldsymbol{z}[n]$。如果 $\boldsymbol{z}[n]$ 在时域上是联合稀疏的，那么文献[7]提出的连续有限模块(continuous to finite, CTF)算法可以将其恢复[3]。

相比随机解调系统，调制宽带转换系统的优势如下：实用性更强，测量矩阵维数较低，计算过程更为简单；调制宽带转换系统用简单的模拟低通滤波器代替了精确的积分器；调制宽带转换系统结合了标准采样理论工具，如频域分析，并可与压缩感知理论相结合。然而，调制宽带转换系统也存在劣势，例如结构明显更复杂、器件更多、调试难度增加；调制宽带转换系统的信道数会随着所采样信号的频带数增加而增加，因此当对象信号较复杂时，调制宽带转换系统会因信道数太多而不可取，尤其是大量使用多个信道混频器，不仅大大增加了系统的实现成本，也会引入大量噪声；理想的低通滤波器实际并不存在，因此在构造测量矩阵时，需要对其造成的误差进行补偿。

§4.3　频谱感知

随着无线通信技术飞速发展，移动用户数量急剧增加，无线网络和移动通信的业务需求量不断增长，频谱资源的稀缺成为制约无线通信发展的瓶颈之一。传统的频谱资源利用与分配呈现严重的不均衡性，频谱利用率仅为 15%～85%，无法满足用户需求。例如分配给电视广播的甚高频(very high frequency, VHF)/特高频(ultrahigh frequency, UHF)频带，有着大量的休眠时段，频带占用率低，这种现象就是“频谱空洞”。为解决频谱资源的稀缺问题，频谱感知技术应运而生。

4.3.1 频谱感知技术

认知无线电(cognitive ratio, CR)的概念最早出现在1999年J. Mitola博士的学术论文[8]中。他描述了认知无线电的基本原理,认为认知无线电应该充分利用无线个人数字设备及相关网络在无线电资源和通信方面的智能计算能力来检测用户通信需求,并根据这些需求提供最合适的无线电资源和无线业务。图4-4给出了认知循环模型,该模型描述了认知无线电的无线环境及频谱感知、分析、判决、执行的流程。

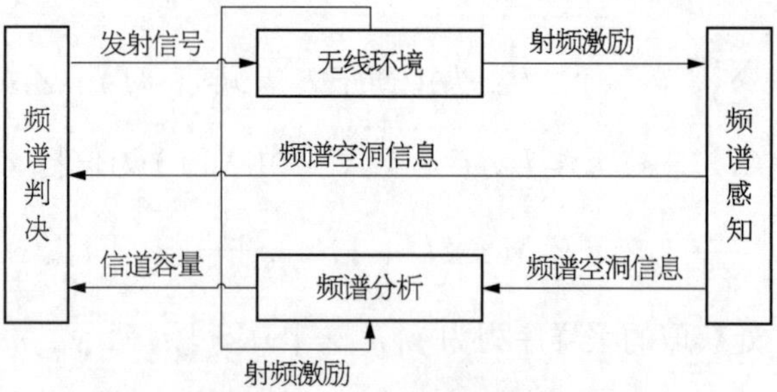

图4-4 认知循环模型

作为认知无线电的核心技术之一的频谱感知技术,是实现频谱分析和频谱检测的前提,是保证高效分配频谱资源的先决条件。所谓频谱感知就是检测频谱空洞,是指在不对授权用户即主用户(primary user, PU)造成负面干扰的前提下,认知用户即次用户(secondary user, SU)通过信号检测和处理手段来获取无线网络中的频谱使用信息。如果授权用户正占用该频段,则认知用户需要跳到其他频段,或者改变传输功率和调制方式以避免干扰授权用户;如果授权用户没有使用该特定频段,则认知用户会接入该频段进行数据传输。从无线网络的功能分层角度看,频谱感知技术主要涉及物理层和链路层。其中,物理层主要关注各种具体的本地检测算法,而链路层主要关注用户间的协作以及对本地感知、协作感知和感知机制优化三个方面。

频谱感知技术不同于一般的解调过程,它不关心信号的具体信息,只关注信号存在与否,只需被动地适应工作环境的动态变化。频谱感知的特点决定了它的两大主要功能:一、检测感兴趣频段是否被授权用户占用;二、在不对授权用户造成干扰的前提下,认知用户在接入后坚持监听,保证一旦出现授权用户,认知用户必须在最短的时间内检测出来并让出信道[9]。

认知用户的可用"频谱空洞"接入机会是由授权用户的频谱占用情况决定的,授权用户有存在或不存在两种状态。所以,频谱感知基本模型能够根据频谱使用情况被建模为一个二元假设判决过程。用H_0和H_1分别表示授权用户不存在和存在的两种状态,认知用户接收到的信号表达式为

$$r(t)=\begin{cases}w(t), & H_0\\ hs(t)+w(t), & H_1\end{cases} \tag{4-8}$$

式中，$r(t)$ 表示认知用户的接收信号；$s(t)$ 表示授权用户的发射信号；h 表示授权用户发射机和认知用户接收机之间的信道增益；$w(t)$ 是加性高斯白噪声，假设它是均值为 0，单侧功率谱密度为 N_0 的圆对称复高斯随机变量，$w(t) \sim \mathrm{CN}(0, N_0)$。

根据 $r(t)$ 构造判决统计量 Y，并根据响应的判决方法及预先设置的门限值 λ 来判断是否有授权用户信号。以能量检测(energy detection, ED)算法为例，其检测统计量和判决准则可以表示为

$$Y = E\{|r(k)|^2\} \simeq \frac{1}{M}\sum_{k=1}^{M}|r(k)|^2 \tag{4-9}$$

式中，M 为采样点数。具体判决过程为

$$\begin{cases} Y < \lambda, & H_0 \\ Y \geqslant \lambda, & H_1 \end{cases} \tag{4-10}$$

基于二元假设模型，漏检概率和虚警概率是决定频谱感知性能的重要衡量标准。漏检概率 P_{m} 是指，进行频谱感知的特定频段被授权用户占用来传输数据，而频谱感知结果为感知频段空闲的概率；虚警概率 P_{f} 是指，进行频谱感知的特定频段空闲，而频谱感知结果为感知频段占用的概率。两种概率表示为

$$\begin{cases} P_{\mathrm{m}} = P(Y < \lambda \mid H_1) \\ P_{\mathrm{f}} = P(Y > \lambda \mid H_0) \end{cases} \tag{4-11}$$

如果漏检概率过高，会无法探测到存在的授权用户，从而对授权用户通信造成干扰。如果虚警概率过高，认知用户会错误地认为授权用户正在授权频带进行数据传输，从而放弃对该频段的利用，导致频谱利用率降低，认知网络的吞吐量下降。

传统的频谱感知方法主要有三种：匹配滤波器检测、能量检测和循环平稳特征检测。这三种频谱感知方法各有长处和不足，如表 4-2 所示。在实际应用中，通常根据应用场景和硬件条件，选择最适合的频谱感知方法，以达到最优的频谱感知性能[10]。

表 4-2　单用户频谱感知方法比较

方　法	优　点	缺　点
匹配滤波器检测	检测时间短，计算复杂度低	必须事先知道授权用户信号的先验信息，成本高
能量检测	不需要先验信息，过程简单	无法分辨信号类型，受噪声不确定度影响大
循环平稳特征检测	能区分噪声与主信号，抗噪性好	耗时长，复杂度高

上述匹配滤波器检测、能量检测和循环平稳特征检测等频谱感知方法主要针对窄带频谱或单信道场景。随着宽带通信业务的普及和通信技术的发展，无线通信技术正向移

动、宽带、高速的方向迈进,未来的宽带无线通信系统要求分组数据传输速率达到 Gbps 级别,这使得系统带宽不断增加,因此宽带频谱感知技术成为认知无线电领域的一个重要研究方向。由于采样技术和信号处理技术的限制,以及频谱空洞存在的时间限制,传统的频谱感知方法大多只适用于检测窄带信号。国内外研究人员针对宽带频谱感知提出了一些具体的研究方法,主要包括单用户多窄带并行检测法[11]、单用户宽频带检测法[12]及多用户协同宽频带检测法[13]等。

常规宽带频谱感知方法效率低,而且会因为所需要的采样开销和检测能耗等实现成本过高而难以得到实现[14]。考虑到授权用户通常对宽带频谱利用率较低,只占用其中少量频谱资源,认知无线电系统中的宽带信号在频域上具有很明显的稀疏特性,故可以将压缩感知算法应用于宽带频谱感知以提高频谱利用率。鉴于单节点的压缩频谱感知检测性能不够好,越来越多的学者将其他技术与压缩频谱感知结合,如多节点的集中式协作方式。通过协作方式,可以有效提升判决的准确率,将有效的协作方式与压缩感知结合起来运用到宽带频谱感知具有重要的研究意义。

4.3.2 基于压缩感知的宽带协作频谱感知

宽带压缩频谱感知技术的核心思想是,认知用户先以低于奈奎斯特采样定理要求的采样率,直接对整个频谱范围内接收到的宽带信号进行压缩测量,再选择合适的重构算法重建原宽带信号,最后根据重构宽带信号的能量或功率谱密度来判断宽带范围内的各个子频带被主用户使用的状态,并找到空闲频谱资源。宽带压缩频谱感知技术流程如图 4-5 所示。

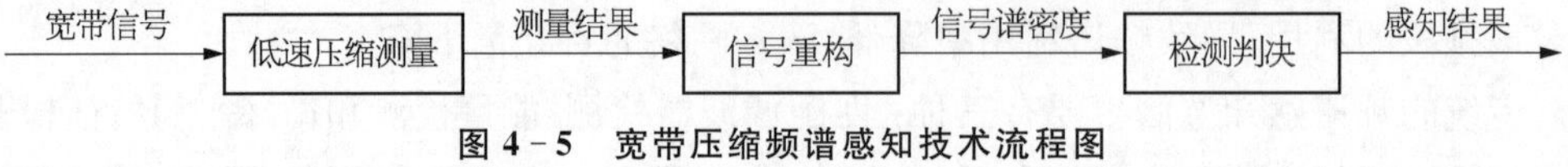

图 4-5 宽带压缩频谱感知技术流程图

下面介绍一种基于压缩感知的宽带协作频谱感知算法[15]。该算法将宽带协作频谱感知问题转化为一个稀疏信号重构子问题,利用压缩感知技术,并根据有限的测量信息求得授权用户对频带的占用情况[14]。

假设认知无线电网络中具有 m 个 CR 节点,本地监测 n 个信道的占用情况,占用信道的数量远小于 n。分别用状态 1 和 0 表示授权用户占用和未占用信道的情况。由于每个 CR 节点一次只能感知有限的频谱,因此有限的 m 个 CR 节点不可能同时监测 n 个信道。

为从 CR 节点的观察中恢复信道的占用情况,给出如图 4-6 所示的解决方案。CR 利用其频率选择滤波器,有选择性地对可选信道进行测量(这些测量是多个信道的线性组合),而不是扫描所有信道并将每个信道的状态信息发送到数据融合中心,这样做更易于设计滤波器系数。为了混合不同的信道传感信息,滤波器系数设成随机数,滤波器的输

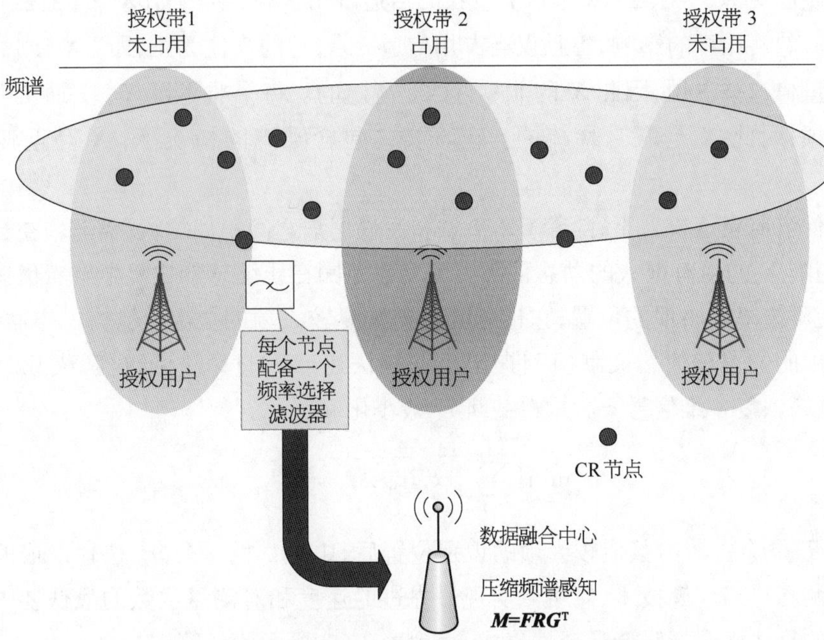

图 4-6 基于压缩感知的宽带协作频谱感知系统模型

出信号被发送到数据融合中心。假设,有 p 个频率选择滤波器在每个 CR 节点发送关于 n 个信道的 p 个报告。在非理想情况下,测量值相对较少 ($pm < n$),即从所有 CR 节点发送的报告数小于信道总数。每个 CR 节点的感知过程可以用一个 $p \times n$ 的滤波器系数矩阵 $\boldsymbol{F}$ 表示。用 $n \times n$ 的对角矩阵 $\boldsymbol{R}$ 表示所有信道的状态(对角线元素 0 和 1 分别表示未占用和占用状态)。diag($\boldsymbol{R}$) 中有 s 个非零项,即稀疏度为 s。用文献[16]中给出的 $m \times n$ 信道增益矩阵 $\boldsymbol{G}$ 将 CR 节点与信道之间的信道增益描述为

$$\boldsymbol{G}_{i,j} = P_i \, (d_{i,j})^{-\frac{\alpha}{2}} \, | h_{i,j} | \tag{4-12}$$

式中,P_i 表示第 i 个主用户的发射功率,$d_{i,j}$ 是第 j 个信道的主发射器与第 i 个 CR 节点之间的距离,α 是传播损耗因子,$h_{i,j}$ 是信道衰落增益。对加性高斯白噪声(additive white Gaussian noise, AWGN)信道来说,$h_{i,j} = 1$, $\forall i, j$;对瑞利衰落(Rayleigh fading)信道而言,$| h_{i,j} |$ 服从对数正态分布[16]。通常假设所有授权用户使用单位发射功率,发送到数据融合中心的测量值可以写成一个 $p \times m$ 矩阵

$$\boldsymbol{M}_{p\times m} = \boldsymbol{F}_{p\times n} \boldsymbol{R}_{n\times n} \, (\boldsymbol{G}_{m\times n})^{\mathrm{T}} \tag{4-13}$$

由于损耗或错误,$\boldsymbol{M}$ 的某些项可能会丢失。矩阵 $\boldsymbol{R}$ 对角线上的数字可以从 $\boldsymbol{M}$ 的有效项中估计出来。

定义

$$\boldsymbol{X}_{n\times m} = \boldsymbol{R}_{n\times n} \, (\boldsymbol{G}_{m\times n})^{\mathrm{T}} \tag{4-14}$$

矩阵 $\boldsymbol{X}$ 的第 j 列 $\boldsymbol{X}_{\cdot,j}$ 对应 CR 节点 j 接收的信道占用状态,第 i 行 $|\boldsymbol{X}_{i,\cdot}|$ 对应信道 i 的占用状态。忽略噪声的影响,当且仅当占用信道 i 时,行的模值为正,即 $|\boldsymbol{X}_{i,\cdot}|>0$。由于只有少量信道被占用,因此 $\boldsymbol{X}$ 的非零行数是稀疏的。每个非零行 $\boldsymbol{X}_{i,\cdot}$,通常有一个以上的非零项,因此 $\boldsymbol{X}$ 是联合稀疏的。在真实的包含噪声的情况下,$\boldsymbol{X}$ 是近似的联合稀疏。

在任何信道衰落模型下,随着 CR 节点和授权用户之间距离增大,信道增益会迅速衰减,因此矩阵 $\boldsymbol{X}$ 的项有很大的动态范围。大动态范围在压缩感知恢复中有着优缺点。优点是,即使不恢复较小项的位置,它也可以轻松恢复较大项的位置。但另一方面,它难以恢复较小项的位置和值。文献[17]提出了一种快速准确的算法,通过解决几个(5～10个)子问题来恢复一维信号 x。构造截断 l_1 最小化问题

$$\min_{\boldsymbol{x}}\left\{\sum_{i\in T}|\boldsymbol{x}_i|:\boldsymbol{A}\boldsymbol{x}=\boldsymbol{b}\right\} \tag{4-15}$$

索引集合 T 是除去 $\boldsymbol{x}$ 中数值较大项的识别位置后,由 $\{1, 2, \cdots, n\}$ 迭代形成的。通过早期的检测和热启动等技术,它可以实现最先进的速度和对测量次数的最低要求。将文献[17]中的算法概念与联合稀疏性集成,得到表 4-3 所示的新算法。

表 4-3　基于压缩感知的宽带协作频谱感知算法

$T\leftarrow\{1, 2, \cdots, n\}$
repeat
独立恢复:
步骤 1: $\boldsymbol{X}\leftarrow 0$
步骤 2: 对每个具有足够测量值的 CR 节点 j,计算 $\boldsymbol{X}_{\cdot,j}\leftarrow\min\{\sum_{i\in T}\boldsymbol{X}_{i,j}:\boldsymbol{A}_j\boldsymbol{X}_{\cdot,j}=\boldsymbol{b}_j,\boldsymbol{X}_{\cdot,j}\geqslant 0\}$
(在存在测量噪声的情况下,用 $\lVert\boldsymbol{A}_j\boldsymbol{X}_{\cdot,j}-\boldsymbol{b}_j\rVert\leqslant\sigma$ 替代 $\boldsymbol{A}_j\boldsymbol{X}_{\cdot,j}=\boldsymbol{b}_j$)
信道检测:
步骤 3: 选择可信的 $\boldsymbol{X}_{\cdot,j}$ 并从中检测被使用的信道
更新 $\boldsymbol{T}$:
步骤 4: 根据检测的信道和 $\boldsymbol{X}$,更新 T
until $\boldsymbol{X}$ 的末端足够小
步骤 5: 通过阈值处理 $\boldsymbol{X}$ 来得到 $\boldsymbol{R}$

在每次迭代中,每个信道首先得到独立恢复。不像最小化 $\sum_i\lVert\boldsymbol{X}_{i,\cdot}\rVert_p$,将所有 CR 节点连接在一起,独立快速重构 $\boldsymbol{X}$ 的较大项。联合稀疏性信息通过共享索引集 T 在 CR 节点之间传递。在该索引集的迭代更新过程中,能够排除那些已经确定的被占用信道。

每个 CR 节点配备频率选择滤波器,该滤波器线性组合多个信道信息,并将少量这样

的线性组合信息发送到数据融合中心。然后,对信道占用信息进行解码,使得 CR 节点处的信道检测量和从 CR 节点发送到数据融合中心的报告数显著减少。由于每个占用信道可由多个 CR 节点同时观察到,联合稀疏方法可以更快恢复大规模认知无线电网络的信道占用情况。

除利用宽带频谱稀疏性,通过压缩感知技术降低采样率之外,联合稀疏方法还利用了来自不同认知用户的待重构感知结果具有联合稀疏特性。在重构过程中,认知用户利用迭代支持检测技术获得本地感知结果的支持集信息;之后,通过在认知用户之间交换和共享各自的支持集信息,以协作的方式确定实现重构所需要的支持集,并提高重构频谱感知结果的准确度;最后,以集中式或分布式的协作方式合并感知结果,对频谱状态作出全局判决,有效消除信道衰落对感知性能的影响。

§4.4　超宽带系统

第 2 章已经介绍了超宽带系统的基本原理,并述及超宽带系统的时域波形是高度稀疏的。接下来,将介绍如何通过稀疏信号处理重构超宽带信号,以及基于压缩感知的超宽带系统信道估计方法。

4.4.1　超宽带系统的稀疏性分析

压缩感知技术能在超宽带系统中得以运用主要得益于超宽带信号的稀疏性,其稀疏性主要体现在以下两个方面。

1) 超宽带信号的时域稀疏性

超宽带系统的发射信号是持续时间极短的窄带脉冲 $p(t)$,在时域上是高度稀疏的。

2) 超宽带信道冲激响应的稀疏性

超宽带系统技术的研究主要集中在室内环境,信道建模也主要针对室内密集多径信道。迄今为止,超宽带系统已经有很多室内信道模型,包括 $\Delta-K$ 模型[18]、S-V 模型[19]和 IEEE802.15.3a 模型[20]等。$\Delta-K$ 模型是一种典型的多径模型,分别描述各个多径的时延以及衰落。S-V 模型使用两个独立的泊松分布,分别描述每簇第一径的到达时间和簇内多径相对于其第一径的到达时间。IEEE802.15.3a 模型在 S-V 模型的基础上对部分信道参数进行了修正,成为研究超宽带通信通常使用的标准。按照 IEEE802.15.3a 标准描述,超宽带系统拥有庞大数量的多径分量[21],对于 0～4 m 视线传输(line of sight, LOS)环境,信道多径数目高达 1 000 多条,而占信道冲激响应总能量 85%的多径数目只有 70 条左右[22]。图 4-7 为在 IEEE802.15.3a 四种信道模型传播环境下,统计的100 次超宽带信道冲激响应中占总能量 85%的多径数目[23],仿真采用的信道总多径数目为 1 160 条,其中长虚线为多径数目的平均值。

从图 4-7 中可以看出,信道模型 1 信道中,24 条多径占信道冲激响应总能量 85%以

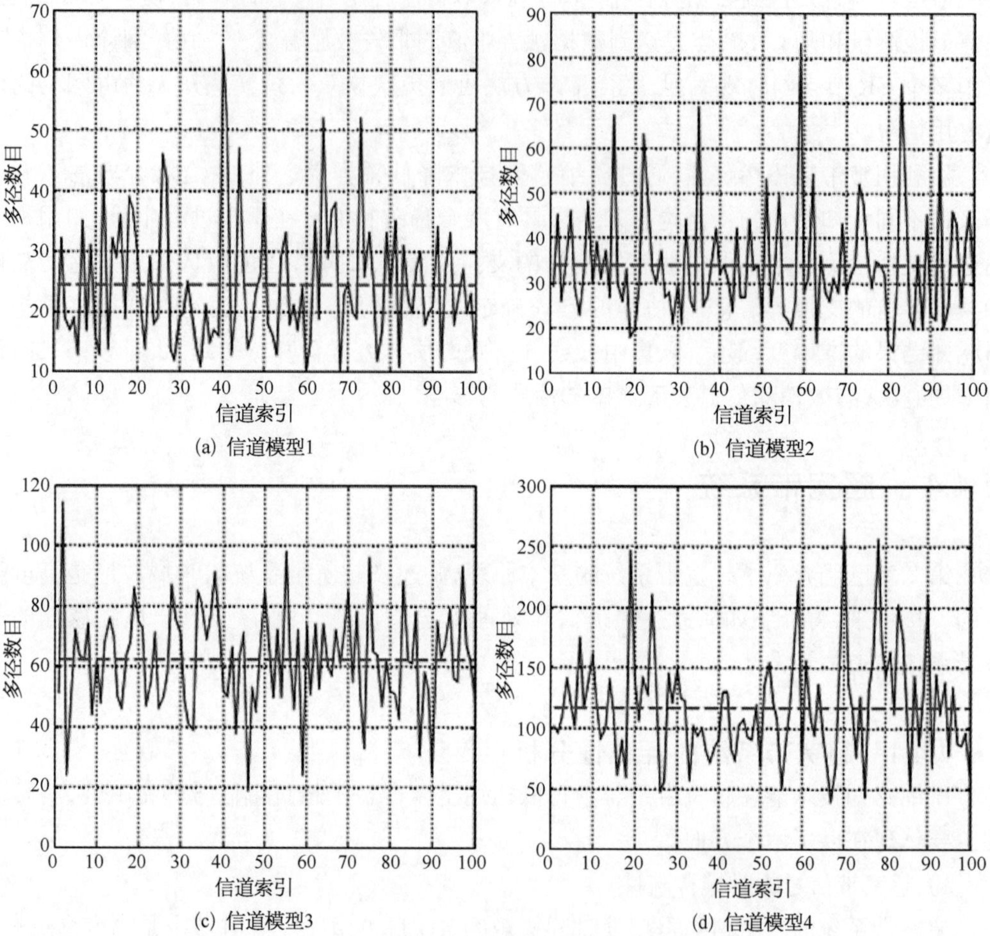

图 4-7　占信道冲激响应总能量 85%的多径数目[22]

上;相应地,信道模型 2 信道中为 36 条,信道模型 3 信道中为 61 条,信道模型 4 信道中约为 120 条。信道模型 1 至信道模型 4 中分别有 2%,3%,5%和 10%的信道多径占整个信道冲激响应能量 85%以上。由此可以看出,超宽带信道中能量分布是不均匀的,信道冲激响应的大部分能量集中在少数路径中,因此,超宽带信道在时域表现出明显的稀疏性,通过少数的非零系数就可以逼近超宽带信道冲激响应,为基于压缩感知的超宽带系统信道估计提供了前提。

4.4.2　基于压缩感知的超宽带系统信道估计

无线通信系统的性能在很大程度上受无线信道的影响,如阴影衰落和频率选择性衰落等。如果系统能获得信道的状态信息,便能利用这些信息恢复出原始发射信号。超宽带系统发射的脉冲只持续纳秒级时间,对采样率提出很高要求,也给超宽带系统信道估计带来挑战。

LS 算法和最大似然(maximum likelihood, ML)算法是两种传统的信道估计方法。LS 算法忽略噪声的干扰,收端根据已知发送的导频序列,通过除法运算估计出导频位置处的各个子载波的信道参数。然而,在噪声干扰强烈的情况下,LS 算法的精确性会大幅度降低。ML 算法是在完全不知道待估计的特征参数情况下,根据若干个已知的测量值估计目标参数。其检测的精确性与测量值息息相关,在信噪比不高的情形下,会将噪声信号误诊为有用信号,BER 得不到有效降低。

由于超宽带信道冲激响应 $h(t)$ 具有稀疏性,因此很自然会想到将压缩感知引入超宽带系统信道估计方法以改进信道估计的性能。下面主要讨论基于压缩感知的超宽带系统信道估计过程。设信道波形为

$$g(t)=h(t)*p(t) \tag{4-16}$$

$g(t)$ 的离散形式为 $\boldsymbol{g}$, 是一个 N 维向量。$\boldsymbol{g}$ 可以稀疏表示为

$$\boldsymbol{g}=\boldsymbol{\Psi\theta} \tag{4-17}$$

式中, $\boldsymbol{\theta}=[\theta_0, \theta_1, \cdots, \theta_{N-1}]^{\mathrm{T}}$ 为稀疏向量, $\boldsymbol{\Psi}$ 是稀疏变换矩阵。

目前,常用的稀疏表示字典有时域单位稀疏字典、多径稀疏字典等[22]。

1. 单位稀疏字典

该稀疏表示基结构简单,硬件实现方便,但是不能最大程度挖掘信号稀疏性,需要比较多的采样点数才能达到较好的重构精度,因此很少将它作为稀疏表示基用于超宽带系统信道估计。

$$\boldsymbol{\Psi}=\begin{pmatrix} 1 & 0 & \cdots & 0 \\ 0 & 1 & \cdots & 0 \\ \vdots & \vdots & \ddots & \vdots \\ 0 & 0 & \cdots & 1 \end{pmatrix} \tag{4-18}$$

2. 多径稀疏字典

超宽带信道具有多径效应,信号经过时延和衰减不同的多条路径抵达收端,得到不同多径的叠加信号。为了与接收到的多种时延和衰减叠加在一起的脉冲波形紧密联系,多径稀疏字典中的原子是由发送的能量归一化的基本脉冲 $p(t)$ 经过不同的时延组成,即

$$d_i(t)=p(t-i\cdot\Delta),\ i=0,\ 1,\ 2,\cdots \tag{4-19}$$

故而,多径稀疏字典被表示为

$$D=\{d_0(t),\ d_1(t),\ d_2(t),\ \cdots\} \tag{4-20}$$

式(4-19)中, Δ 是时延的最小步长,可设置为采样周期 T_s 的整数倍。测量信道中的 L 条多径,以采样频率 f_c 对 D 里的原子进行均匀采样,得到多径离散字典 $\boldsymbol{\Psi}$ 为

$$\boldsymbol{\Psi} = \{\boldsymbol{d}_0,\ \boldsymbol{d}_1,\ \cdots,\ \boldsymbol{d}_{L-1}\} \tag{4-21}$$

式中，$\boldsymbol{d}_i$ 表示对 $d_i(t)$ 的采样结果。

选取合适的稀疏字典后，可用一个 $M \times N$ 维高斯随机矩阵 ($M \ll N$) 作为测量矩阵 $\boldsymbol{\Phi}$ 对 $\boldsymbol{g}$ 进行采样，测量矩阵的设计是压缩感知应用于超宽带系统信道估计的关键。理论上，随机测量矩阵的重构效果最好，但是它会占用大量的存储空间，而且其过强的随机性也会导致硬件难以实现。如果采用确定性矩阵，其构造方式会使测量矩阵列向量之间相关性较大，导致重构效果不如随机矩阵。目前，典型的测量矩阵有针对随机测量矩阵的近似 QR 分解、准托普利兹矩阵、广义轮换测量矩阵等。

经过测量投影后，得到向量 $\boldsymbol{y}$ 为

$$\boldsymbol{y} = \boldsymbol{\Phi}(\boldsymbol{g} + \boldsymbol{n}_w) = \boldsymbol{\Phi\Psi\theta} + \boldsymbol{\Phi n}_w = \boldsymbol{V\theta} + \boldsymbol{\Phi n}_w \tag{4-22}$$

式中，$\boldsymbol{V} = \boldsymbol{\Phi\Psi}$，为测量矩阵，利用 OMP 等重构算法，即可实现对稀疏向量 $\boldsymbol{\theta}$ 的估计 $\tilde{\boldsymbol{\theta}}$，再通过式(4-17)可得到重构出的信道波形 $\tilde{\boldsymbol{g}}$，整个估计过程的框图如图 4-8 所示。

图 4-8　基于压缩感知的超宽带系统信道估计框图

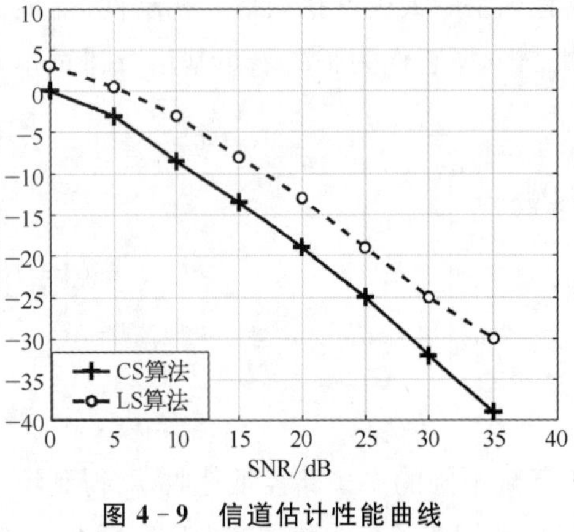

图 4-9　信道估计性能曲线

图 4-9 给出了超宽带系统不同信道估计方法的归一化均方误差(normalized mean square error，NMSE)曲线[24]。可以看出，与 LS 算法相比，基于压缩感知的信道估计算法的均方误差值提高了约 4.5 dB。这是因为 CS 算法充分利用了超宽带系统的稀疏特性，避免了大量噪声干扰。而 LS 算法假定信道是密集多径的，利用均方误差最小来获得信道估计值，这种方法受噪声影响较大，造成性能有较大损失。

4.4.3　基于压缩感知的超宽带信号检测

通过信道估计得到信道矩阵 $\boldsymbol{H}$ 后，即可以进行超宽带信号检测。考虑传输信号 $x(t)$ 中的 N 个时域样点，并用 N 维向量 $\boldsymbol{x}$ 来表示，收端的信号为

$$\boldsymbol{y} = \boldsymbol{Hx} \tag{4-23}$$

实际中，信道矩阵 $\boldsymbol{H}$ 不一定符合压缩感知的重建要求。此时，要对超宽带信号增加额外的测量矩阵或者施加额外的压缩过程来构成可行的测量矩阵 $\boldsymbol{\Phi}$，如在发端使用滤波器压

缩超宽带信号；在收端使用微带电路或者相关阵列完成信号压缩。文献[3]对这部分内容进行了介绍，本节不再深入讨论。

标准的压缩感知重构算法(如 BP 算法和 OMP 算法)可以对超宽带信号进行重构。然而，超宽频谱对应的热噪声干扰可能会很大，传统的重构算法大多没有考虑噪声影响。在这种情况下，信号重构的性能可能不佳。关于有噪测量的问题，可以通过贝叶斯重构的方式来解决，详细算法过程可以参考第 3 章相关内容。

另外，超宽带信号具有块结构，即超宽带脉冲以分块的形式产生。考虑超宽带信号块结构的特点，设计一些特殊重构算法来获得更好性能。块稀疏性是指信号中的非零值、零值是成块出现的，定义块稀疏信号 $\boldsymbol{x}$ 为

$$\boldsymbol{x}=[\underbrace{x_1,\ \cdots,\ x_d}_{\boldsymbol{x}^{\mathrm{T}}[1]},\ \underbrace{x_{d+1},\ \cdots,\ x_{2d}}_{\boldsymbol{x}^{\mathrm{T}}[2]},\ \cdots,\ \underbrace{x_{N-d+1},\ \cdots,\ x_N}_{\boldsymbol{x}^{\mathrm{T}}[q]}]^{\mathrm{T}} \tag{4-24}$$

式中，$N=qd$，$\boldsymbol{x}^{\mathrm{T}}[i]$ 为 $d\times 1$ 的子块。如果向量 $\boldsymbol{x}$ 中最多有 k 个块有非零元，则称该向量是 k 块稀疏的。当 d 为 1 时，块稀疏信号就等同于非零值随机出现的普通稀疏信号。根据块结构，发送向量可以重写为

$$\boldsymbol{x}=[\boldsymbol{x}_1,\ \boldsymbol{x}_2,\ \cdots,\ \boldsymbol{x}_{\lceil \frac{N}{d}\rceil}] \tag{4-25}$$

测量矩阵可重写为

$$\boldsymbol{\Phi}=(\boldsymbol{\Phi}_1,\ \boldsymbol{\Phi}_2,\ \cdots,\ \boldsymbol{\Phi}_{\lceil \frac{N}{d}\rceil}) \tag{4-26}$$

式中，子矩阵 $\boldsymbol{\Phi}_k$ 对应着块 $\boldsymbol{x}_k$ 中的元素。

接着，可以通过 l_2/l_1 规划 (l_2/l_1 optimization, L-OPT)算法、块匹配追踪(block-based matching pursuit, BMP)或者块正交匹配追踪(block-based orthogonal matching pursuit, BOMP)算法[25]解决块稀疏信号的重建问题。L-OPT 算法是基于 BP 算法的一种凸优化算法，复杂度高、精度较好。具体来说，L-OPT算法是将未知向量 $\boldsymbol{x}$ 的 l_1 范数和 l_2 范数的组合最小化，即考虑以下优化问题。

$$\begin{aligned}&\min_{\boldsymbol{x}}\sum_{k=1}^{K}\|\boldsymbol{x}_k\|_2\\&\text{s.t. } \boldsymbol{y}=\boldsymbol{\Phi}\boldsymbol{x}\end{aligned} \tag{4-27}$$

当 $d=1$ 时，目标函数取 $\boldsymbol{x}$ 的 l_1 范数，这利用了 $\boldsymbol{x}$ 的块稀疏特性；当 $d=N$ 时，由于子块 $\boldsymbol{x}_k$ 本身并不稀疏，目标函数可以取子块的 l_2 范数。对于一般的 d，目标函数取值介于 $\boldsymbol{x}$ 的 l_1 范数与 l_2 范数之间。文献[26]指出式(4-27)可以转化为二次锥规划问题，即

$$\begin{aligned}&\min_{\boldsymbol{x}}\sum_{k=1}^{K}t_k\\&\text{s.t. } \boldsymbol{y}=\boldsymbol{\Phi}\boldsymbol{x}\\&\qquad\|\boldsymbol{x}_k\|_2\leqslant t_k,\ t_k\geqslant 0,\ k=1,\ 2,\ \cdots,\ K\end{aligned} \tag{4-28}$$

上述问题可以用标准的凸优化工具包求解。文献[25]中指出，如果测量矩阵 $\boldsymbol{\Phi}$ 满足块 RIP 条件，且 $\delta_{2K} < \sqrt{2} - 1$，则式(4-27)有唯一解 $\boldsymbol{x}$。

BMP/BOMP 算法的核心思想与 MP/OMP 算法非常相似，唯一的区别在于 BMP/BOMP算法利用了超宽带信号的块稀疏特性。表 4-4 和表 4-5 介绍 BMP 算法和 BOMP 算法的主要流程。

表 4-4　BMP 算法

输入：测量矩阵 $\boldsymbol{H} \in \mathbb{C}^{M\times N}$，测量值 $\boldsymbol{y} \in \mathbb{C}^{M}$，块稀疏度 K

输出：信号 $\hat{\boldsymbol{x}} \in \mathbb{C}^{N}$

步骤 1：初始化　残差 $\boldsymbol{r}_0 = \boldsymbol{y}$，块索引集 $\Lambda_0 = \varnothing$，迭代次数 $t = 1$

步骤 2：寻找相关性最大的块索引 i_t，$i_t = \underset{i}{\operatorname{argmax}}(\| \boldsymbol{H}[i]^{\mathrm{T}} \boldsymbol{r}_{t-1} \|_2)$

步骤 3：更新块索引集 Λ_t，$\Lambda_t = \Lambda_{t-1} \cup \{i_t\}$

步骤 4：更新残差 $\boldsymbol{r}_t$，$\boldsymbol{r}_t = \boldsymbol{r}_{t-1} - \boldsymbol{H}[i_t]\boldsymbol{H}[i_t]^{\dagger} \boldsymbol{r}_{t-1}$，其中“†”表示伪逆操作

步骤 5：迭代终止判断　$t = t + 1$；若 $t < K$，则返回步骤 2，否则终止迭代过程

步骤 6：计算系数 $\hat{\boldsymbol{x}}_k = \boldsymbol{H}_{\Lambda_t}{}^{\dagger}\boldsymbol{y}$；将 $\hat{\boldsymbol{x}}$ 中与集合 Λ_t 对应位置的元素值设为 $\hat{\boldsymbol{x}}_k$，其余元素值设为零

表 4-5　BOMP 算法

输入：测量矩阵 $\boldsymbol{H} \in \mathbb{C}^{M\times N}$，测量值 $\boldsymbol{y} \in \mathbb{C}^{M}$，块稀疏度 K

输出：信号 $\hat{\boldsymbol{x}} \in \mathbb{C}^{N}$

步骤 1：初始化　残差 $\boldsymbol{r}_0 = \boldsymbol{y}$，块索引集 $\Lambda_0 = \varnothing$，迭代次数 $t = 1$

步骤 2：寻找相关性最大的块索引 i_t，$i_t = \underset{i}{\operatorname{argmax}}(\| \boldsymbol{H}[i]^{\mathrm{T}} \boldsymbol{r}_{t-1} \|_2)$

步骤 3：更新块索引集 Λ_t，$\Lambda_t = \Lambda_{t-1} \cup \{i_t\}$

步骤 4：更新残差 $\boldsymbol{r}_t$，$\boldsymbol{r}_t = \boldsymbol{r}_{t-1} - \boldsymbol{H}_{\Lambda_t}\boldsymbol{H}_{\Lambda_t}{}^{\dagger}\boldsymbol{y}$，其中“†”表示伪逆操作

步骤 5：迭代终止判断　$t = t + 1$；若 $t < K$，则返回步骤 2，否则终止迭代过程

步骤 6：计算系数 $\hat{\boldsymbol{x}}_k = \boldsymbol{H}_{\Lambda_t}{}^{\dagger}\boldsymbol{y}$；将 $\hat{\boldsymbol{x}}$ 中与集合 Λ_t 对应位置的元素值设为 $\hat{\boldsymbol{x}}_k$，其余元素值设为零

文献[25]表明，对于块稀疏信号，BMP/BOMP 算法比传统的 MP/OMP 算法具有更明显的重构优势。

§4.5　非正交多址接入

第 2 章已经简要介绍了非正交多址接入技术，本节在分析 5G 场景对 NOMA 提出的要求和面临挑战的前提下，研究其用户侧的稀疏性，并引入压缩感知技术来实现多用户检测的功能。

4.5.1　非正交多址接入中的稀疏性分析

为了满足更高频谱效率、更大容量、更多用户连接数，以及更低时延等 5G 网络需求，

5G 多址技术的资源利用必须更灵活高效。2016 年 8 月在瑞典哥德堡召开的 RAN WG1＃86 会议正式通过了两个提议[27]：在海量机器类通信(massive machine type communication, mMTC)场景中,除了正交方案外,新空口(new radio, NR)需要支持非正交技术的上行传输;在 mMTC 场景中,NR 的上行应该是自发的、免调度竞争接入的。

在传统的基于调度的传输机制中,用户在发送数据之前先要向基站发送一个接入请求,然后基站根据接收到的请求执行调度,并通过下行信道发送授权。在上行免调度 NOMA 系统中,不需要动态调度,通过合理的资源预配置以及相应的多用户检测算法,就可以降低因上行请求和下行资源调度引入的额外信令开销和传输时延。目前,大部分 NOMA 系统多用户检测是基于所有用户都是活跃的前提下实现的。然而,实际系统中并不是所有用户都同时活跃。通过对移动业务量的统计[28]可以看出,即使在忙时,进行通信的用户数量一般也不会超过总用户的 10%。这意味着 5G 系统中虽然存在着海量连接用户,但同时接入系统的活跃用户只是其中的一小部分,即活跃用户数表现出明显稀疏性,因此可以利用压缩感知技术联合检测稀疏活跃用户和数据。

4.5.2　上行免调度非正交多址接入系统多用户检测

下文介绍一种基于压缩感知的上行免调度非正交多址接入(grant-free non-orthogonal multiple access, GF - NOMA)系统的多用户检测方案。

假设单个基站服务 K 个用户,系统中活跃用户的传输符号为非零值,未激活用户的传输符号为零值,那么整个系统的传输符号向量 $\boldsymbol{x}=[x_1, \cdots, x_K]^{\mathrm{T}}$ 是稀疏的。采用基于码域的非正交多址接入方式,将用户 k 的传输符号 x_k 扩展到长度为 N 的扩频序列 $\boldsymbol{s}_k$ 上,再把所用用户的信号叠加在一起,并通过 N 个正交的 OFDM 子载波进行传输。这里, $N<K$,即系统是过载的。上述每一个子载波上携带的不再是同一个用户的信息,而是多个用户信息的叠加。基站侧接收的信号可以表示为

$$\boldsymbol{y}=\sum_{k=1}^{K}\boldsymbol{H}_k\boldsymbol{s}_k x_k+\boldsymbol{v} \tag{4-29}$$

式中, $\boldsymbol{y}=[y_1, y_2, \cdots, y_N]^{\mathrm{T}}$,是 N 个子载波上的接收信号; $\boldsymbol{s}_k$ 表示第 k 个用户的长度为 N 的扩频序列; $\boldsymbol{v}=[\boldsymbol{v}_1, \boldsymbol{v}_2, \cdots, \boldsymbol{v}_N]^{\mathrm{T}}$ 是 N 个子载波上的高斯噪声向量。 $\boldsymbol{H}_k\in\mathbb{C}^{N\times N}$,是一个对角短阵。

$$\boldsymbol{H}_k=\mathrm{diag}\{\boldsymbol{h}_k\} \tag{4-30}$$

式中, $\boldsymbol{h}_k=[h_{k,1}, h_{k,2}, \cdots, h_{k,N}]^{\mathrm{T}}$,对应用户 k 在 N 个子载波上的信道增益。式(4-29)可以改写成向量的形式。

$$\boldsymbol{y}=\boldsymbol{A}\boldsymbol{x}+\boldsymbol{v} \tag{4-31}$$

式中, $\boldsymbol{x}=[x_1, \cdots, x_K]^{\mathrm{T}}$,是 K 个用户的传输信号,其第 k 行表示第 k 个用户的发送

数据；$\boldsymbol{A}=[\boldsymbol{H}_1\boldsymbol{s}_1,\ \boldsymbol{H}_2\boldsymbol{s}_2,\ \cdots,\ \boldsymbol{H}_K\boldsymbol{s}_K]$ 是一个 $N\times K$ 的等效信道矩阵,融合了信道增益和扩频信息,其原理框图如图 4－10 所示。

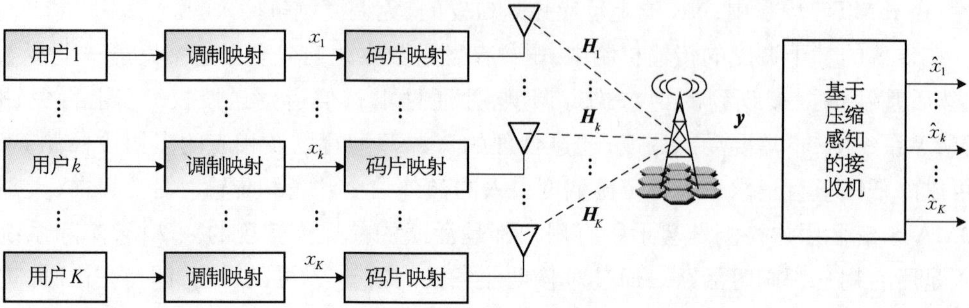

图 4－10　基于压缩感知的 GF－NOMA 系统框图

针对式(4－31)表示的压缩感知模型,有很多传统的压缩感知求解方案,例如凸优化算法、贪婪追踪算法以及组合算法。以下主要介绍结构化迭代支撑检测(structured iterative support detection, SISD)算法[29],其结构化特征如图 4－11 所示。

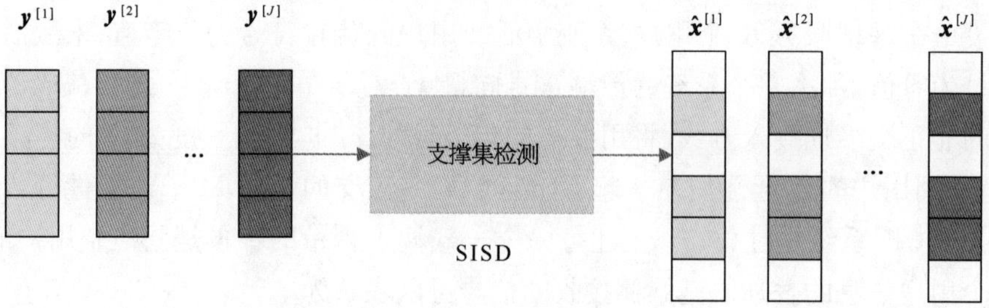

图 4－11　SISD 算法的结构化特征

假定用户在几个连续时隙内活跃状态不变,得到用户的结构稀疏性为

$$\operatorname{supp}(\boldsymbol{x}^{[1]})=\operatorname{supp}(\boldsymbol{x}^{[2]})=\cdots=\operatorname{supp}(\boldsymbol{x}^{[J]}) \tag{4-32}$$

式中,$\boldsymbol{x}^{[1]},\ \boldsymbol{x}^{[2]},\ \cdots,\ \boldsymbol{x}^{[J]}$ 是用户在 J 个连续时隙内的传输信号向量；$\operatorname{supp}(\boldsymbol{x}^{[j]})$ 表示信号 $\boldsymbol{x}^{[j]}$ 的支撑集,即 $\boldsymbol{x}^{[j]}$ 中非零元的位置。这样,在收端得到这 J 个连续时隙的接收信号为

$$\boldsymbol{y}^{[j]}=\boldsymbol{A}^{[j]}\boldsymbol{x}^{[j]}+\boldsymbol{v}^{[j]},\ 1\leqslant j\leqslant J \tag{4-33}$$

式中,$\boldsymbol{y}^{[j]}$ 表示第 j 个时隙的接收信号；$\boldsymbol{A}^{[j]}$ 表示第 j 个时隙的等效信道矩阵；$\boldsymbol{v}^{[j]}$ 表示第 j 个时隙的高斯噪声。表 4－6 为 SISD 算法流程。

表 4-6　SISD 算法

输入：接收信号 $\boldsymbol{y}^{[1]}, \boldsymbol{y}^{[2]}, \cdots, \boldsymbol{y}^{[J]}$；信道矩阵：$\boldsymbol{H}^{[1]}, \boldsymbol{H}^{[2]}, \cdots, \boldsymbol{H}^{[J]}$
输出：重构的稀疏信号 $\hat{\boldsymbol{x}}^{[1]}, \hat{\boldsymbol{x}}^{[2]}, \cdots, \hat{\boldsymbol{x}}^{[J]}$
步骤 1：$i=0$ and $I^{(0)}=\varnothing$
步骤 2：**while** Card $(I^{(i)})<K-N$ **do**
步骤 3：　$T^{(i)} \leftarrow (I^{(i)})^{C}=\{1, 2, \cdots, K\} \backslash I^{(i)}$
步骤 4：　**for** $j=1$ to J **do**
步骤 5：　$\boldsymbol{x}^{[j](i)} \leftarrow \min\limits_{\boldsymbol{x}^{[j](i)}} \Vert \boldsymbol{x}_{T^{(i)}}^{[j](i)} \Vert_1+\frac{1}{2\rho^{(i)}} \Vert \boldsymbol{H}^{[j]} \boldsymbol{x}^{[j]}-\boldsymbol{y}^{[j]} \Vert_2^2$ s.t. $\boldsymbol{y}^{[j]}=\boldsymbol{H}^{[j]} \boldsymbol{x}^{[j]}+\boldsymbol{v}^{[j]}$
步骤 6：　**end for**
步骤 7：　$\boldsymbol{x}_{\text{add}}^{(i)}=\sum\limits_{j=1}^{J} \vert \boldsymbol{x}^{[j](i)} \vert, \vert \boldsymbol{x}^{[j](i)} \vert=[\vert \boldsymbol{x}_1^{[j](i)} \vert, \vert \boldsymbol{x}_2^{[j](i)} \vert, \cdots, \vert \boldsymbol{x}_K^{[j](i)} \vert]^{\mathrm{T}}$
步骤 8：　$\boldsymbol{w}^{(i)}=\operatorname{sort}(\boldsymbol{x}_{\text{add}}^{(i)}), k=\min\limits_{k} \vert \boldsymbol{w}_{k+1}^{(i)} \vert-\vert \boldsymbol{w}_k^{(i)} \vert>\tau^{(i)}$
$\varepsilon^{(i)}=\vert \boldsymbol{w}_k^{(i)} \vert, I^{(i+1)} \leftarrow \{k: \vert \boldsymbol{x}_{\text{add}, k}^{(i)} \vert>\varepsilon^{(i)}\}$
步骤 9：　$i=i+1$
步骤 10：**end while**
步骤 11：**return** $\boldsymbol{x}^{[j]}=\boldsymbol{x}^{[j](i)}, j=1, 2, \cdots, J$

下面对 SISD 算法的主要步骤进行简要描述。

步骤 3：计算支撑集 $I^{(i)}$ 的补集 $T^{(i)}$

$$T^{(i)} \leftarrow (I^{(i)})^{C}=\{1, 2, \cdots, K\} \backslash I^{(i)} \tag{4-34}$$

步骤 5：分别更新 J 个连续时隙的估计信号

$$\begin{gathered}\boldsymbol{x}^{[j](i)} \leftarrow \min_{\boldsymbol{x}^{[j](i)}} \Vert \boldsymbol{x}_{T^{(i)}}^{[j](i)} \Vert_1+\frac{1}{2\rho^{(i)}} \Vert \boldsymbol{H}^{[j]} \boldsymbol{x}^{[j]}-\boldsymbol{y}^{[j]} \Vert_2^2 \\ \text{s.t. } \boldsymbol{y}^{[j]}=\boldsymbol{H}^{[j]} \boldsymbol{x}^{[j]}+\boldsymbol{v}^{[j]}\end{gathered} \tag{4-35}$$

式中，$\rho^{(i)}>0$ 是一个可以根据文献[30]选取的适当参数。

步骤 7：对 J 个连续时隙的估计信号进行累加

$$\boldsymbol{x}_{\text{add}}^{(i)}=\sum_{j=1}^{J} \vert \boldsymbol{x}^{[j](i)} \vert \tag{4-36}$$

式中，$\vert \boldsymbol{x}^{[j](i)} \vert=[\vert \boldsymbol{x}_1^{[j](i)} \vert, \vert \boldsymbol{x}_2^{[j](i)} \vert, \cdots, \vert \boldsymbol{x}_K^{[j](i)} \vert]^{\mathrm{T}}$。

步骤 8：以 $\mathrm{x}_{\text{add}}^{(i)}$ 为参考，更新支撑集

$$I^{(i+1)} \leftarrow \{k: \vert \boldsymbol{x}_{\text{add}, k}^{(i)} \vert>\varepsilon^{(i)}\} \tag{4-37}$$

式中，$\varepsilon^{(i)}$ 是第 i 次迭代中非零信号的门限值。

步骤 9：更新迭代次数

$$i \leftarrow i+1 \tag{4-38}$$

与迭代支撑检测(iterative support detection, ISD)算法相比,SISD算法的改进主要在于支撑集的判定。在SISD算法中,用户在几个时隙中的活动状态是相同的,因此,在求支撑集 I 的过程中,就可以通过参考 J 个时隙的估计信号,同时更新这 J 个时隙相同的支撑集,这样可增加支撑检测的鲁棒性,进而提高信号的恢复性能[29]。当 $J=7$ 时,150%过载的系统BER性能对比如图4-12所示[29]。

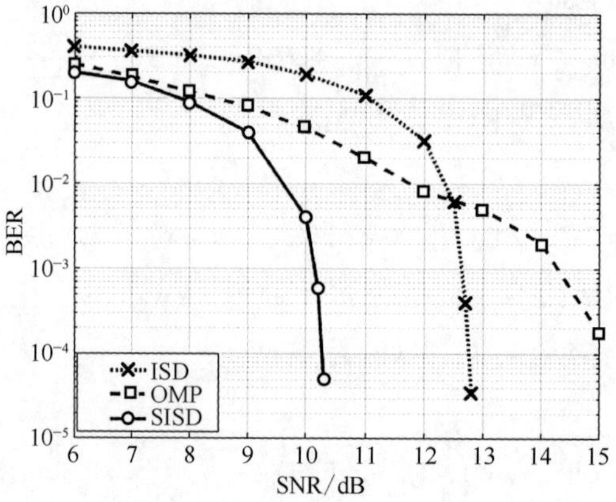

图4-12 过载率为150%时,系统BER性能对比图[29]

§4.6 小结

对于不同的实际场景,稀疏性可能有时域稀疏、频域稀疏、用户侧稀疏等不同的表现。本章主要讨论了稀疏信号处理的典型应用。在低速率模数转换场景中,介绍了一种基于压缩感知的模数转换器。相比传统采样,它能较好解决在较高信号频率下的采样压力问题。在简要介绍频谱感知技术的同时,对基于压缩感知的宽带协作频谱感知算法作阐述,它在提高感知效率的同时也能有效降低开销。针对超宽带系统,展示了基于压缩感知的超宽带系统的信道估计和信道检测方法。最后,针对5G非正交多址接入场景的用户侧稀疏性,介绍了基于压缩感知的多用户检测方案,并引入一种有效的求解算法SISD,其性能较传统CS算法有了一定提升。

参考文献

[1] 刘婵梓. 基于稀疏表示与压缩感知的高效信号处理技术及其应用[D]. 成都:西南交通大学,2010.

[2] 黄冬梅. 基于压缩感知的模拟—信息转换器研究[D]. 南京:南京航空航天大学,2016.

[3] Han Z, Li H S, Yin W T. 压缩感知理论及其在无线网络中的应用[M].戴凌龙,王昭诚,李云洲,等,译. 北京:清华大学出版社,2017.

[4] Tropp J A, Laska J N, Duarte M F, et al. Beyond Nyquist: efficient sampling of sparse

bandlimited signals[J]. IEEE Transactions on Information Theory, 2009, 56(1): 520 - 544.

[5] Kirolos S, Laska J, Wakin M, et al. Analog-to-information conversion via random demodulation[C]//IEEE. Proceedings of IEEE Dallas/CAS Workshop on Design, Applications, Integration and Software, October 29 - 30, 2006. New York: IEEE, 2006: 71 - 74.

[6] 丁博辰. 基于压缩感知的模拟信息转换器采样分析[D]. 哈尔滨：哈尔滨工业大学,2015.

[7] Mishali M, Eldar Y C. From theory to practice: sub-Nyquist sampling of sparse wideband analog signals[J]. IEEE Journal of Selected Topics in Signal Processing, 2010, 4(2): 375 - 391.

[8] Mitola J, Maguire G Q. Cognitive radio: making software radios more personal[J]. IEEE Personal Communications, 1999, 6(4): 13 - 18.

[9] 李熔. 压缩感知算法及其在频谱感知中的应用[D]. 南京：南京邮电大学,2014.

[10] 孙璇. 基于压缩感知的认知无线电频谱感知算法研究[D]. 北京：北京邮电大学,2012.

[11] Xie S L, Liu Y, Zhang Y, et al. A parallel cooperative spectrum sensing in cognitive radio networks[J]. IEEE Transactions on Vehicular Technology, 2010, 59(8): 4079 - 4092.

[12] Shahrasbi B, Rahnavard N. Cooperative parallel spectrum sensing in cognitive radio networks using bipartite matching[C]//IEEE. Proceedings of Military Communications Conference (MILCOM), November 7 - 10, 2011. New York: IEEE, 2011: 7 - 10.

[13] 王韦刚. 基于压缩感知的宽带频谱检测技术研究[D]. 南京：南京邮电大学,2015.

[14] 李含青. 基于压缩感知的宽带频谱感知技术研究[D]. 哈尔滨：哈尔滨工业大学,2014.

[15] Jia J M, Yin W, Li H, et al. Collaborative spectrum sensing from sparse observations in cognitive radio networks[J]. IEEE Journal on Selected Areas in Communications, 2011, 29(2): 327 - 337.

[16] Rappaport T S. Wireless communications: principles and practice[M]. 2nd ed. Upper Saddle River: Prentice Hall, 2002.

[17] Meng J, Yin W, Li H, et al. Collaborative spectrum sensing from sparse observations using matrix completion for cognitive radio networks[C]//IEEE. Proceedings of IEEE International Conference on Acoustics, Speech and Signal Processing, March 14 - 19, 2010. New York: IEEE, 2010: 3114 - 3117.

[18] Suzuki H. A statistical model for urban radio propagation[J]. IEEE Transactions on Communications, 1977, 25(7): 674 - 680.

[19] Foerster J, Li Q. UWB channel modeling contribution from Intel[R]. New York: IEEE, 2002.

[20] Foerster J. Channel modeling sub-committee report final[R]. New York: IEEE, 2002.

[21] Yang L, Giannakis G B. Ultra-wideband communications: an idea whose time has come[J]. IEEE Signal Processing Magazine, 2004, 21(6): 26 - 54.

[22] Paredes J L, Arce G R, Wang Z M. Ultra-wideband compressed sensing: channel estimation[J]. IEEE Journal of Selected Topics in Signal Processing, 2007, 1(3): 383 - 395.

[23] 丛潇雨. 基于压缩感知的超宽带信道估计算法研究[D]. 徐州：中国矿业大学,2016.

[24] 张先玉,刘郁林,王开. 超宽带通信压缩感知信道估计与信号检测方法[J]. 西安交通大学学报, 2010,44(2): 88 - 91.

[25] Stojnic M, Parvaresh F, Hassibi B. On the reconstruction of block-sparse signals with an optimal number of measurements[J]. IEEE Transactions on Signal Processing, 2009, 57(8): 3075 - 3085.

[26] Eldar Y C, Kuppinger P, Bolcskei H. Block-sparse signals: uncertainty relations and efficient recovery[J]. IEEE Transactions on Signal Processing, 2010, 58(6): 3042 - 3054.

[27] R1 - 168427. WF on UL LLS for MA[R]. Gothenburg: Huawei, HiSilicon, CATR, CATT, Spreadtrum, Fujitsu, CMCC, InterDigital, China Telecom, 3GPP TSG RAN WG1 Meeting ＃86, 2016.

[28] Hong J P, Choi W, Rao B D. Sparsity controlled random multiple access with compressed sensing[J]. IEEE Transactions on Wireless Communications, 2015, 14(2): 998 - 1010.

[29] Wang B C, Dai L L, Mir T, et al. Joint user activity and data detection based on structured compressive sensing for NOMA[J]. IEEE Communications Letters, 2016, 20(7): 1473 - 1476.

[30] Wang Y, Yin W. Sparse signal reconstruction via iterative support detection[J]. SIAM Journal on Imaging Sciences, 2010, 3(3): 462 - 491.

第5章 稀疏信号处理在信道估计中的应用

无线信道的不确定性对接收机提出了很大挑战,接收机需要设计合适的信道估计算法,从而通过详细的信道状态信息正确解调出发射信号。传统信道估计[1]算法,如 LS 算法、MMSE 算法均假设信道稠密多径,恢复信号需要大量的导频开销。然而,大量实验研究发现,随着信号带宽、符号周期的增大以及大规模天线的引入,无线信道在时延—多普勒—角度域上呈现稀疏性。传统信道估计算法没有充分利用无线信道内在稀疏特性这一先验知识,信道估计的准确性和有效性不够高。基于信道稀疏特性,压缩感知理论被应用到信道估计中,旨在以较低的导频开销精确恢复 CSI。

§5.1 无线信道稀疏性

无线信道响应可用时域量 t、频域量 f、时延量 τ 和多普勒频移量 ν 四种变量表示,分别对应时域、频域、时延域和多普勒域。MIMO 系统的信道增加了两种参数:到达角(angle of arrival, AoA) θ 和离开角(angle of departure, AoD) ϕ,对应角度域。

5.1.1 单表征域稀疏性

通常情况下,无线信号在传播过程中会经历多条路径,在不同的时间到达收端,而且每条路径上信号的幅度、相位各不相同。通常,采用抽头延迟线(tapped delay line, TDL)模型来描述多径信道的信道冲激响应(channel impulse response, CIR)。

$$h(t,\ \tau)=\sum_{l=0}^{L-1}\alpha_l\delta(t-\tau_l) \tag{5-1}$$

式中,L 是多径的数目,α_l 和 τ_l 分别是第 l 条径的复增益和时延,$\delta(\cdot)$为狄拉克 δ 函数。在高传输带宽下,传输信道的信道冲激响应往往多达数百个,但幅度较大的抽头数目很少,即 L 值很大,能量显著的径的数量 $K(0<K\ll L)$ 很少,其他径的能量可以忽略。例如,斯坦福大学过渡(Stanford University interim, SUI)信道[2]共有 3 条径,其中 SUI-3 信道多径时延分别为 0 us, 0.4 us, 0.9 us。当系统采样率为 100 MHz 时,SUI-3 信道冲

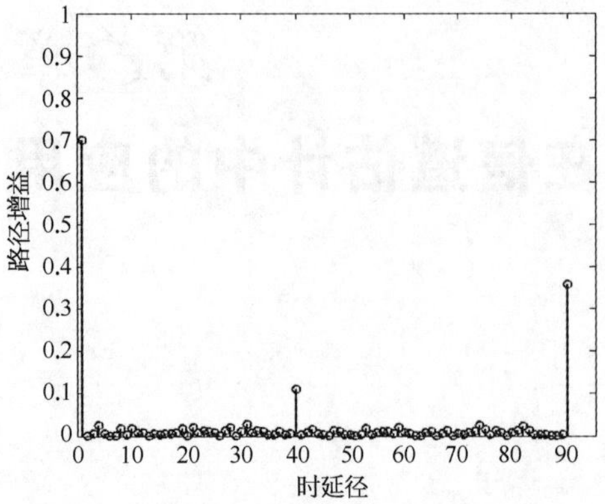

图 5-1　SUI-3 信道时延域稀疏性示例

激响应如图 5-1 所示，信道冲激响应长度为 $L=90$，总共有 $K=3$ 条可分辨路径，其路径增益(path gain)远高于其他时延域上的采样点，可见 SUI-3 信道在时延域表现出稀疏特性。

基于射线(ray-based)的模型能够考虑空-时相关性，经常被用于 MIMO 信道的建模。图 5-2 给出了一种基于射线的 MIMO 信道模型——3GPP 用于 MIMO 系统的空间信道模型(spatial channel model, SCM)。

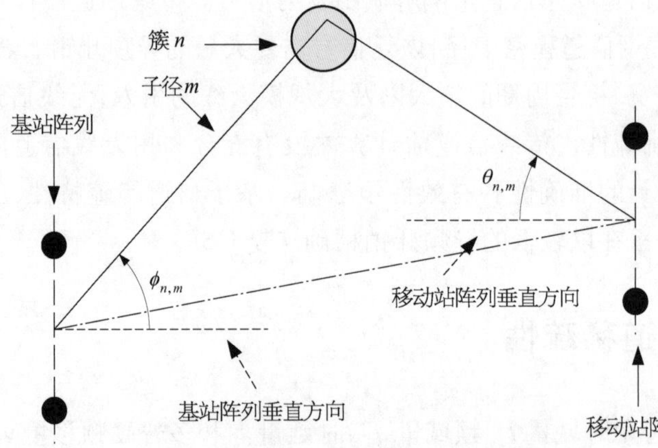

图 5-2　基于射线的 MIMO 信道模型

图 5-2 中，$\phi_{n,m}$ 和 $\theta_{n,m}$ 分别表示第 n 条路径中第 m 条子径的 AoD 和 AoA，该模型中的 MIMO 信道主要由 AoD，AoA 以及对应的增益等参数来表征。假设波束模式有 M 个发射波瓣和 N 个接收波瓣，一对收发波瓣组成一个可分辨的角度空间，那么角度域就被分成 $M \times N$ 个角度空间[3]，如图 5-3 所示。实际环境中，由于散射物有限，且某些

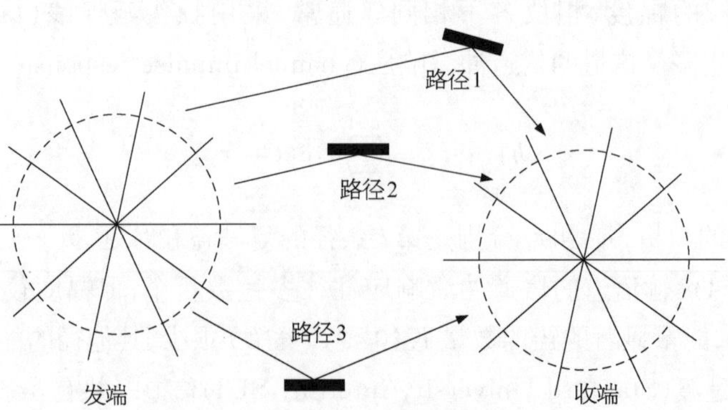

图 5-3　MIMO 信道角度域表示

路径由于衰减太大而被忽略，并不是所有角度空间都存在有效的传播路径，所以 MIMO 信道在角度域呈现稀疏特性。当 M 和 N 值越大，稀疏性越明显。

对移动台来说，其高度和周围散射物相似，因此到达角可能来自各个方向。然而，基站往往比周围散射物高，信号在基站侧的散射少，导致只有特定方向传播的信号才能到达用户侧，从而角度域在基站侧表现出明显的稀疏性[4]。

5.1.2　多表征域稀疏性

无线信道响应的四种变量 t，f，τ 和 ν，可组成四种二维域：$\{t, \tau\}$，$\{t, f\}$，$\{\nu, \tau\}$，$\{\nu, f\}$，分别表示时间-时延域、时间-频域、多普勒-时延域、多普勒-频域。四种变换域之间可以通过傅里叶变换进行相互转换。例如，无线信道在时间-时延域的冲激响应表示为

$$h(t, \tau)=\sum_{l=0}^{L-1}\alpha_l(t)\delta(t-\tau_l)\mathrm{e}^{\mathrm{j}2\pi\nu_l t} \tag{5-2}$$

式中，L 是多径的数目，α_l 和 τ_l 分别是第 l 条径的复增益和时延，ν_l 表示第 l 条径的多普勒频移，$\delta(\cdot)$为狄拉克 δ 函数。对式(5-2)中的变量 t 作傅里叶变换，得到无线信道在多普勒-时延域的表达式

$$\begin{aligned}T(\nu, \tau)&=\frac{1}{2\pi}\int_{-\infty}^{+\infty}h(t, \tau)\mathrm{e}^{-\mathrm{j}2\pi\nu t}\mathrm{d}t\\&=\sum_{l=0}^{L-1}\alpha_l\delta(t-\tau_l)\delta(\nu-\nu_l)\end{aligned} \tag{5-3}$$

由式(5-3)可见，每一条路径在多普勒-时延域的响应表现为时延和频偏的冲激信号，在有限多径环境下，该二维域具有稀疏性。

对 MIMO 系统而言，时变频率响应矩阵表示为

$$\boldsymbol{H}(t, f)=\sum_{l=0}^{L-1}\alpha_l\,\boldsymbol{a}_{\mathrm{R}}(\theta_l)\,\boldsymbol{a}_{\mathrm{T}}^{\mathrm{H}}(\phi_l)\mathrm{e}^{-\mathrm{j}2\pi\tau_l f}\,\mathrm{e}^{\mathrm{j}2\pi v_l t} \tag{5-4}$$

式中，$\boldsymbol{a}_{\mathrm{T}}(\phi_l)$ 和 $\boldsymbol{a}_{\mathrm{R}}(\theta_l)$ 分别表示发送和接收天线阵列的响应矢量，θ_l 和 ϕ_l 分别表示第 l 条径对应的到达角和离开角，τ_l 和 ν_l 分别表示时延和多普勒频移。在时延-多普勒-角度域上，以下式所示的采样间隔对 $\boldsymbol{H}(t, f)$ 进行均匀采样。

$$(\Delta\tau, \Delta\nu, \Delta\theta, \Delta\phi)=\left(\frac{1}{W}, \frac{1}{T}, \frac{1}{N_{\mathrm{R}}}, \frac{1}{N_{\mathrm{T}}}\right) \tag{5-5}$$

式中，W 为信号双边带宽；T 为符号持续时间；N_{R} 为接收天线数；N_{T} 为发射天线数。进而得到虚拟表现信道模型为

$$\widetilde{\boldsymbol{H}}(t, f)=\sum_{i=1}^{N_{\mathrm{R}}}\sum_{k=1}^{N_{\mathrm{T}}}\sum_{l=0}^{L-1}\sum_{m=-M}^{M}H_{\nu}(i, k, l, m)\,\boldsymbol{a}_{\mathrm{R}}\left(\frac{i}{N_{\mathrm{R}}}\right)\boldsymbol{a}_{\mathrm{T}}^{\mathrm{H}}\left(\frac{k}{N_{\mathrm{T}}}\right)\mathrm{e}^{-\mathrm{j}2\pi\frac{l}{W}f}\,\mathrm{e}^{\mathrm{j}2\pi\frac{m}{T}t} \tag{5-6}$$

根据式(5－6),虚拟信道系数 $H_\nu(i, k, l, m)$ 的最大个数 $D=N_R N_T L(2M+1)$。在实际情况中,随着信号带宽和符号持续时间增大,发射接收天线数量增多,虚拟表现信道模型在时延-多普勒-角度域的采样间隔随之减小,往往并不是每一个可分辨空间($\Delta\tau$, $\Delta\nu$, $\Delta\theta$, $\Delta\phi$)都有显著的路径。定义实际信道系数的个数 $d=|\{(i, k, l, m): |H_\nu(i, k, l, m)|>\varepsilon\}|$,$\varepsilon$ 为噪声的标准偏差,当 $d \ll D$ 时,称信道为 d 稀疏的。实际信道不可能绝对稀疏($\varepsilon=0$, $d \ll D$),但通常呈现近似稀疏特性。将 $H_\nu(i, k, l, m)$ 的幅值按降序排列。

$$|H_\nu(\pi(1))| \geqslant |H_\nu(\pi(2))| \geqslant \cdots \geqslant |H_\nu(\pi(D))| \tag{5-7}$$

假设存在系数 $R>0$, $s<0$, 满足 $H_\nu(\pi(k)) \leqslant Rk^{-\frac{1}{s}}$,则信道称为近似稀疏信道,稀疏度为 $\left(\frac{R}{\varepsilon}\right)^{-\frac{1}{s}}$。虚拟表现信道模型[5]如图 5－4 所示,其中,非空白方格表示虚拟信道系数非零,空白方格表示虚拟信道系数为零。由此模型可知,MIMO 信道在四维空间表现出稀疏特性。

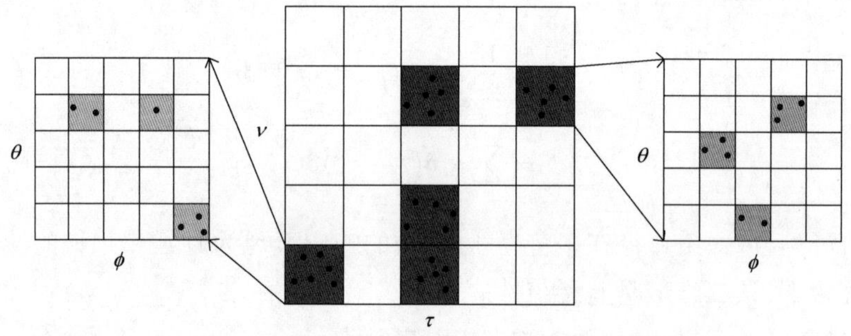

图 5－4　时延-多普勒-角度域虚拟表现信道模型

§ 5.2　传统信道估计方法

多径效应在时域上对信号波形进行展宽,引起符号间干扰(inter-symbol interference, ISI),发生频率选择性(frequency selective, FS)衰落。OFDM 技术将信号带宽细分为多个窄带子载波,能有效克服 FS 衰落。OFDM 系统收发信机框图如图 5－5 所示。

传统的 OFDM 信道估计算法有盲估计算法和基于训练的估计算法。盲估计算法不需要导频信道,利用传输信号的统计特性恢复信道响应;基于训练的估计算法在发送信号中插入已知的导频信息,收端利用导频信息恢复导频位置的信道信息,然后利用某种手段处理(如内插、滤波、变换等)获得数据位置的信道信息。二者相比,基于训练的估计算法易实现,已在工程中广泛应用,本章只讨论基于训练的估计算法。

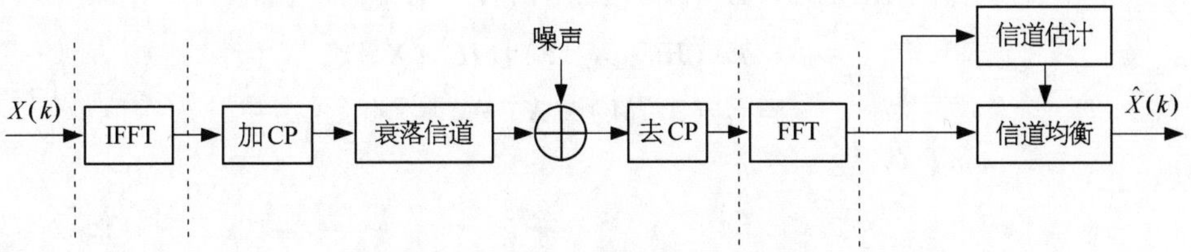

图 5-5　OFDM 系统收发信机框图

下面介绍两种传统的基于训练的估计算法[6]。

5.2.1　最小二乘法准则

设单个 OFDM 符号有 N 个子载波，$X(n)$，$Y(n)$ 和 $H(n)$ 分别表示第 n 个子载波的频域发送信号、频域接收信号和信道频率响应值。当不存在载波间干扰(inter-carrier interference，ICI)时，接收信号可以表示为

$$\boldsymbol{Y}=\begin{bmatrix} Y(0) \\ Y(1) \\ \vdots \\ Y(N-1) \end{bmatrix}=\begin{bmatrix} X(0) & 0 & \cdots & 0 \\ 0 & X(1) & \cdots & 0 \\ \vdots & \vdots & \ddots & \vdots \\ 0 & 0 & \cdots & X(N-1) \end{bmatrix}\begin{bmatrix} H(0) \\ H(1) \\ \vdots \\ H(N-1) \end{bmatrix}+\begin{bmatrix} W(0) \\ W(1) \\ \vdots \\ W(N-1) \end{bmatrix}$$
$$=\boldsymbol{XH}+\boldsymbol{W} \tag{5-8}$$

式中，$W(n)$ 是均值为 0，方差为 σ_w^2 的高斯白噪声，$\boldsymbol{X}=\mathrm{diag}(X(0),\ X(1),\ \cdots,\ X(N-1))$，$\boldsymbol{H}=[H(0),\ H(1),\ \cdots,\ H(N-1)]^{\mathrm{T}}$，$\boldsymbol{W}=[W(0),\ W(1),\ \cdots,\ W(N-1)]^{\mathrm{T}}$。

LS 信道估计的优化准则是使输出的均方误差最小，即最小化式(5-9)中的代价函数。

$$\begin{aligned} J_{\mathrm{LS}} &= \| \boldsymbol{Y}-\boldsymbol{X}\hat{\boldsymbol{H}} \|_2^2 \\ &= (\boldsymbol{Y}-\boldsymbol{X}\hat{\boldsymbol{H}})^{\mathrm{H}}(\boldsymbol{Y}-\boldsymbol{X}\hat{\boldsymbol{H}}) \end{aligned} \tag{5-9}$$

令 J_{LS} 对 $\hat{\boldsymbol{H}}$ 的偏导等于 0，即

$$\frac{\partial J_{\mathrm{LS}}}{\partial \hat{\boldsymbol{H}}}=2\boldsymbol{X}^{\mathrm{H}}(\boldsymbol{X}\hat{\boldsymbol{H}}-\boldsymbol{Y})=0 \tag{5-10}$$

得到 $\hat{\boldsymbol{H}}_{\mathrm{LS}}=\boldsymbol{X}^{-1}\boldsymbol{Y}$，即第 n 个子载波对应频率响应的估计值为

$$\hat{\boldsymbol{H}}_{\mathrm{LS}}(n)=\frac{Y(n)}{X(n)}=H(n)+\frac{W(n)}{X(n)} \tag{5-11}$$

LS 信道估计的均方误差为

$$\begin{aligned}\mathrm{MSE}_{\mathrm{LS}} &= E[(\boldsymbol{H}-\hat{\boldsymbol{H}}_{\mathrm{LS}})^{\mathrm{H}}(\boldsymbol{H}-\hat{\boldsymbol{H}}_{\mathrm{LS}})] \\ &= E[(\boldsymbol{H}-\boldsymbol{X}^{-1}\boldsymbol{Y})^{\mathrm{H}}(\boldsymbol{H}-\boldsymbol{X}^{-1}\boldsymbol{Y})] \\ &= E[(\boldsymbol{X}^{-1}\boldsymbol{W})^{\mathrm{H}}(\boldsymbol{X}^{-1}\boldsymbol{W})] \\ &= \frac{\sigma_w^2}{\sigma_x^2}\end{aligned} \tag{5-12}$$

式中，σ_x^2 为信号平均功率。由式(5-12)可见，LS 信道估计没有去除噪声的影响，因此在低信噪比的情况下估计效果较差。但其复杂度低，便于实现，所以在实际中得以广泛应用。

在基于训练的估计算法中，先利用已知的导频信号 $X(n)$ 和相应的接收信号 $Y(n)$ 估计出导频所在子载波的信道频域响应，再利用插值的方法得到其他不含导频的子载波的信道频域响应，表示为

$$\hat{\boldsymbol{H}} = \boldsymbol{Q}\hat{\boldsymbol{H}}_{\mathrm{LS}} \tag{5-13}$$

式中，$\boldsymbol{Q}$ 为插值矩阵，不同的插值方法对应的插值矩阵不同。插值方法有很多，包括线性插值、快速傅里叶变换插值、样条插值、高斯插值、多项式拟合等。其中，线性插值是一种较为简单的方法，它利用前后相邻的两个导频频率响应的估计值进行线性内插，得到数据子载波位置的频率响应值；快速傅里叶变换插值通过时域补零实现频域的插值。

5.2.2 最小均方误差准则

MMSE 信道估计的优化准则是使信道估计值与真实值的均方误差最小化。代价函数为

$$J_{\mathrm{MMSE}} = E[(\boldsymbol{H}-\hat{\boldsymbol{H}})^{\mathrm{H}}(\boldsymbol{H}-\hat{\boldsymbol{H}})] \tag{5-14}$$

最小化式(5-14)中的代价函数，得到 MMSE 的估计值

$$\hat{\boldsymbol{H}}_{\mathrm{MMSE}} = \boldsymbol{R}_{\mathrm{HH}}\,[\boldsymbol{R}_{\mathrm{HH}} + \sigma_w^2\,(\boldsymbol{X}\boldsymbol{X}^{\mathrm{H}})^{-1}]^{-1}\,\hat{\boldsymbol{H}}_{\mathrm{LS}} \tag{5-15}$$

式中，$\boldsymbol{R}_{\mathrm{HH}} = E[\boldsymbol{H}\boldsymbol{H}^{\mathrm{H}}]$ 是信道的自相关矩阵，可通过统计前若干帧的信道估计值得到。式(5-15)中，发送的数据矢量 $\boldsymbol{X}$ 在每次发生变化时都要进行矩阵求逆运算，导致计算复杂度过高。为了降低 MMSE 算法的复杂度，式(5-15)中的 $\boldsymbol{X}\boldsymbol{X}^{\mathrm{H}}$ 用 $E[\boldsymbol{X}\boldsymbol{X}^{\mathrm{H}}]$ 来代替，式(5-15)从而简化为

$$\hat{\boldsymbol{H}}_{\mathrm{MMSE}} = \boldsymbol{R}_{\mathrm{HH}}\left[\boldsymbol{R}_{\mathrm{HH}} + \frac{\sigma_w^2}{\sigma_x^2}\boldsymbol{I}\right]^{-1}\hat{\boldsymbol{H}}_{\mathrm{LS}} \tag{5-16}$$

设 P 表示导频位置集合，则所有子载波对应信道估计值为

$$\hat{\boldsymbol{H}}_{\mathrm{MMSE}} = \boldsymbol{R}_{\mathrm{HH}}(:,\,P)\left(\boldsymbol{R}_{\mathrm{HH}}(P,\,P) + \frac{\sigma_w^2}{\sigma_x^2}\boldsymbol{I}\right)^{-1}\hat{\boldsymbol{H}}_{\mathrm{p}} \tag{5-17}$$

式中，$\hat{\boldsymbol{H}}_{\mathrm{p}}$ 是通过 LS 算法估计得到的导频处对应的频率响应值。

MMSE 信道估计对 ICI 和高斯白噪声有很好的抑制作用，其性能优于 LS 信道估计，但要求预先知道信道的统计信息和实时的信噪比，且需要进行矩阵求逆，算法复杂度较高。特别是随着子载波的增加，复杂度大幅度增加，直接制约了它在实际系统中的应用。

注意到 LS，MMSE 信道估计算法都基于密集多径，没有用到信道的稀疏特性，往往需要插入大量的导频来保证信道估计的准确性。这样导致频谱资源浪费，信道估计的效率不高。基于信道稀疏特性，压缩感知理论被应用到信道估计中。

§ 5.3　单天线稀疏信道估计

本节介绍单天线场景的稀疏信道估计方案，分别针对时不变场景和时变场景展开讨论。设 OFDM 符号子载波数为 N，信道长度为 L，接收信号表示为

$$\boldsymbol{Y}=\boldsymbol{H}_{\mathrm{F}}\boldsymbol{X}=\boldsymbol{F}_{N}\boldsymbol{H}_{\mathrm{T}}\boldsymbol{F}_{N}^{\mathrm{H}}\boldsymbol{X}+\boldsymbol{W} \tag{5-18}$$

式中，$\boldsymbol{Y}=[Y(0),\ Y(1),\ \cdots,\ Y(N-1)]^{\mathrm{T}}$，$\boldsymbol{X}=[X(0),\ X(1),\ \cdots,\ X(N-1)]^{\mathrm{T}}$，$\boldsymbol{W}$ 表示加性高斯白噪声，$\boldsymbol{F}_N$ 是 N 点离散傅里叶变换(discrete Fourier transform, DFT)矩阵，$\boldsymbol{H}_{\mathrm{F}}$ 是频域信道矩阵，$\boldsymbol{H}_{\mathrm{T}}$ 是时域信道矩阵，其 $(p,\ q)$ 元素为

$$[\boldsymbol{H}_{\mathrm{T}}]_{p,\,q}=h(L_{\mathrm{CP}}+p,\ \mathrm{mod}(p-q,\ N)),\quad p,\ q\in[0,\ N-1] \tag{5-19}$$

L_{CP} 为循环前缀(cyclic prefix, CP)的长度。如果信道是时不变的，则 $\boldsymbol{H}_{\mathrm{T}}$ 是循环矩阵，$\boldsymbol{H}_{\mathrm{F}}$ 是对角矩阵，此时，式(5-18)与式(5-8)等价；如果信道是时变的，则 $\boldsymbol{H}_{\mathrm{T}}$ 是伪循环矩阵，$\boldsymbol{H}_{\mathrm{F}}$ 不再是对角矩阵[7]，因此引入 ICI，增加了信道估计的难度。

5.3.1　时不变场景

对于时不变场景，式(5-18)可以写成

$$\boldsymbol{Y}=\boldsymbol{X}\boldsymbol{V}_{L}\boldsymbol{h}+\boldsymbol{W} \tag{5-20}$$

式中，$\boldsymbol{X}=\mathrm{diag}[X(0),\ X(1),\ \cdots,\ X(N-1)]$，$\boldsymbol{V}_L$ 由离散傅里叶变换矩阵 $\boldsymbol{F}_N$ 的前 L 列组成，$\boldsymbol{h}$ 是时域信道冲激响应。

设导频位置序号为 $P=\{k_1,\ k_2,\ \cdots,\ k_P\}$，则由式(5-20)得到导频处接收信号

$$\boldsymbol{Y}_{P}=\boldsymbol{X}_{P}\boldsymbol{V}_{P\times L}\boldsymbol{h}+\boldsymbol{W}_{P} \tag{5-21}$$

式中，$\boldsymbol{Y}_P=[Y(k_1),\ Y(k_2),\ \cdots,\ Y(k_P)]^{\mathrm{T}}$，$\boldsymbol{X}_P=\mathrm{diag}(X(k_1),\ X(k_2),\ \cdots,\ X(k_P))$，$\boldsymbol{W}_P$ 是导频位置对应的噪声，$\boldsymbol{V}_{P\times L}$ 表示为

$$\boldsymbol{V}_{P\times L}=\frac{1}{\sqrt{N}}\begin{bmatrix}1 & w^{k_1} & \cdots & w^{k_1(L-1)}\\ 1 & w^{k_2} & \cdots & w^{k_2(L-1)}\\ \vdots & \vdots & \ddots & \vdots\\ 1 & w^{k_P} & \cdots & w^{k_P(L-1)}\end{bmatrix} \tag{5-22}$$

式中，$w=\mathrm{e}^{-\frac{\mathrm{j}2\pi}{N}}$。令 $\boldsymbol{A}=\boldsymbol{X}_P\boldsymbol{V}_{P\times L}$，则式(5-21)可以改写为

$$\boldsymbol{Y}_P=\boldsymbol{A}\boldsymbol{h}+\boldsymbol{W}_P \tag{5-23}$$

通常，$\boldsymbol{h}$ 是稀疏向量，只有少量非零元；且 $\boldsymbol{Y}_P$ 和 $\boldsymbol{A}$ 在收端是已知的。因此，式(5-23)是典型的压缩感知模型，可以利用压缩感知的重构算法恢复稀疏向量 $\boldsymbol{h}$，典型的重构算法包括 OMP 算法、CoSaMP 算法等，详细算法流程见第 3 章相关内容。

第 3 章述及，设计合适的测量矩阵能提高压缩感知的恢复精度。式(5-23)中，测量矩阵 $\boldsymbol{A}$ 由导频模式决定，因此接下来讨论导频优化设计问题。对传统的 LS，MMSE 信道估计算法而言，均匀放置的导频往往是最优的。然而对稀疏信道估计来说，理论证明在均匀分布导频模式下，CS 重构性能较差。为了提高信道估计精度，需要最小化矩阵 $\boldsymbol{A}$ 的相关值 $\mu(\boldsymbol{A})$ [8]。矩阵 $\boldsymbol{A}$ 的第 m 列表示为 $\boldsymbol{a}_m=[X(k_1)w^{k_1(m-1)},\ \cdots,\ X(k_P)w^{k_P(m-1)}]^{\mathrm{T}}$，根据式(3-17)中相关值的定义，得到

$$\mu(\boldsymbol{A})=\max_{1\leqslant m\neq n\leqslant L}\frac{\left|\sum_{p=1}^{P}\left|X(k_p)\right|^2 w^{k_p(n-m)}\right|}{\sum_{p=1}^{P}\left|X(k_p)\right|^2} \tag{5-24}$$

假设系统导频子载波的幅值都为 1，即 $|X(k_1)|=\cdots=|X(k_p)|=1$，则式(5-24)可以简化为

$$\mu(\boldsymbol{A})=\max_{1\leqslant c\leqslant L-1}\frac{1}{P}\left|\sum_{p=1}^{P}w^{k_p c}\right| \tag{5-25}$$

式中，$c=n-m$。导频设计问题从而转化为

$$P=\arg\min_{P}\max_{1\leqslant c\leqslant L-1}\frac{1}{P}\left|\sum_{p=1}^{P}w^{k_p c}\right| \tag{5-26}$$

定义

$$\begin{aligned}f(c)&=\left|\sum_{p=1}^{P}w^{k_p c}\right|^2=\sum_{p=1}^{P}\sum_{q=1}^{P}w^{c(k_p-k_q)}\\ &=P+\sum_{d=1}^{N-1}a_d w^{cd}\end{aligned} \tag{5-27}$$

式中，$d=(k_p-k_q)\bmod N$，$p\neq q$，a_d 表示 d 出现的次数。求解 $\sum_{c=1}^{L-1}f(c)$。

$$\sum_{c=1}^{L-1} f(c) = P(L-1) + \sum_{d=1}^{N-1} a_d \frac{w^d - w^{Ld}}{1-w^d} \tag{5-28}$$

因此,得到

$$\max_{1 \leqslant c \leqslant L-1} f(c) \geqslant P + \frac{1}{L-1} \sum_{d=1}^{N-1} a_d \frac{w^d - w^{Ld}}{1-w^d} \tag{5-29}$$

式(5-29)中,等号成立当且仅当满足下列条件

$$f(1) = f(2) = \cdots = f(L-1) = P + \frac{1}{L-1} \sum_{d=1}^{N-1} a_d \frac{w^d - w^{Ld}}{1-w^d} \tag{5-30}$$

此时有

$$a_1 = a_2 = \cdots = a_{N-1} = \frac{\sum_{d=1}^{N-1} a_d}{N-1} = \frac{P(P-1)}{N-1} \tag{5-31}$$

由上述推导过程可知,如果存在导频序列满足式(5-31),则得到式(5-26)的最优解,从而得到最优的导频模式[9]。由文献[10]知循环差集(cyclic different set, CDS)满足上述条件,因此基于 CDS 的导频分布是最优的。表 5-1 给出 CDS 的定义。

表 5-1　CDS 的定义

设 N, P, λ $(P < N)$ 均为正整数,若序列 $\{k_1, k_2, \cdots, k_P\}$ 满足条件:所有正整数 Z $(1 \leqslant Z \leqslant N-1)$ 在集合 $\{\tau = (k_i - k_l) \bmod N \mid 1 \leqslant i \neq l \leqslant P\}$ 中出现 λ 次,其中

$$\lambda = \frac{P(P-1)}{N-1}$$

则称该序列为 CDS (N, P, λ)。

虽然由 CDS 可以直接得到导频最优的位置分布,但是它仅对部分特定的 (N, P) 存在,表 5-2 给出几组典型的 CDS。

表 5-2　典型 CDS 示例

N	P	λ	CDS
7	3	1	1, 2, 4
11	5	2	1, 3, 4, 5, 9
13	4	1	0, 1, 3, 9
21	5	1	3, 6, 7, 12, 14
31	6	1	1, 5, 11, 24, 25, 27

其他已知的 CDS 可见文献[11]。CDS 在实际使用中存在局限性,当某对 (N, P) 不存在对应的 CDS 时,则使用离散随机最优化(discrete stochastic optimization, DSO)算法[12]求解导频优化问题。

将导频 P 对应的 $\mu(\boldsymbol{A})$ 记为 $g(P)$, DSO 算法首先生成一个随机导频序列,然后每次迭代时,改变一个导频子载波位置,使 $g(P)$ 变小,算法流程如表 5-3 所示。

表 5-3 DSO 算法

输入: 导频数 P, 迭代次数 M
输出: 最优导频位置 $\hat{P}_M$
步骤 1: 随机生成导频位置 P_0, $\hat{P} \leftarrow P_0$
步骤 2: $\pi[0] \leftarrow \boldsymbol{0}_{MP\times 1}$, $\pi[0, 0] \leftarrow 1$, $u \leftarrow 1$, $v \leftarrow 1$
步骤 3: **for** $n = 0, 1, \cdots, M-1$
步骤 4:   **for** $k = 0, 1, \cdots, P-1$
步骤 5: $m \leftarrow nP + k$
步骤 6:   生成 $\tilde{P}\backslash P_m$, 其中 $\tilde{P}_m$ 和 P_m 仅第 k 个导频位置不同
步骤 7:   若 $g(\tilde{P}_m) < g(P_m)$, 则 $P_{m+1} \leftarrow \tilde{P}_m$, $u \leftarrow m+1$; 否则 $P_{m+1} \leftarrow P_m$
步骤 8: $\pi[m+1] \leftarrow \pi[m] + \dfrac{r[m+1] - \pi[m]}{m+1}$
步骤 9:   若 $\pi[m+1, u] > \pi[m+1, v]$, 则 $\hat{P}_{m+1} \leftarrow P_{m+1}$, $v \leftarrow u$; 否则 $\hat{P}_{m+1} \leftarrow \hat{P}_m$
步骤 10:   **end for** k
步骤 11: **end for** n

表中,向量 $\boldsymbol{r}[m+1]$ 除了第 $(m+1)$ 个元素为 1,其他元素都为 0。

5.3.2 时变场景

区别于时不变信道,时变信道中信道抽头系数在一个块传输时间(OFDM 符号)内是变化的,频域信道矩阵 $\boldsymbol{H}_{\mathrm{F}}$ 不再是对角矩阵,进而导致待估计信道参数的数量是准静态过程的成百上千倍,远远超过接收数据量的估计负荷,使得传统基于导频辅助的信道估计无法实现。例如,假设信道长度为 L,OFDM 符号子载波数为 N, 则单个符号内需要估计的信道抽头数目为 NL, 远大于一个符号内的子载波数 N。

1. 基于基扩展模型的信道估计

为了降低待估计参数的个数,学者着眼于寻找各个抽样值在块传输时间内的相关性。基扩展模型(basis expansion model, BEM)能很好地模拟信道的时变性[13-14],将时变信道的抽头系数表示成若干正交基函数加权和的形式。

$$\boldsymbol{h}_l = \sum_{q=0}^{Q-1} c_{q,l}\, \boldsymbol{b}_q,\ 0 \leqslant l \leqslant L-1 \tag{5-32}$$

式中, $\boldsymbol{h}_l = [h(0, l), \cdots, h(N-1, l)]^{\mathrm{T}}$, 表示第 l 条径对应的信道抽头系数; $\boldsymbol{b}_q(0 \leqslant$

$q \leqslant Q-1$) 是 BEM 基函数；$c_{q,l}$ 为 BEM 系数；Q 代表 BEM 阶数，通常取 $Q=2\lceil f_{\max} N T_s \rceil + 1$，$f_{\max}$ 是最大多普勒频移，T_s 是抽样间隔。式(5-32)可改写成矩阵形式

$$\boldsymbol{h}_l = \boldsymbol{B} \begin{pmatrix} c_{0,l} \\ \vdots \\ c_{Q-1,l} \end{pmatrix},\ 0 \leqslant l \leqslant L-1 \tag{5-33}$$

式中，$\boldsymbol{B} = [\boldsymbol{b}_0, \cdots, \boldsymbol{b}_{Q-1}] \in \mathbb{C}^{N \times Q}$，是基函数矩阵。通过 BEM 对时变信道建模，抽头系数 $\boldsymbol{h}$ 的估计问题转换为 BEM 系数的估计问题，待估计参数的数量从 NL 减少为 QL。

主流的基扩展模型有多项式基扩展模型(polynomial BEM, P-BEM)、复指数基扩展模型(complex exponential BEM, CE-BEM)、离散长椭球基扩展模型(discrete prolate spheroidal BEM, DPS-BEM)等。以 CE-BEM 为例，其基函数为

$$\boldsymbol{b}_q = \left(1, \cdots, \mathrm{e}^{\mathrm{j}\frac{2\pi}{N} n \left(q - \frac{Q-1}{2}\right)}, \cdots, \mathrm{e}^{\mathrm{j}\frac{2\pi}{N}(N-1)\left(q - \frac{Q-1}{2}\right)}\right)^{\mathrm{T}},\ 0 \leqslant q \leqslant Q-1 \tag{5-34}$$

结合 CE-BEM，式(5-18)变换为

$$\boldsymbol{Y} = \sum_{q=0}^{Q-1} \boldsymbol{D}_q \boldsymbol{\Delta}_q \boldsymbol{X} + \boldsymbol{\xi} \tag{5-35}$$

式中，$\boldsymbol{D}_q = \boldsymbol{F}_N \operatorname{diag}\{\boldsymbol{b}_q\} \boldsymbol{F}_N^H = \boldsymbol{I}_N^{\left\langle q - \frac{Q-1}{2} \right\rangle}$，$\boldsymbol{\Delta}_q = \operatorname{diag}\{\sqrt{N} \boldsymbol{V}_L \boldsymbol{c}_q\}$，$\boldsymbol{c}_q = [c_{q,0}, \cdots, c_{q,L-1}]^{\mathrm{T}}$，$\boldsymbol{\xi}$ 包括加性噪声和建模误差。

为了降低数据对有效导频的干扰，提高信道估计的精度，通常在有效导频(又称非零导频)两侧插入保护导频。如图 5-6 所示，在一个 OFDM 符号中插入 M 个导频簇，每个导频簇对应的非零导频长度为 L_p，保护导频长度为 L_g。

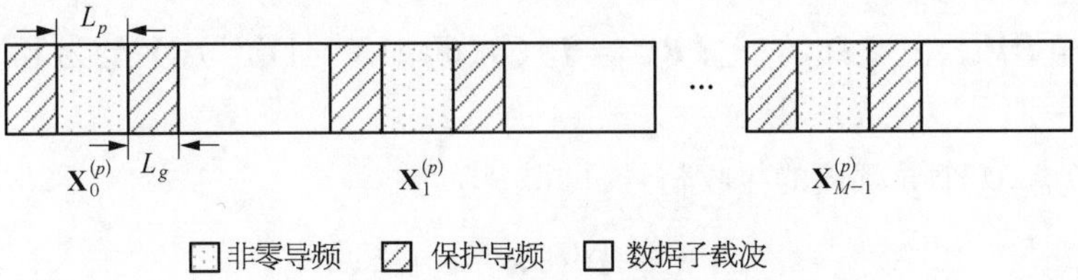

图 5-6　时变场景导频结构

设第 m 个导频簇对应的接收向量为 $\boldsymbol{Y}_m$，由式(5-35)得到

$$\boldsymbol{Y}_m = \sum_{q=0}^{Q-1} \boldsymbol{D}_{q,m}^{(p)} \boldsymbol{\Delta}_q^{(p)} \boldsymbol{X}^{(p)} + \underbrace{\sum_{q=0}^{Q-1} \boldsymbol{D}_{q,m}^{(d)} \boldsymbol{\Delta}_q^{(d)} \boldsymbol{X}^{(d)}}_{\boldsymbol{d}_m} + \boldsymbol{\xi}_m \tag{5-36}$$

式中，$\boldsymbol{X}^{(p)} = [\boldsymbol{X}_0^{(p)\mathrm{T}}, \cdots, \boldsymbol{X}_{M-1}^{(p)\mathrm{T}}]^{\mathrm{T}}$ 为导频子载波；$\boldsymbol{X}^{(d)}$ 为数据子载波；$\boldsymbol{D}_{q,m}^{(p)}$ 和 $\boldsymbol{D}_{q,m}^{(d)}$ 分别是 $\boldsymbol{D}_q$ 的维度为 $L_p \times M(L_p + 2L_g)$ 和 $L_p \times (N - M(L_p + 2L_g))$ 的子矩阵，位置结构如图 5-7 所示[15]。

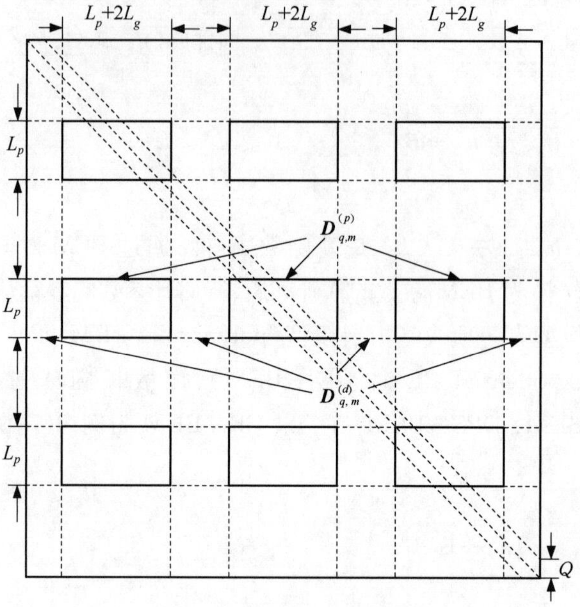

图 5-7 D_q 的位置结构

$\boldsymbol{D}_{q,m}^{(p)}$ 的行位置对应第 m 个非零导频簇的位置,列位置对应所有导频簇的位置;$\boldsymbol{D}_{q,m}^{(d)}$ 的行位置对应第 m 个非零导频簇的位置,列位置对应所有数据子载波的位置;$\boldsymbol{\Delta}_q^{(p)}$ 和 $\boldsymbol{\Delta}_q^{(d)}$ 相应对应导频序列和数据序列的对角阵。基于 CE-BEM,当 $L_g \geqslant \dfrac{Q-1}{2}$,数据子载波对有效导频子载波没有干扰,即 $\boldsymbol{d}_m=\boldsymbol{0}$,所以由式(5-36)得到

$$\boldsymbol{Y}_m=\boldsymbol{D}_m^{(p)}\boldsymbol{R}^{(p)}\boldsymbol{c}+\boldsymbol{\xi}_m \tag{5-37}$$

式中,$\boldsymbol{D}_m^{(p)}=[\boldsymbol{D}_{0,m}^{(p)},\ \cdots,\ \boldsymbol{D}_{Q-1,m}^{(p)}]$;$\boldsymbol{R}^{(p)}=\boldsymbol{I}_Q\otimes(\mathrm{diag}\{\boldsymbol{X}^{(p)}\}\boldsymbol{V}_L^{(p)})$,$\boldsymbol{V}_L^{(p)}$ 为 $\boldsymbol{V}_L$ 对应导频位置上的值;$\boldsymbol{c}=[\boldsymbol{c}_0^{\mathrm{T}},\ \cdots,\ \boldsymbol{c}_{Q-1}^{\mathrm{T}}]^{\mathrm{T}}$。

同时,考虑 M 个导频簇的接收信号,可得

$$\boldsymbol{Y}^{(p)}=\boldsymbol{D}^{(p)}\boldsymbol{R}^{(p)}\boldsymbol{c}+\boldsymbol{\xi} \tag{5-38}$$

式中,$\boldsymbol{Y}^{(p)}=[\boldsymbol{Y}_0^{\mathrm{T}},\ \cdots,\ \boldsymbol{Y}_{M-1}^{\mathrm{T}}]^{\mathrm{T}}$,$\boldsymbol{D}^{(p)}=[\boldsymbol{D}_0^{(p)\mathrm{T}},\ \cdots,\ \boldsymbol{D}_{M-1}^{(p)\mathrm{T}}]^{\mathrm{T}}$。根据式(5-38)中 $\boldsymbol{Y}^{(p)}$ 与 $\boldsymbol{c}$ 的关系,可以通过 LS,MMSE 等算法对 CE-BEM 系数进行估计。

2. 单符号稀疏信道估计

利用无线信道的稀疏性,将压缩感知应用到信道估计中,可以降低导频开销。接下来讨论向量 $\boldsymbol{c}_q=[c_{q,0},\ \cdots,\ c_{q,L-1}]^{\mathrm{T}}$ 的稀疏特性。由式(5-33)可知 $(c_{0,l},\ \cdots,\ c_{Q-1,l})=\boldsymbol{B}^{\dagger}\boldsymbol{h}_l$,对任意的 $l\in\{0,\ 1,\ \cdots,\ L-1\}$ 而言,若 $\boldsymbol{h}_l=\boldsymbol{0}_{N\times 1}$,则有 $c_{0,l}=\cdots=c_{Q-1,l}=0$,因此由信道在时延域的稀疏性可以得到,向量 $\boldsymbol{c}_q$ 是稀疏向量,且向量组 $\{\boldsymbol{c}_q\}_{q=0}^{Q-1}$ 联合稀疏,即非零元的位置相同。

针对图 5-6 所示的导频结构，通过假设 $L_p=1$，$L_g=Q-1$，得到相应的导频模式如图 5-8 所示(以 $Q=3$ 为例)。

图 5-8　单天线导频模式

导频序列包括 G 个非零导频和 $(2Q-2)G$ 个保护导频，保护导频位于非零导频两侧。非零导频幅值为 1，保护导频幅值为 0。G 满足 $K<G\ll L$，K 表示无线信道在时延域的稀疏度。

将非零导频位置集合记为 P_{eff}，进一步将导频位置集合分为 Q 个子序列 $\{P_q\}_{q=0}^{Q-1}$。

$$P_q=P_{\text{eff}}-\left(\frac{Q-1}{2}-q\right),\ q=0,\ 1,\ \cdots,\ Q-1 \tag{5-39}$$

仍以 $Q=3$ 为例，图 5-9 描绘了导频位置接收信号与发送数据的关系。

由图 5-9 可知，导频测量窗口对应的接收值仅与非零导频有关，与数据子载波无关，因此，该导频模式下可以得到信道估计的去耦形式。式(5-39)中，每个导频子序列对应的接收信号表示为[16]

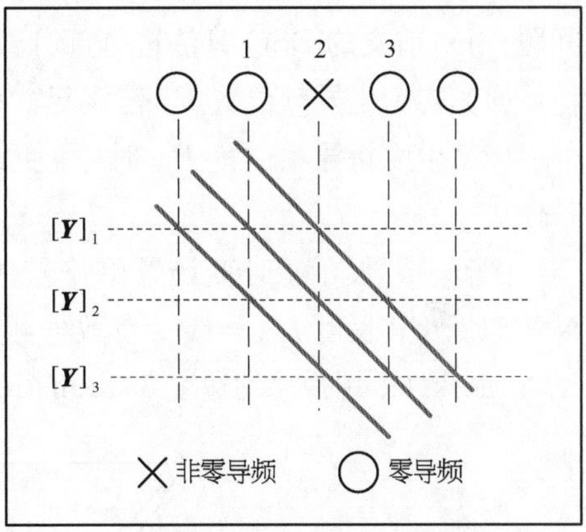

图 5-9　导频位置接收信号和发送数据的关系

$$\begin{cases}[\boldsymbol{Y}]_{P_0}=\operatorname{diag}([\boldsymbol{X}]_{P_{\text{eff}}})\,[\boldsymbol{V}_L]_{P_{\text{eff}}}\,\boldsymbol{c}_0+\boldsymbol{\xi}_0\\ \qquad\vdots\\ [\boldsymbol{Y}]_{P_{\frac{Q-1}{2}}}=\operatorname{diag}([\boldsymbol{X}]_{P_{\text{eff}}})\,[\boldsymbol{V}_L]_{P_{\text{eff}}}\,\boldsymbol{c}_{\frac{Q-1}{2}}+\boldsymbol{\xi}_{\frac{Q-1}{2}}\\ \qquad\vdots\\ [\boldsymbol{Y}]_{P_{Q-1}}=\operatorname{diag}([\boldsymbol{X}]_{P_{\text{eff}}})\,[\boldsymbol{V}_L]_{P_{\text{eff}}}\,\boldsymbol{c}_{Q-1}+\boldsymbol{\xi}_{Q-1}\end{cases} \tag{5-40}$$

式中，$\boldsymbol{Y}$ 指接收机经过 OFDM 解调之后的数据，$\{\boldsymbol{c}_q\}_{q=0}^{Q-1}$ 是待估计的系数向量。式(5-40)属于分布式压缩感知理论的研究范畴，其中，所有待估计的稀疏向量有相同的测量矩阵，且对应的非零元具有相同的位置。可以用第 3 章介绍的 SOMP 算法求解系数 $\boldsymbol{c}_q$。

考虑到 CE-BEM 建模时会引入相位和幅度误差，需要采用离散长椭球序列(discrete prolate spheroidal sequences, DPSS)[17]对已估计的 CE-BEM 参数进行平滑处理。

$$\bar{\boldsymbol{c}}^{\text{DPSS}}=(((\boldsymbol{B}^{\text{DPSS}})^{\dagger}\boldsymbol{B}^{\text{CE}})\otimes\boldsymbol{I}_L)\,\bar{\boldsymbol{c}}^{\text{CE}} \tag{5-41}$$

式中，$\bar{\boldsymbol{c}}^{\mathrm{DPSS}}=((\boldsymbol{c}_0^{\mathrm{DPSS}})^{\mathrm{T}},\cdots,(\boldsymbol{c}_{I-1}^{\mathrm{DPSS}})^{\mathrm{T}})^{\mathrm{T}}$，$I$ 为 DPSS 阶数；$\bar{\boldsymbol{c}}^{\mathrm{CE}}=(\boldsymbol{c}_0^{\mathrm{T}},\cdots,\boldsymbol{c}_{Q-1}^{\mathrm{T}})^{\mathrm{T}}$；$\boldsymbol{B}^{\mathrm{DPSS}}=[\boldsymbol{b}_0^{\mathrm{DPSS}},\boldsymbol{b}_2^{\mathrm{DPSS}},\cdots,\boldsymbol{b}_{I-1}^{\mathrm{DPSS}}]$ 表示 DPSS 基函数矩阵。对于给定的时间长度 N 和最大多普勒频移 $v_{\max}$，DPSS 基函数为下列特征值方程的解。

$$\sum_{l=0}^{N-1}\frac{\sin(2\pi v_{\max}(l-n))}{\pi(l-n)}u_i[l]=\lambda_i(v_{\max},N)u_i[n] \tag{5-42}$$

式中，$u_i[n]$ 满足 $\sum_{n=1}^{N}(u_i[n])^2=1$。特征值 λ_i 在 $i\leqslant 2v_{\max}N$ 时，接近 1；在 $i>2v_{\max}N$ 时，迅速下降到 0。基于式(5-41)得到 $\bar{\boldsymbol{c}}^{\mathrm{DPSS}}$ 后，将 DPSS 基函数矩阵和 DPSS 系数代入式(5-33)，可求得信道抽头系数。这种方法将相位和幅度误差平均到整个数据块，可以有效提高信道估计的准确性。

以下对单天线时变场景的导频优化作简要说明。将导频位置优化问题建模为[16]

$$\begin{aligned}&\min_{P_{\mathrm{eff}}}\mu([\boldsymbol{V}_L]_{P_{\mathrm{eff}}})\\&\text{s.t. } |p_i-p_j|\geqslant 2Q-1,\ \forall i,j,i\neq j\end{aligned} \tag{5-43}$$

式中，约束条件是为了保证有效导频之间至少有 $2Q-1$ 个保护导频。为求解上述最优化问题，可对前文的 DSO 算法进行部分修改，修改如下。

(1) 初始化导频位置 P_0 需满足式(5-43)中的约束条件。

(2) 生成新导频位置 $\widetilde{P}_m$ 时，需使第 k 个导频和前后导频满足式(5-43)中的约束条件。

图 5-10 展示了时变场景单符号估计的 NMSE 曲线。其中，OFDM 符号子载波数 $N=512$，CP 长度 $L_{\mathrm{CP}}=64$，有效导频个数 $G=24$，载波频率 $f_c=3$ GHz，子载波间隔 $\Delta f=15$ kHz，用户移动速度 350 km/h，信道稀疏度 $K=6$。

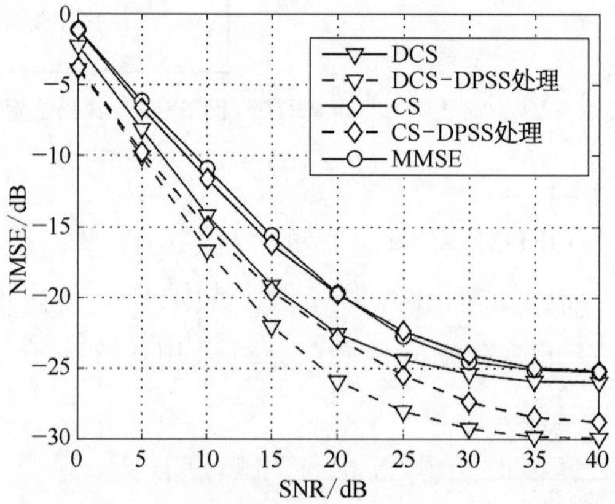

图 5-10　时变场景单符号估计的 NMSE 曲线

由图 5-10 可知，分布式压缩感知方案得到的信道估计性能优于传统 MMSE 估计方案，且经过 DPSS 处理后，压缩感知方案和分布式压缩感知方案得到的信道估计性能都有明显提升。

3. 多符号联合稀疏信道估计

上述稀疏信道估计方案是利用压缩感知对每个单独的 OFDM 符号进行信道估计，在实际系统中，多个相邻 OFDM 符号对应的信道往往具有联合稀疏性[18]。开发多个信号组的联合稀疏性能够提高信号恢复精度。

考虑连续 J 个 OFDM 符号，设 $\boldsymbol{X}^{(j)}$ 和 $\boldsymbol{Y}^{(j)}$ 分别表示第 j $(0 \leqslant j < J-1)$ 个符号对应的频域发送信号和频域接收信号，根据式(5-18)得到多符号传输模型

$$\begin{pmatrix} \boldsymbol{Y}^{(0)} \\ \vdots \\ \boldsymbol{Y}^{(J-1)} \end{pmatrix} = \begin{pmatrix} \boldsymbol{H}_{\mathrm{F}}^{(0)} & \cdots & \boldsymbol{0} \\ \vdots & \ddots & \vdots \\ \boldsymbol{0} & \cdots & \boldsymbol{H}_{\mathrm{F}}^{(J-1)} \end{pmatrix} \begin{pmatrix} \boldsymbol{X}^{(0)} \\ \vdots \\ \boldsymbol{X}^{(J-1)} \end{pmatrix} + \boldsymbol{W} \tag{5-44}$$

对式(5-40)进行多符号拓展，得到多符号联合信道估计模型[19-20]

$$[\boldsymbol{Y}]_{P_q} = \mathrm{diag}([\boldsymbol{X}]_{P_{\mathrm{eff}}})\,[\boldsymbol{I}_J \otimes \boldsymbol{V}_L]_{P_{\mathrm{eff}}} \begin{pmatrix} \boldsymbol{c}_q^{(0)} \\ \vdots \\ \boldsymbol{c}_q^{(J-1)} \end{pmatrix} + \boldsymbol{\xi}_q,\ q = 0, \cdots, Q-1 \tag{5-45}$$

式中，$\boldsymbol{Y} = ((\boldsymbol{Y}^{(0)})^{\mathrm{T}}, \cdots, (\boldsymbol{Y}^{(J-1)})^{\mathrm{T}})^{\mathrm{T}}$ 和 $\boldsymbol{X} = ((\boldsymbol{X}^{(0)})^{\mathrm{T}}, \cdots, (\boldsymbol{X}^{(J-1)})^{\mathrm{T}})^{\mathrm{T}}$ 分别表示多符号的接收信号和发送信号，$\boldsymbol{c}_q^{(j)}$ 表示第 j 个符号对应的 CE-BEM 系数。考虑到向量 $\{\boldsymbol{c}_q^{(j)}\}_{j=0}^{J-1}$ 具有联合稀疏性，通过对 $\{\boldsymbol{c}_q^{(j)}\}_{j=0}^{J-1}$ 的元素进行重排，得到结构化的 DCS 模型

$$([\boldsymbol{Y}]_{P_0}, \cdots, [\boldsymbol{Y}]_{P_{Q-1}}) = (\boldsymbol{\Phi}_0, \cdots, \boldsymbol{\Phi}_{L-1})(\boldsymbol{s}_0, \cdots, \boldsymbol{s}_{Q-1}) + \boldsymbol{\xi} \tag{5-46}$$

式中，$\boldsymbol{\Phi}_l = \boldsymbol{\Theta}(:, l : L : \mathrm{end})$，$\boldsymbol{\Theta} = \mathrm{diag}([\boldsymbol{X}]_{P_{\mathrm{eff}}})\ [\boldsymbol{I}_J \otimes \boldsymbol{V}_L]_{P_{\mathrm{eff}}}$，$\boldsymbol{s}_q^l = (c_q^{(0)}(l), \cdots, c_q^{(J-1)}(l))^{\mathrm{T}}$，$\boldsymbol{s}_q = ((\boldsymbol{s}_q^0)^{\mathrm{T}}, \cdots, (\boldsymbol{s}_q^{L-1})^{\mathrm{T}})^{\mathrm{T}}$。

对于模型(5-46)，可以利用基于块结构的同时正交匹配追踪(block-based simultaneous orthogonal matching pursuit, BSOMP)算法重建稀疏系数 $\{\boldsymbol{s}_q\}_{q=0}^{Q-1}$。BSOMP 算法[20]的具体步骤如表 5-4 所示。

表 5-4　BSOMP 算法

输入：测量值 $\boldsymbol{Y} = ([\boldsymbol{Y}]_{P_0}, \cdots, [\boldsymbol{Y}]_{P_{Q-1}})$，测量矩阵 $\boldsymbol{\Phi} = (\boldsymbol{\Phi}_0, \cdots, \boldsymbol{\Phi}_{L-1})$，稀疏度 K
输出：估计系数 $\hat{\boldsymbol{S}} = (\boldsymbol{s}_0, \cdots, \boldsymbol{s}_{Q-1})$
步骤 1：设置初始值：迭代次数 $i = 0$，稀疏向量 $\boldsymbol{S}^0 = \boldsymbol{0}_{JL\times Q}$，残差 $\boldsymbol{r}^0 = \boldsymbol{Y}$，支撑集 $\boldsymbol{\Omega} = [\boldsymbol{\Omega}_0^{\mathrm{T}}, \cdots, \boldsymbol{\Omega}_{L-1}^{\mathrm{T}}]^{\mathrm{T}} = [\boldsymbol{0}_{J\times1}^{\mathrm{T}}, \cdots, \boldsymbol{0}_{J\times1}^{\mathrm{T}}]^{\mathrm{T}}$
步骤 2：对所有 $l \in \{0, \cdots, L-1\}$，计算 $\zeta_l^i = \Vert \boldsymbol{r}^i - \boldsymbol{\Phi}_l(\boldsymbol{\Phi}_l^{\mathrm{H}}\boldsymbol{\Phi}_l)^{-1}\boldsymbol{\Phi}_l^{\mathrm{H}}\boldsymbol{r}^i \Vert_2^2$
步骤 3：在 $\{\zeta_l^i\}_{l=0}^{L-1}$ 中找到最小值 ζ_m^i，更新支持向量 $\boldsymbol{\Omega}_m = \boldsymbol{1}_{J\times1}$，更新残差 $\boldsymbol{r}^i = \boldsymbol{Y} - \boldsymbol{\Phi}_{\boldsymbol{\Omega}}(\boldsymbol{\Phi}_{\boldsymbol{\Omega}}^{\mathrm{H}}\boldsymbol{\Phi}_{\boldsymbol{\Omega}})^{-1}\boldsymbol{\Phi}_{\boldsymbol{\Omega}}^{\mathrm{H}}\boldsymbol{Y}$
步骤 4：$i = i + 1$，如果 $i < K$，返回步骤 2，否则进入步骤 5
步骤 5：$\boldsymbol{S}_{\boldsymbol{\Omega}} = (\boldsymbol{\Phi}_{\boldsymbol{\Omega}}^{\mathrm{H}}\boldsymbol{\Phi}_{\boldsymbol{\Omega}})^{-1}\boldsymbol{\Phi}_{\boldsymbol{\Omega}}^{\mathrm{H}}\boldsymbol{Y}$，其他位置元素置为 0，即 $\boldsymbol{S}_{\tilde{\boldsymbol{\Omega}}} = 0$

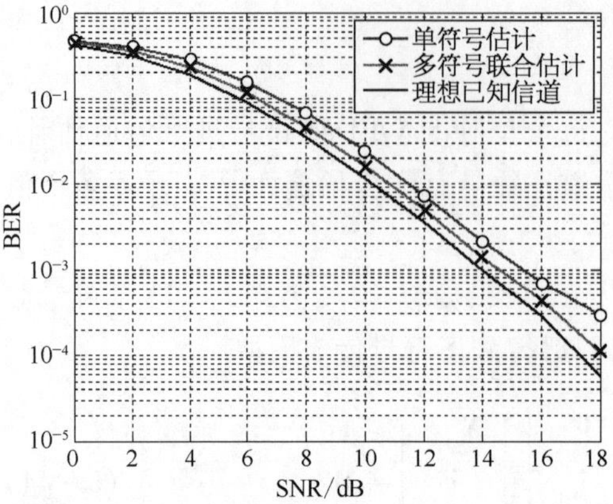

图 5－11　时变场景稀疏信道估计的 BER 曲线

图 5－11 展示了时变场景稀疏信道估计的 BER 曲线。其中，OFDM 符号子载波数 $N=512$，CP 长度 $L_{CP}=64$，联合符号数 $J=3$，单个符号的有效导频个数 $G=24$，载波频率 $f_c=3$ GHz，子载波间隔 $\Delta f=15$ kHz，用户移动速度 500 km/h，信道稀疏度 $K=6$，调制方式是正交相移键控(quadrature phase shift keying，QPSK)。

由图 5－11 可知，多符号联合估计的 BER 性能优于单符号估计，且接近理想已知信道的情况。多符号联合估计的增益主要来源于 BSOMP 算法利用了多个向量的联合块稀疏特性，能提高非零元位置的估计精度。

§ 5.4　Massive MIMO 稀疏信道估计

MIMO－OFDM 系统基带模型如图 5－12 所示。

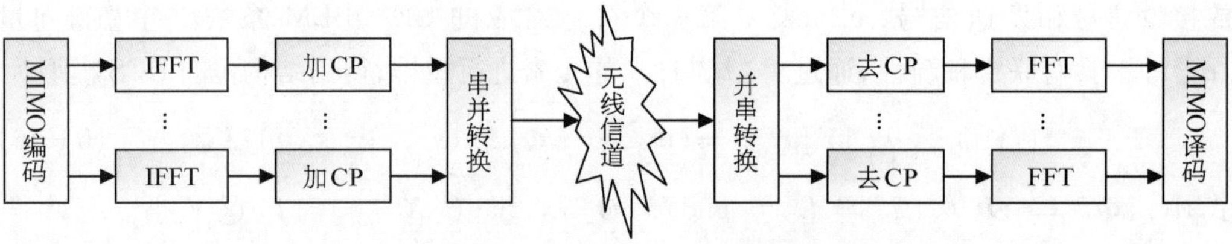

图 5－12　MIMO－OFDM 系统基带模型

假设发射天线数为 N_T，接收天线数为 N_R，OFDM 符号子载波数为 K。第 m 根发射天线与第 n 根接收天线之间的多径信道时域响应函数为

$$\boldsymbol{h}_{nm}=\sum_{l=0}^{L-1}h_{mn}(l)\delta(t-\tau_l) \tag{5-47}$$

对第 n 根接收天线，将接收信号去掉 CP 并经过快速傅里叶变换(fast Fourier transform，FFT)变换后，得到第 k $(1\leqslant k\leqslant K)$ 个子载波的接收数据为

$$Y_n(k)=\sum_{m=1}^{N_T}H_{nm}(k)X_m(k)+n_n(k) \tag{5-48}$$

式中，$X_m(k)$ 为第 m 根发射天线的第 k 个子载波数据；$n_n(k)$ 是均值为 0，方差为 σ_n^2 的高斯白噪声；$H_{nm}(k)$ 为第 m 根发射天线与第 n 根接收天线间在第 k 个子载波处的频域信道响应。

5.4.1 多天线联合信道估计

多天线有两种典型的导频模式：正交导频模式和叠加导频模式[21]。记第 m 根发射天线的非零导频位置集合为 $P^{(m)}$，正交导频模式如图 5-13(a)所示，满足 $P^{(m)} \cap P^{(n)} = \varnothing\ (1 \leqslant m, n \leqslant N_{\mathrm{T}}, m \neq n)$，且所有天线的非零导频处，其他天线不发送任何用户数据和非零导频。此时，对信道估计而言，不存在多天线干扰，因此 MIMO 信道估计可以转化为 SISO 信道估计问题。

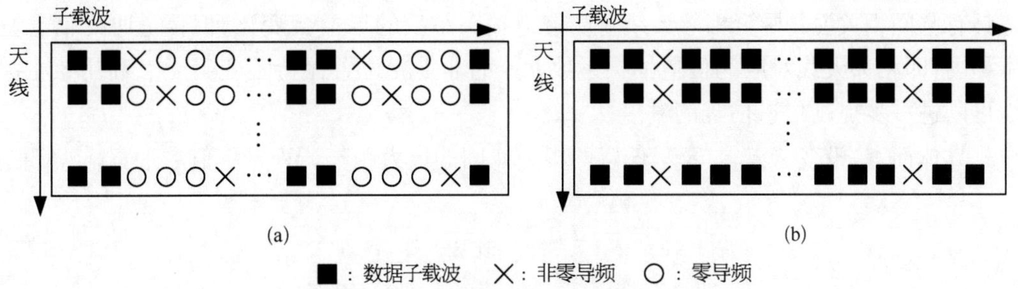

图 5-13　MIMO 系统两种典型的导频模式

由图 5-13 可知，正交导频模式对应的系统导频开销为 PN_{T}。对 Massive MIMO 系统来说，N_{T} 往往很大，导致导频开销巨大，严重降低了系统的频谱效率。叠加导频模式可以有效降低 Massive MIMO 系统的导频开销，如图 5-13(b)所示，所有天线有相同的导频位置，$P^{(m)} = P^{(n)} (1 \leqslant m, n \leqslant N_{\mathrm{T}})$，且不含零导频。此时，为了区分不同天线对应的信道参数，每根发射天线的导频值设为随机的 1，−1 序列；或者设为服从均值为 0，方差为 1 的复高斯分布。

针对叠加导频模式，假设一个 OFDM 符号有 P 个导频子载波，对应位置集合为 $P = \{k_1, k_2, \cdots, k_P\}$，则第 n 根接收天线接收到的 P 个导频符号表示为

$$\boldsymbol{Y}_n = \sum_{m=1}^{N_{\mathrm{T}}} \operatorname{diag}(\boldsymbol{X}_m) \boldsymbol{H}_{nm} + \boldsymbol{n}_n = \sum_{m=1}^{N_{\mathrm{T}}} \operatorname{diag}(\boldsymbol{X}_m) \boldsymbol{V}_{P\times L}\, \boldsymbol{h}_{nm} + \boldsymbol{n}_n \tag{5-49}$$

式中，$\boldsymbol{Y}_n = [Y_n(k_1), \cdots, Y_n(k_P)]^{\mathrm{T}}$，$\boldsymbol{X}_m = [X_m(k_1), \cdots, X_m(k_P)]^{\mathrm{T}}$，$\boldsymbol{H}_{nm} = [H_{nm}(k_1), \cdots, H_{nm}(k_P)]^{\mathrm{T}}$，$\boldsymbol{V}_{P\times L}$ 的定义见式(5-22)。定义 $\boldsymbol{h}_n = [\boldsymbol{h}_{n1}^{\mathrm{T}}, \cdots, \boldsymbol{h}_{nN_{\mathrm{T}}}^{\mathrm{T}}]^{\mathrm{T}}$，$\widetilde{\boldsymbol{X}} = [\operatorname{diag}(\boldsymbol{X}_1)\boldsymbol{V}_{P\times L}, \cdots, \operatorname{diag}(\boldsymbol{X}_{N_{\mathrm{T}}})\boldsymbol{V}_{P\times L}]$，式(5-49)可表示为

$$\boldsymbol{Y}_n = \widetilde{\boldsymbol{X}}\, \boldsymbol{h}_n + \boldsymbol{n}_n \tag{5-50}$$

考虑所有的接收天线，由式(5-50)得到

$$\boldsymbol{Y} = \boldsymbol{\Phi h} + \boldsymbol{n} \tag{5-51}$$

式中，$\boldsymbol{Y} = [\boldsymbol{Y}_1^{\mathrm{T}}, \cdots, \boldsymbol{Y}_{N_{\mathrm{R}}}^{\mathrm{T}}]^{\mathrm{T}} \in \mathbb{C}^{PN_{\mathrm{R}}\times 1}$ 是所有接收天线的接收信号，$\boldsymbol{\Phi} = \boldsymbol{I}_{N_{\mathrm{R}}} \otimes \widetilde{\boldsymbol{X}} \in \mathbb{C}^{PN_{\mathrm{R}}\times LN_{\mathrm{T}}N_{\mathrm{R}}}$，$\boldsymbol{h} = [\boldsymbol{h}_1^{\mathrm{T}}, \cdots, \boldsymbol{h}_{N_{\mathrm{R}}}^{\mathrm{T}}]^{\mathrm{T}} \in \mathbb{C}^{LN_{\mathrm{T}}N_{\mathrm{R}}\times 1}$，$\boldsymbol{n} = [\boldsymbol{n}_1^{\mathrm{T}}, \cdots, \boldsymbol{n}_{N_{\mathrm{R}}}^{\mathrm{T}}]^{\mathrm{T}} \in \mathbb{C}^{PN_{\mathrm{R}}\times 1}$。根据

式(5-51),可直接用传统 LS 方法求解无线信道响应

$$\hat{\boldsymbol{h}} = \boldsymbol{\Phi}^{\dagger}\boldsymbol{Y} \tag{5-52}$$

然而,当导频数量 $P < LN_{\mathrm{T}}$,则 $PN_{\mathrm{R}} < LN_{\mathrm{T}}N_{\mathrm{R}}$,导致式(5-51)是欠定的,无法得到有效解。

由信道在时延域的稀疏性可知,式(5-51)中,$\boldsymbol{h}$ 是稀疏向量。从而,可以将 OMP 等稀疏恢复算法用于求解 $\hat{\boldsymbol{h}}$。不同于单天线场景,Massive MIMO 场景中多天线对应的信道具有空间相关性:尽管相邻天线对应信道抽头系数的增益会变化,但信道时延信息基本相同,即相邻天线对应的信道抽头系数 $\boldsymbol{h}_{nm}$ 的非零元位置保持不变[22-23]。利用该相关性可以进一步提高信道估计的精度。

具体而言,设变量 $d_{\max}$ 表示任意两根天线间的最大距离,W 表示信号带宽,当满足

$$d_{\max} \leqslant \frac{c}{10W} \tag{5-53}$$

可以合理假设不同天线间对应的信道稀疏性不变[24]。基于多天线信道的联合稀疏性,通过置换操作易将式(5-51)中待求的稀疏向量转换成块稀疏的形式,进而利用基于块结构的 BOMP 算法[23]求解信道系数。图 5-14 展示了多天线联合信道估计的 NMSE 曲线。其中,发射天线 $N_{\mathrm{T}}=16$,接收天线 $N_{\mathrm{R}}=1$,用于信道估计的前导长度 $N=128$,CP 长度 $L_{\mathrm{CP}}=16$,信道模型为 SUI-3 信道,时延[0, 0.4, 0.9]us,增益[0, −5, −10]dB,采样率 $f_{\mathrm{s}}=10$ MHz。

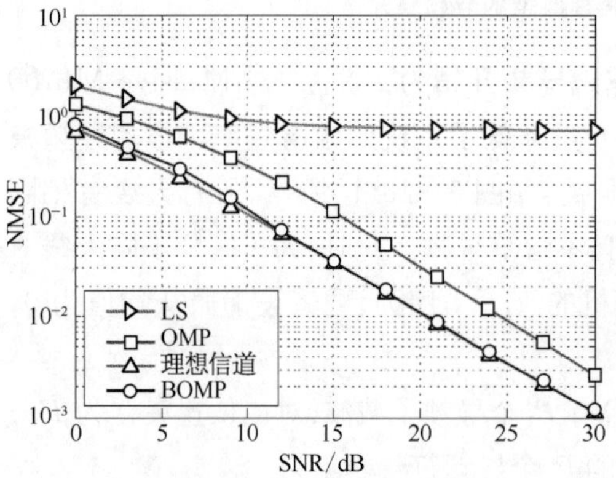

图 5-14　多天线联合信道估计 NMSE 曲线[23]

由图 5-14 可知,稀疏信道估计方案(OMP,BOMP)明显优于传统 LS 信道估计方案,BOMP 算法由于利用了多根天线对应信道的联合稀疏性,能提高非零元位置的估计精度,与 OMP 算法相比,带来了 4 dB 增益,且其性能非常接近理想已知信道的情况。

5.4.2　多天线导频优化

设计合适的导频模式能提高压缩感知的重构精度,接下来介绍多天线的导频优化方案。

针对正交导频模式,可以根据 DSO 算法得到第一根发射天线的非零导频位置 $P^{(1)}=\{k_p^{(1)}\}_{p=1}^{P}$,进而将第 m 根发射天线的非零导频位置设为

$$k_p^{(m)} = k_p^{(1)} + m - 1,\ p = 1,\ \cdots,\ P \tag{5-54}$$

注意,此方案在应用 DSO 算法求解 $P^{(1)}$ 时需要加入限制条件:相邻导频的距离要大于发射天线数。此外,可以对每根天线单独设计导频,具体方案如下。

(1) 初始化 $N^{(1)}=\{1, 2, \cdots, N\}$,通过 DSO 算法得到 $P^{(1)}=\{k_p^{(1)}\}_{p=1}^{P}$。

(2) 对 $m=2, 3, \cdots, N_{\mathrm{T}}$,更新 $N^{(m)}=\dfrac{N^{(m-1)}}{P^{(m-1)}}$,利用 DSO 算法从 $N^{(m)}$ 中得到 $P^{(m)}$。

(3) 输出 $\{P^{(m)}\}_{m=1}^{N_{\mathrm{T}}}$。

针对叠加导频模式,为消除数据子载波对测量导频子载波的干扰,本节设计 MIMO 系统的叠加导频模式如图 5-15 所示[25-26],在有效导频(非零导频)左右分别插入保护导频(零导频)。

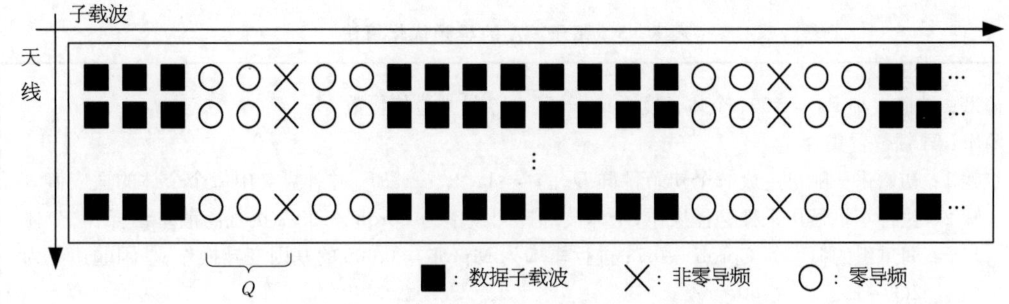

图 5-15　时变场景 MIMO 系统叠加导频模式

结合 CE-BEM,根据式(5-35)得到用户接收信号

$$\boldsymbol{Y}=\sum_{n_{\mathrm{t}}=1}^{N_{\mathrm{T}}}\left(\sum_{q=0}^{Q-1}\boldsymbol{I}_N^{\left\langle q-\frac{Q-1}{2}\right\rangle}\operatorname{diag}(\sqrt{N}\boldsymbol{V}_L\,\boldsymbol{c}_q)\right)\boldsymbol{X}^{n_{\mathrm{t}}}+\boldsymbol{\xi} \tag{5-55}$$

和 5.3.2 小节所述的解决方案类似,可以得到多天线信道估计的去耦形式,并利用多天线信道的联合稀疏性,将 BSOMP 算法用于求解 CE-BEM 系数。具体过程可以参考文献[27],此处不再赘述。该模式下,导频设计可转换成下式所示的优化问题[27]。

$$\begin{gathered}P=\arg\min_{P}\mu_B(\boldsymbol{\Phi})\\ \text{s.t. } |k_i-k_j|\geqslant 2Q-1,\ \forall i,\,j,\,i\neq j\end{gathered} \tag{5-56}$$

式中,$\mu_B(\boldsymbol{\Phi})$ 表示测量矩阵 $\boldsymbol{\Phi}$ 的块相关性。与文献[16]中用于单天线导频优化的 DSO 算法相比,式(5-56)关注测量矩阵的块相关性而非列相关性,这使得搜索量大大降低。

基于遗传算法(genetic algorithm, GA)的导频优化方案[28]能有效求解式(5-56)。通过设置种群大小、杂交概率、变异概率等,构造适应度函数,并基于优胜劣汰的原则,对导频模式进行迭代演进,在子代中逐渐寻找最优导频序列。对 GA 而言,如果将个体(又称染色体)设为导频位置 $P=\{k_1, k_2, \cdots, k_P\}$ 本身,在其演进过程中很难保证 P 中的元素彼此不同。因此，将个体定义为导频间隔集合 $D=\{d_1, d_2, \cdots, d_{P-1}\}$，其中 $d_i=k_{i+1}-k_i\ (i=1, \cdots, P-1)$。通过选择合适的 k_1，个体 D 将唯一确定导频位置集合 P。注意，过小过大的 d_i 值都会使导频位置集合产生较大的互相关值，此外 d_i 需要满足 $d_i \geqslant 2Q-1$，从而确保式(5-56)中的约束条件成立。将个体的适应值定义为

$$\text{fitness}=\begin{cases}\dfrac{1}{\mu_B(\boldsymbol{\Phi})}, \text{ if } 0.6N \leqslant k_P \leqslant N-Q+1 \\ \dfrac{1}{1\,000}, \text{ else}\end{cases} \tag{5-57}$$

设置 $k_P \geqslant 0.6N$ 是为防止导频符号过分集中在所有子载波的前半部分，而后半部分导频过少。基于 GA 的导频优化算法[29]的具体步骤如表 5-5 所示。

表 5-5　基于 GA 的导频优化算法

输入：种群大小 Ps = 100，个体长度 Len = $P-1$，最大遗传代数 Mg
输出：导频位置集合
步骤 1：初始化　随机生成一个初始种群 D_i，$i=1, 2, \cdots, Ps$，并计算其中每个个体的适应值
步骤 2：执行随机通用采样选择操作，个体被选择的概率为 Sprob = 0.9；执行离散重组操作，个体间重组的概率为 Cprob = 0.7；进行概率为 Mprob = 0.006 的基因变异操作，基因的边界为 $2Q-1 \leqslant d_i \leqslant 60$
步骤 3：计算新一代个体的适应值，用基于适应值的方法将部分新一代个体插入目前的种群
步骤 4：如果目前的遗传代数达到预先定义的最大遗传代数 Mg，则停止此算法；否则返回步骤 2

此外，块离散随机最优化(block discrete stochastic optimization, BDSO)算法也对式(5-56)所示的优化问题提出了有效的解决方案。令 $g(P)=\mu_B(\Phi)$，BDSO 算法的具体步骤如表 5-6 所示。

表 5-6　BDSO 算法

输入：迭代次数 M
输出：最优导频位置 P_M
步骤 1：随机生成导频位置 P_0 使其满足 $\lvert k_i-k_j \rvert \geqslant 2Q-1$，$\hat{P}_0 \leftarrow P_0$，$\pi[0] \leftarrow \mathbf{0}_{MN_p \times 1}$，$\pi[0, 0] \leftarrow 1$，$u \leftarrow 1$，$v \leftarrow 1$，$m \leftarrow 0$
步骤 2：随机改变 $\hat{P}_m$ 中某个导频的位置得到导频集合 $\tilde{P}_m$，使其满足 $\lvert k_i-k_j \rvert \geqslant 2Q-1$
步骤 3：若 $g(\tilde{P}_m) < g(P_m)$，则 $P_{m+1} \leftarrow \tilde{P}_m$，$u \leftarrow m+1$；否则 $P_{m+1} \leftarrow P_m$
步骤 4：$\pi[m+1] \leftarrow \pi[m]+\dfrac{\boldsymbol{r}[m+1]-\pi[m]}{m+1}$
步骤 5：若 $\pi[m+1, u] > \pi[m+1, v]$，则 $\hat{P}_{m+1} \leftarrow P_{m+1}$，$v \leftarrow u$；否则 $\hat{P}_{m+1} \leftarrow \hat{P}_m$
步骤 6：$m \leftarrow m+1$。若 $m \geqslant M$，停止迭代；否则返回步骤 2

图 5－16 描述了随着迭代次数的增加,测量矩阵块相关值的变化过程。

由图 5－16 可见,等距导频方案的块相关值等于 1;GA 算法所对应的曲线在 1 000 次迭代过程中有轻微下降,收敛速度非常慢,块相关值最终接近 0.6;而 BDSO 算法在前500 次迭代中,块相关值呈明显的下降趋势,在后 500 次迭代中,则达到了稳定状态,其最终值小于 0.1。

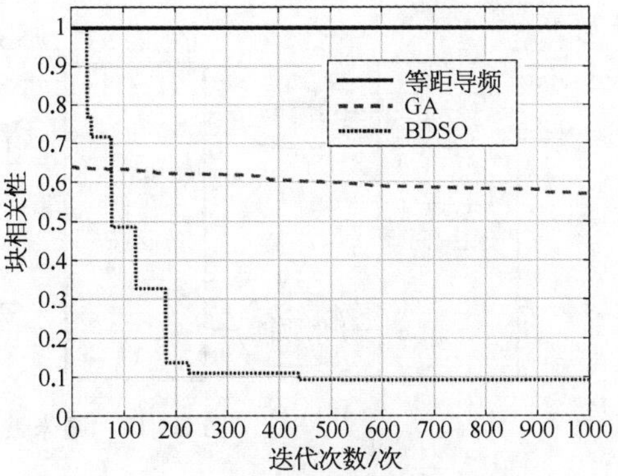

图 5－16　不同优化导频算法中块相关值的下降曲线

§5.5　毫米波稀疏信道估计

毫米波技术因其高数据传输率受到越来越多的关注,加之毫米波波长甚短,使得 Massive MIMO 易集成实现。在毫米波系统中,信道估计面临着如下诸多挑战[30]。

(1) 毫米波路径损耗大,收端的信噪比很小,从而导致信道估计误差很大。

(2) 大规模天线的引入使未知信道参数的个数大大增加。

(3) 由于在数字域测得的系数是模拟预编码矩阵和信道矩阵相乘的结果,因此无法利用传统多天线信道估计方法直接得到信道系数。

(4) 由于毫米波载频高,多普勒频移的现象会更明显[31]。

目前,关于毫米波的信道估计方法主要包括波束训练和压缩感知两类。基于波束训练的估计方法本质上是进行角度域扫描,即根据各个量化角度上的信号能量来估计离开角和到达角;基于压缩感知的估计方法采用稀疏恢复的方法来估计量化角度,并计算路径增益。

5.5.1　毫米波系统模型

为了权衡毫米波系统性能和硬件开销,学术界和工业界广泛采纳混合预编码结构[32]。混合预编码结构包括数字预编码和模拟预编码,利用少量的射频(radio frequency, RF)链支持多路数据传输。在如图 5－17 所示的毫米波多用户通信系统中,基站侧有 N_{T} 根天线和 N_{RF} 个射频链,系统有 K 个用户,每个用户有 N_{R} 根天线和单个射频链。

用户 k 的下行链路的数学模型可表示为

$$y_k = \boldsymbol{w}_k^{\mathrm{H}} \boldsymbol{H}_k \sum_{k=1}^{K} \boldsymbol{F}_{\mathrm{RF}} \boldsymbol{f}_k^{\mathrm{BB}} s_k + \boldsymbol{w}_k^{\mathrm{H}} \boldsymbol{n}_k = \boldsymbol{w}_k^{\mathrm{H}} \boldsymbol{H}_k \boldsymbol{F}_{\mathrm{RF}} \boldsymbol{F}_{\mathrm{BB}} \boldsymbol{s} + \boldsymbol{w}_k^{\mathrm{H}} \boldsymbol{n}_k \tag{5-58}$$

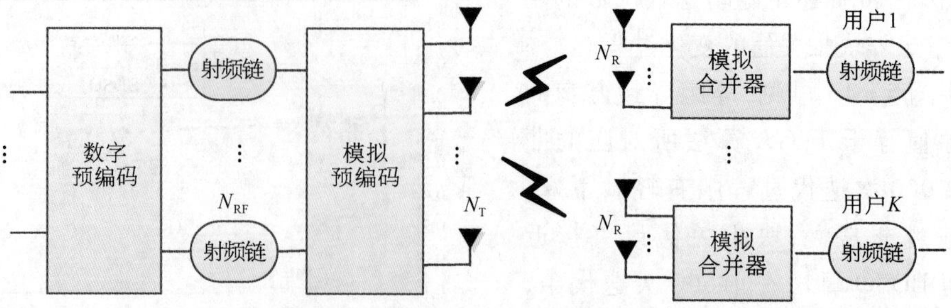

图 5-17　毫米波多用户通信系统

式中，$\boldsymbol{H}_k$ 是毫米波信道；$\boldsymbol{F}_{\mathrm{RF}}$ 是 RF 预编码矩阵；$\boldsymbol{F}_{\mathrm{BB}}=[\boldsymbol{f}_1^{\mathrm{BB}}, \cdots, \boldsymbol{f}_K^{\mathrm{BB}}]$ 是基带预编码矩阵，满足 $|[\boldsymbol{F}_{\mathrm{RF}}]_{m,n}|=\dfrac{1}{\sqrt{N_{\mathrm{T}}}}$，$\|\boldsymbol{F}_{\mathrm{RF}}\boldsymbol{F}_{\mathrm{BB}}\|_F^2=K$；$\boldsymbol{w}_k$ 是收端的合并向量；$\boldsymbol{n}_k$ 是加性高斯白噪声。

射线追踪模型是一种依据无线信道中传输路径的到达角、离开角、路径增益等参数而建立的信道模型，被广泛应用于描述毫米波信道。由于毫米波传输会受到剧烈的路径损耗影响，信道中传输路径的数量严重受限，所以只需要较少的路径参数信息即可确定毫米波模型。假设毫米波信道中有 L 条路径，第 k 个用户的射线追踪模型可表示为

$$\boldsymbol{H}_k=\sqrt{N_{\mathrm{T}}N_{\mathrm{R}}/L}\sum_{l=1}^{L}\alpha_k^l\,\boldsymbol{a}_{\mathrm{R}}(\theta_k^l)\,\boldsymbol{a}_{\mathrm{T}}^{\mathrm{H}}(\phi_k^l) \tag{5-59}$$

式中，α_k^l，θ_k^l 和 ϕ_k^l 分别表示第 l 条径的路径复增益、到达角和离开角。假设发端和收端的天线阵列都是均匀线性阵列(uniform linear array, ULA)，则天线阵列响应矢量可以表示为

$$\boldsymbol{a}_{\mathrm{R}}(\theta)=\frac{1}{\sqrt{N_{\mathrm{R}}}}\left(1,\ \mathrm{e}^{-\mathrm{j}\frac{2\pi}{\lambda}d\sin\theta},\ \cdots,\ \mathrm{e}^{-\mathrm{j}(N_{\mathrm{R}}-1)\frac{2\pi}{\lambda}d\sin\theta}\right)^{\mathrm{T}} \tag{5-60}$$

$$\boldsymbol{a}_{\mathrm{T}}(\phi)=\frac{1}{\sqrt{N_{\mathrm{T}}}}\left(1,\ \mathrm{e}^{-\mathrm{j}\frac{2\pi}{\lambda}d\sin\phi},\ \cdots,\ \mathrm{e}^{-\mathrm{j}(N_{\mathrm{T}}-1)\frac{2\pi}{\lambda}d\sin\phi}\right)^{\mathrm{T}} \tag{5-61}$$

式中，λ 是波长，d 是相邻天线的距离。可将式(5-59)表示成矩阵形式

$$\boldsymbol{H}_k=\boldsymbol{A}_{\mathrm{R},k}\,\mathrm{diag}(\boldsymbol{\alpha}_k)\boldsymbol{A}_{\mathrm{T},k}^{\mathrm{H}} \tag{5-62}$$

式中，$\boldsymbol{A}_{\mathrm{R},k}=[\boldsymbol{a}_{\mathrm{R}}(\theta_k^1), \cdots, \boldsymbol{a}_{\mathrm{R}}(\theta_k^L)]$ 是接收方向矩阵；$\boldsymbol{A}_{\mathrm{T},k}=[\boldsymbol{a}_{\mathrm{T}}(\phi_k^1), \cdots, \boldsymbol{a}_{\mathrm{T}}(\phi_k^L)]$ 是发射方向矩阵；$\boldsymbol{\alpha}_k=[\alpha_k^1, \cdots, \alpha_k^L]^{\mathrm{T}}$ 是信道增益向量。

5.5.2　毫米波波束训练

由于毫米波信道中有效路径的数量有限，一种直接而简单的信道估计方法就是利用

训练波束在角度上进行扫描，从而确定各条路径的方向。波束扫描的目的是通信双方在各自的波束码本中搜索出用于通信的最优波束对 $(p_{\text{opt}},\ q_{\text{opt}})$，即

$$(p_{\text{opt}},\ q_{\text{opt}}) = \arg\max_{p,\,q}\{\text{SNR}\} \tag{5-63}$$

假设收发两端天线阵元数分别为 N_{R} 和 N_{T}，波束总数分别为 $N_{\text{R}}^{(\text{beam})} = 2N_{\text{R}}$，$N_{\text{T}}^{(\text{beam})} = 2N_{\text{T}}$。对最基本的遍历搜索而言，通信双方进行 $4N_{\text{R}} \times N_{\text{T}}$ 次训练序列的发送后，方可确定最优波束对。

遍历搜索需要遍历整个码本空间，通信协议的开销很大，搜索效率极低。为提高搜索效率，已有的标准(IEEE 802.15.3c[33]，IEEE 802.11ad[34])均在此基础上进行了优化改进，采用的是分阶段搜索算法，即先使用宽波束搜索确定路径方向的大致范围，然后再利用窄波束提高方向估计的准确度。

IEEE 802.15.3c 标准的波束训练过程包括扇区搜索和波束搜索两个阶段。这两个阶段的区别是半波功率宽度(half power beam width，HPBW)不同。在扇区搜索阶段，发端有 $N_{\text{T}}^{(\text{sector})}$ 个波束，收端有 $N_{\text{R}}^{(\text{sector})}$ 个波束，波束较宽，覆盖了整个 360°方向。发端取 $N_{\text{T}}^{(\text{sector})}$ 个波束中的一个波束发射训练信号，收端遍历 $N_{\text{R}}^{(\text{sector})}$ 个波束接收训练信号，并计算每一对波束对应的信噪比。接下来，发端再取 $N_{\text{T}}^{(\text{sector})}$ 个波束中的另一个波束来发射信号，收端依然做同样处理，直至发端遍历完 $N_{\text{R}}^{(\text{sector})}$ 个波束。最终找出具有最大信噪比的波束对，存下这一波束对编号。随后，进入波束搜索阶段。这一阶段，发端和收端的波束数目分别为 $N_{\text{T}}^{(\text{beam})} = \dfrac{2N_{\text{T}}}{N_{\text{T}}^{(\text{sector})}}$，$N_{\text{R}}^{(\text{beam})} = \dfrac{2N_{\text{R}}}{N_{\text{R}}^{(\text{sector})}}$，收发两端在遍历最优扇区范围内的所有波束后获得最终搜索结果。由此，总搜索次数为

$$N = N_{\text{R}}^{(\text{sector})} \times N_{\text{T}}^{(\text{sector})} + \frac{4N_{\text{R}} \times N_{\text{T}}}{N_{\text{R}}^{(\text{sector})} \times N_{\text{T}}^{(\text{sector})}} \tag{5-64}$$

由式(5-64)可见，IEEE 802.15.3c 标准中的波束搜索仍然具有平方的复杂度。

基于逐步细化的搜索算法能进一步降低搜索复杂度[35]。考虑阵元数为 N_{T} 的 ULA 天线阵列，设所有天线阵元的加权因子都为 1，则对应波束的阵列响应因子为

$$A(\theta) = \sum_{m=0}^{N_{\text{T}}-1} \mathrm{e}^{\mathrm{j}\frac{2\pi}{\lambda}d\sin\theta} = \mathrm{e}^{\mathrm{j}\frac{N_{\text{T}}-1}{2}\delta}\,\frac{\sin\dfrac{M\delta}{2}}{\sin\dfrac{\delta}{2}} \tag{5-65}$$

式中，$\delta = \dfrac{2\pi}{\lambda}d\sin\theta$。令 $|A(\theta)| = 0$，可求出主瓣宽度为

$$\text{BW} = 2\arcsin\frac{\lambda}{N_{\text{T}}d} \tag{5-66}$$

从式(5-66)可以看出,主瓣宽度会随着天线阵元数增多而变窄。不同天线阵元数的对应波束如图 5-18 所示。

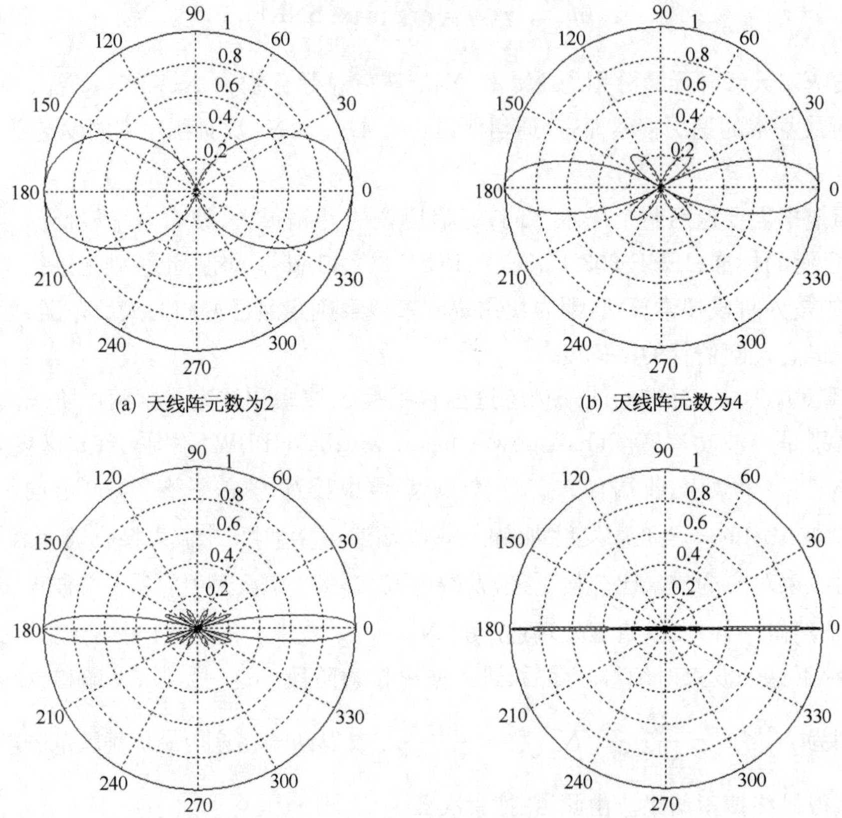

(a) 天线阵元数为2　(b) 天线阵元数为4

(c) 天线阵元数为8　(d) 天线阵元数为64

图 5-18　波束宽度示意图

可见,可以首先使用较少的天线阵元进行波束搜索,搜索结束后记录当前最优波束对 $(p^{(i)},\ q^{(i)})$ 的主瓣方向 $(\varphi^{(i)},\ \psi^{(i)})$。然后,将天线阵元数加倍,计算当前最优方向 $(\varphi^{(i)},\ \psi^{(i)})$ 上的波束编号 $(p_0^{(i)},\ q_0^{(i)})$,并以此为初始点继续搜索,得到当前最优波束对 $(p^{(i+1)},\ q^{(i+1)})$。如此迭代搜索,直至最终所有的天线阵元都得到使用,此时波束的方向分辨率达到最大。

与上述逐步细化方案类似,以下介绍一种基于多分辨率码本的多层搜索方案[36]。其基本思路是:将训练过程分成 s 个阶段,根据第 $s-1$ 阶段的测量值自适应地设计第 s 个阶段的训练预编码矩阵,逐渐缩小角度搜索范围,提高估计精度。以单用户场景为例,设发端训练矩阵为 $\boldsymbol{F}=[\boldsymbol{f}_1,\ \boldsymbol{f}_2,\ \cdots,\ \boldsymbol{f}_{M_\mathrm{T}}]\in\mathbb{C}^{N_\mathrm{T}\times M_\mathrm{T}}$,收端训练矩阵为 $\boldsymbol{W}=[\boldsymbol{w}_1,\ \boldsymbol{w}_2,\ \cdots,\ \boldsymbol{w}_{M_\mathrm{R}}]\in\mathbb{C}^{N_\mathrm{R}\times M_\mathrm{R}}$,接收数据为

$$\boldsymbol{Y}=\boldsymbol{W}^\mathrm{H}\boldsymbol{H}\boldsymbol{F}+\boldsymbol{Q}\in\mathbb{C}^{M_\mathrm{R}\times M_\mathrm{T}} \tag{5-67}$$

式中，$\boldsymbol{Q} \in \mathbb{C}^{M_R \times M_T}$ 表示噪声。对式(5-67)进行向量化处理，得到

$$\begin{aligned} \boldsymbol{y}_v &= \mathrm{vec}(\boldsymbol{W}^{H}\boldsymbol{H}\boldsymbol{F}) + \mathrm{vec}(\boldsymbol{Q}) \\ &= (\boldsymbol{F}^{T} \otimes \boldsymbol{W}^{H})\mathrm{vec}(\boldsymbol{H}) + \boldsymbol{n}_Q \\ &= (\boldsymbol{F}^{T} \otimes \boldsymbol{W}^{H})(\boldsymbol{A}_T^{*} \circ \boldsymbol{A}_R)\boldsymbol{\alpha} + \boldsymbol{n}_Q \end{aligned} \tag{5-68}$$

式中，$\boldsymbol{y}_v = \mathrm{vec}(\boldsymbol{Y})$；$(\boldsymbol{A}_T^{*} \circ \boldsymbol{A}_R)$ 是维度为 $N_T N_R \times L$ 的矩阵，第 l 列为 $\boldsymbol{a}_T^{*}(\phi_l) \otimes \boldsymbol{a}_R(\theta_l)$。取量化阶数 G_T 和 G_R，对 AoA 和 AoD 进行量化。

$$\bar{\phi}_u = \frac{2\pi u}{G_T},\ u = 1,\ 2,\ \cdots,\ G_T \tag{5-69}$$

$$\bar{\theta}_v = \frac{2\pi v}{G_R},\ v = 1,\ 2,\ \cdots,\ G_R \tag{5-70}$$

从而将式(5-68)改写成

$$\boldsymbol{y}_v = (\boldsymbol{F}^{T} \otimes \boldsymbol{W}^{H})\boldsymbol{A}_D \boldsymbol{z} + \boldsymbol{n}_Q \tag{5-71}$$

式中，$\boldsymbol{A}_D = (\bar{\boldsymbol{A}}_T^{*} \otimes \bar{\boldsymbol{A}}_R) \in \mathbb{C}^{N_T N_R \times G_T G_R}$，表示量化字典，$\bar{\boldsymbol{A}}_T = [\boldsymbol{a}_T(\bar{\phi}_1),\ \cdots,\ \boldsymbol{a}_T(\bar{\phi}_{G_T})]$，$\bar{\boldsymbol{A}}_R = [\boldsymbol{a}_R(\bar{\theta}_1),\ \cdots,\ \boldsymbol{a}_R(\bar{\theta}_{G_R})]$；向量 $\boldsymbol{z}$ 表示量化角度对应的增益。

训练过程 S 个阶段的每个阶段输出为

$$\begin{aligned} \boldsymbol{y}_{(1)} &= (\boldsymbol{F}_{(1)}^{T} \otimes \boldsymbol{W}_{(1)}^{H})\boldsymbol{A}_D \boldsymbol{z} + \boldsymbol{n}_{(1)} \\ &\vdots \\ \boldsymbol{y}_{(S)} &= (\boldsymbol{F}_{(S)}^{T} \otimes \boldsymbol{W}_{(S)}^{H})\boldsymbol{A}_D \boldsymbol{z} + \boldsymbol{n}_{(S)} \end{aligned} \tag{5-72}$$

第 s 阶段的训练预编码矩阵 $\boldsymbol{F}_{(s)}$ 和合并矩阵 $\boldsymbol{W}_{(s)}$ 取决于之前阶段的输出 $(\boldsymbol{y}_{(1)},\ \boldsymbol{y}_{(2)},\ \cdots,\ \boldsymbol{y}_{(s-1)})$。具体来说，首先把 AoA/AoD 范围分割成若干个区间，设计第一阶段的训练预编码矩阵 $\boldsymbol{F}_{(1)}$ 和合并矩阵 $\boldsymbol{W}_{(1)}$ 来感知这些区间，接收信号 $\boldsymbol{y}_{(1)}$ 用来确定极有可能含有非零元的区间；在下一阶段，含有非零元的区间又被分割成更小的区间，用新的训练预编码矩阵和合并矩阵感知新的非零区间，直至达到 AoA/AoD 所需的分辨率。由此可见，码本的设计是多层搜索的关键。

图 5-19 给出了多层码本结构的示例。第 s 层中，波束形成矢量被分成 K^{s-1} 个子集 $(K=2)$，每个子集有 K 个矢量。对于第 s 层第 k 个子集，设计码本使得每个波束形成矢量在 $\boldsymbol{a}_T(\bar{\phi}_u)(u \in I_{(s,k,m)})$ 上的投影相等，而在其他矢量上的投影为零，即

$$[\boldsymbol{F}_{(s,k)}]_{:,m}^{H}\boldsymbol{a}_T(\bar{\phi}_u) = \begin{cases} C_s, & u \in I_{(s,k,m)} \\ 0, & u \notin I_{(s,k,m)} \end{cases} \tag{5-73}$$

式中，

$$I_{(s,k,m)} = \left\{\frac{G_T}{K^s}(K(k-1)+m-1)+1,\ \cdots,\ \frac{G_T}{K^s}(K(k-1)+m)\right\} \tag{5-74}$$

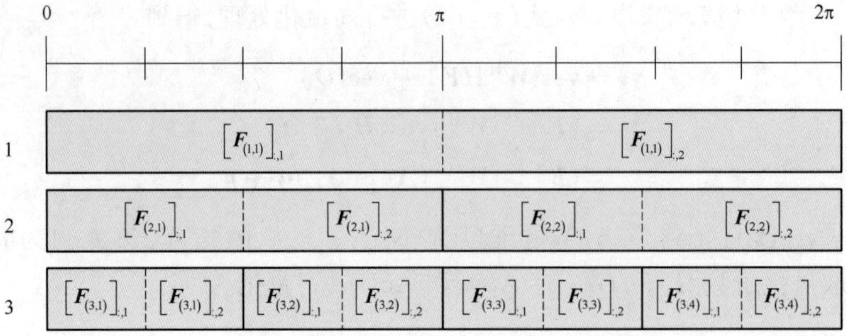

图 5－19　多层搜索码本示例

例如，设 $G_{\mathrm{T}}=256$，图 5－19 中的向量 $[\boldsymbol{F}_{(2,1)}]_{:,1}$ 在 $\boldsymbol{a}_{\mathrm{T}}(\bar{\phi}_u)\left\{\bar{\phi}_u=0, \cdots, 2\pi\times\frac{63}{256}\right\}$ 上的投影为常量，在其他方向上的投影为 0。

利用上述类似方案设计收端的分层码本 W。基于分层码本 F 和 W，单径场景中分层搜索算法的具体步骤如表 5－7 所示。

表 5－7　分层搜索信道估计算法

输入：S, K, F, W

初始化 $k_1^{\mathrm{T}}=1, k_1^{\mathrm{R}}=1$

步骤 1：**for** $s\leqslant S$ **do**

步骤 2：　对于所有 $1\leqslant m_{\mathrm{T}}\leqslant K$，$1\leqslant m_{\mathrm{R}}\leqslant K$，测量 $\boldsymbol{y}_{m_{\mathrm{T}}}=[\boldsymbol{W}_{(s,k_s^{\mathrm{R}})}]\boldsymbol{H}[\boldsymbol{F}_{(s,k_s^{\mathrm{T}})}]_{:,m_{\mathrm{T}}}+\boldsymbol{n}_{m_{\mathrm{T}}}$

步骤 3：　$\mathbf{Y}_{(s)}=[\mathbf{y}_1, \mathbf{y}_2, \cdots, \mathbf{y}_K]$，$(m_{\mathrm{T}}^*, m_{\mathrm{R}}^*)=\operatorname{argmax}[\mathbf{Y}_{(s)}\odot\mathbf{Y}_{(s)}^*]_{m_{\mathrm{T}}, m_{\mathrm{R}}}$

步骤 4：　$k_{s+1}^{\mathrm{T}}=K(m_{\mathrm{T}}^*-1)+1$，$k_{s+1}^{\mathrm{R}}=K(m_{\mathrm{R}}^*-1)+1$

步骤 5：**end**

输出估计角度 $\hat{\phi}=\bar{\phi}_{k_{S+1}^{\mathrm{T}}}$，$\hat{\theta}=\bar{\theta}_{k_{S+1}^{\mathrm{R}}}$

上述迭代过程中，波束越来越窄，分辨率越来越高，达到期望分辨率时即可输出估计的 AoA 和 AoD。

5.5.3　基于压缩感知的毫米波信道估计

在毫米波系统中，剧烈的路径损耗会严重限制无线信道有效路径的数量，从而导致毫米波信道在角度域表现出明显的稀疏性。设计合理的稀疏信道估计方案能有效降低毫米波系统的导频开销，提高信道估计精度，对毫米波系统具有重大意义。

对用户 k 而言，连续 M 个测量值记为 $\boldsymbol{y}_k=(y_{k,1}, \cdots, y_{k,M})^{\mathrm{T}}$，将式(5－71)改写为

$$\begin{aligned}\boldsymbol{y}_k&=\begin{bmatrix}\boldsymbol{p}_1^{\mathrm{T}}\otimes\boldsymbol{w}_{k,1}^{\mathrm{H}}\\ \vdots\\ \boldsymbol{p}_M^{\mathrm{T}}\otimes\boldsymbol{w}_{k,M}^{\mathrm{H}}\end{bmatrix}\mathbf{A}_{\mathrm{D}}\boldsymbol{z}+\boldsymbol{n}\\&=\boldsymbol{\Phi}\boldsymbol{z}+\boldsymbol{n}\end{aligned}\tag{5-75}$$

式中，$\boldsymbol{p}_m$ 和 $\boldsymbol{w}_{k,m}$ 分别为第 m 时刻的发端预编码向量和收端合并向量，$\boldsymbol{p}_m=\boldsymbol{F}_{\mathrm{RF},m}\boldsymbol{F}_{\mathrm{BB},m}\boldsymbol{s}_m$，$\boldsymbol{F}_{\mathrm{RF},m}$ 和 $\boldsymbol{F}_{BB,m}$ 分别表示第 m 时刻的模拟预编码矩阵和数字预编码矩阵，$\boldsymbol{s}_m$ 是发送信号向量；$\boldsymbol{w}_{k,m}$ 代表用户 k 在第 m 时刻对应的模拟合并向量；$\boldsymbol{\Phi}\in\mathbb{C}^{M\times G_{\mathrm{T}}G_{\mathrm{R}}}$ 是测量矩阵。忽略量化误差，向量 $\boldsymbol{z}$ 中有 L 个非零元，对应量化角度的增益。由于毫米波衰减大，实际传输中，能量大的传输路径很少，从而 $L\ll G_{\mathrm{T}}G_{\mathrm{R}}$，$\boldsymbol{z}$ 是一个稀疏向量。可以直接用 OMP 算法求解式(5－75)的系数 $\boldsymbol{z}$，并根据 $\boldsymbol{z}$ 的非零元位置确定量化角度。

由于毫米波衰减大，收端信噪比低，为提高估计精度，可以先粗估计角度，根据估计的角度设计有效预编码来提高收端信噪比，再进一步精细估计。该过程可以描述如下。

(1) 收发端生成随机预编码向量和合并向量，收端选出 $\boldsymbol{\Phi}$ 中与 $\boldsymbol{y}_k$ 最相关的 $L_s(L_s\geqslant L)$ 列的支撑集

$$I=\arg\max_{I:|I|=L_s}\sum_{i\in I}|\boldsymbol{\Phi}^{\mathrm{H}}\boldsymbol{y}_k|^2 \tag{5-76}$$

收端将 I 反馈给发端。

(2) 发端根据 I 确定粗估计的角度 $\{\hat{\phi}_1,\cdots,\hat{\phi}_{L_s}\}$ 和 $\{\hat{\theta}_1,\cdots,\hat{\theta}_{L_s}\}$，针对 $m=1,\cdots,L_s$，设计最优预编码 $\boldsymbol{p}_m=\boldsymbol{a}_{\mathrm{T}}(\hat{\phi}_m)$，$\boldsymbol{w}_m=\boldsymbol{a}_{\mathrm{R}}(\hat{\phi}_m)$，收端根据新的 $\boldsymbol{y}_k$ 确定精确的方向角。

$$\Lambda=\{I(l)\mid l\in S,\ S=\arg\max_{S:|S|=L}\sum_{i\in S}|\boldsymbol{y}_k(i)|^2\} \tag{5-77}$$

考虑时变场景，接下来介绍一种针对毫米波多用户 MIMO 系统的时变信道估计方案[37-38]。图 5－20 给出了一种新的毫米波下行帧结构，包括角度估计阶段、增益估计阶段和数据传输阶段。采样周期为 T_s，M_{A} 表示角度训练的符号数，M_{P} 和 M_{D} 表示 1 时隙内增益训练的符号数和数据传输的符号数。

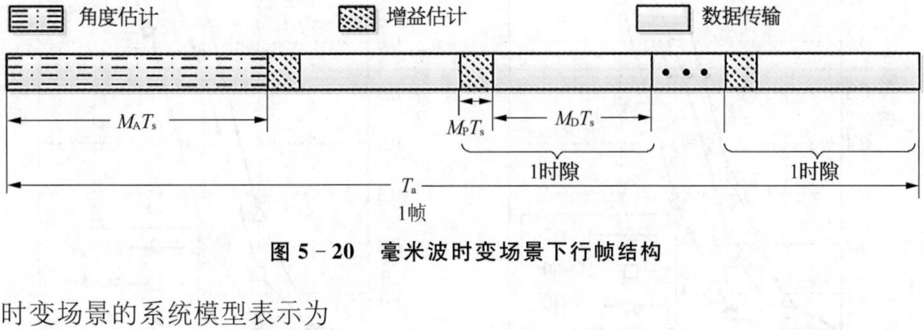

图 5－20　毫米波时变场景下行帧结构

时变场景的系统模型表示为

$$\boldsymbol{y}_k=\begin{pmatrix}\boldsymbol{\tau}_{k,1} & \boldsymbol{0} & \cdots & \boldsymbol{0}\\ \boldsymbol{0} & \boldsymbol{\tau}_{k,2} & \cdots & \boldsymbol{0}\\ \vdots & \vdots & \ddots & \vdots\\ \boldsymbol{0} & \boldsymbol{0} & \cdots & \boldsymbol{\tau}_{k,M}\end{pmatrix}\begin{pmatrix}\boldsymbol{z}_{k,1}\\ \boldsymbol{z}_{k,2}\\ \vdots\\ \boldsymbol{z}_{k,M}\end{pmatrix}+\boldsymbol{n} \tag{5-78}$$

式中，$\boldsymbol{\tau}_{k,m}=(\boldsymbol{p}_m^{\mathrm{T}}\otimes\boldsymbol{w}_{k,m}^{\mathrm{H}})(\bar{\boldsymbol{A}}_{\mathrm{T}}^*\otimes\bar{\boldsymbol{A}}_{\mathrm{R}})$，$\boldsymbol{z}_{k,m}$ 表示用户 k 在第 m 时刻对应的信道增益。

为利用 $\{\boldsymbol{z}_{k,m}\}_{m=1}^{M}$ 的联合稀疏性,变换式(5-78),得到式(5-79)所示的等效模型。

$$\boldsymbol{y}_k = \underbrace{\begin{bmatrix} \boldsymbol{\tau}_{k,1} & \boldsymbol{0} & \cdots & \boldsymbol{0} \\ \boldsymbol{0} & \boldsymbol{\tau}_{k,2} & \cdots & \boldsymbol{0} \\ \vdots & \vdots & \ddots & \vdots \\ \boldsymbol{0} & \boldsymbol{0} & \cdots & \boldsymbol{\tau}_{k,M} \end{bmatrix} \boldsymbol{P}}_{\boldsymbol{\Phi}} \underbrace{\boldsymbol{P}^{\mathrm{T}} \begin{bmatrix} \boldsymbol{z}_{k,1} \\ \boldsymbol{z}_{k,2} \\ \vdots \\ \boldsymbol{z}_{k,M} \end{bmatrix}}_{\boldsymbol{c}} + \boldsymbol{n} \tag{5-79}$$

式中,$\boldsymbol{P}=[\boldsymbol{P}_1, \boldsymbol{P}_2, \cdots, \boldsymbol{P}_G]$, $G=G_{\mathrm{T}}G_{\mathrm{R}}$, $\boldsymbol{P}_i=[\boldsymbol{e}_i^{MG}, \boldsymbol{e}_{G+i}^{MG}, \cdots, \boldsymbol{e}_{(M-1)G+i}^{MG}]$ $(1 \leqslant i \leqslant G)$, $\boldsymbol{e}_i^{MG}$ 表示 $MG \times MG$ 维单位矩阵的第 i 列;$\boldsymbol{\Phi}$ 是测量矩阵;$\boldsymbol{c}$ 是块稀疏向量。对式(5-79)所示的模型来说,通过基扩展模型对时变信道建模,可以进一步减少未知参数的个数,进而通过压缩感知贪婪算法求解 $\hat{L}_k$、$\hat{\theta}_k^l$ 和 $\hat{\phi}_k^l(1 \leqslant l \leqslant \hat{L}_k)$。基于估计的 AoA 和 AoD,设计数字预编码和模拟预编码来提高收端信噪比,进一步利用 LS 算法计算路径增益。具体算法参见文献[38],此处不再赘述。

图 5-21 展示了时变场景下 AoA/AoD 正确恢复概率。图 5-22 展示了时变场景下不同信道估计方案的 NMSE 曲线,仿真的信道估计方案包括 LS 算法、OMP-MTC 算法、BOMP 算法、自适应角度估计(adaptive angle estimation, AAE)算法等。系统参数设为发射天线 $N_{\mathrm{T}}=16$,接收天线 $N_{\mathrm{R}}=8$,发端射频链数 $N_{\mathrm{RF}}=4$,载波频率 $f_{\mathrm{c}}=28\ \mathrm{GHz}$,用户移动速度 120 km/h,信道稀疏度 $K=3$。

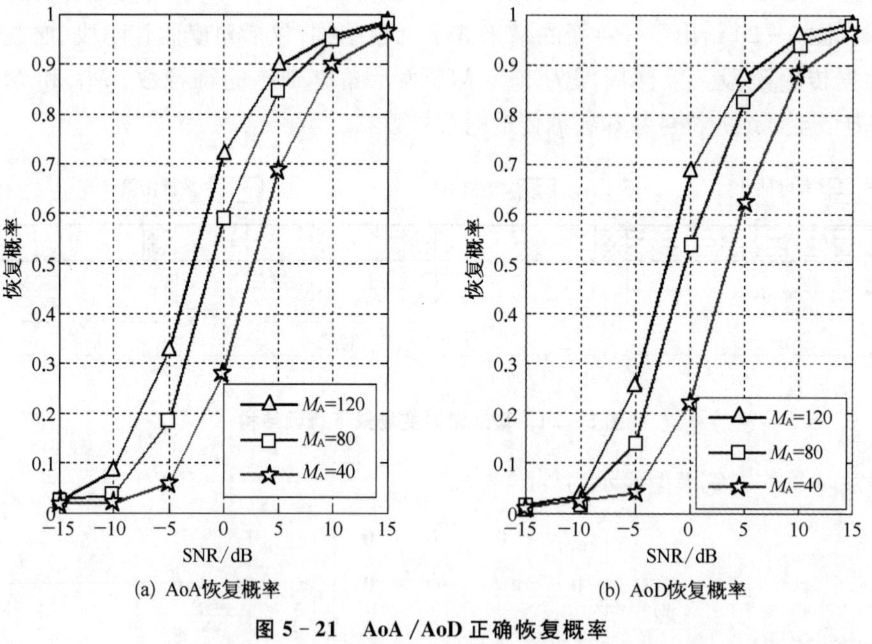

图 5-21　AoA/AoD 正确恢复概率

由图 5-21 可知,角度训练的符号数较多时,稀疏估计方案能有效恢复到达角和离开角。由图 5-22 可知,稀疏信道估计方案(OMP-MTC,BOMP,AAE)性能明显优于传

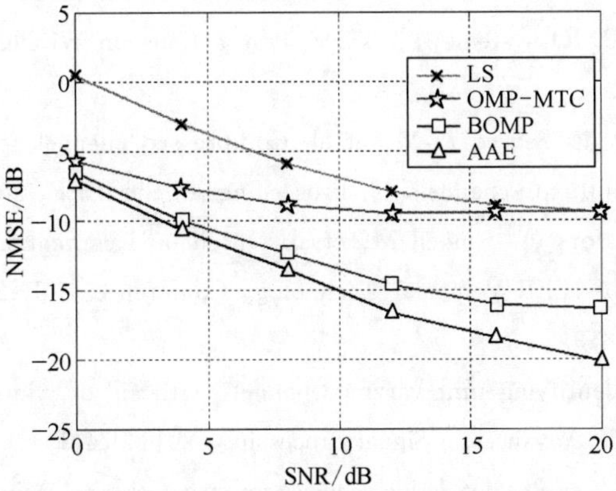

图5-22　毫米波时变信道估计算法的NMSE曲线

统LS信道估计方案,特别是AAE算法能根据上一次迭代的结果自适应缩小角度搜索范围,提高角度估计的精度。

§5.6　小结

本章综述了稀疏信道估计的研究现状。传统的LS,MMSE等信道估计方案对丰富多径信道来说是最优的。然而,越来越多的物理测量和实验数据表明,随着信号带宽和符号持续时间增大,发射接收天线数量增多,无线信道在时延-多普勒-角度空间的稀疏性越明显。稀疏信道估计方案能有效解决Massive MIMO系统信道参数过多、毫米波系统路径衰减过大等问题。此外,挖掘多符号多天线对应信道的联合稀疏性能进一步提高估计性能。仿真结果表明,稀疏信道估计方案的性能明显优于传统信道估计方案,能有效降低系统导频开销,提高信道估计精度。本章还关注了导频优化设计问题,对密集多径而言,均匀分布的导频往往具有最佳性能;然而,对稀疏信道估计而言,随机分布的导频却表现出更佳性能,实际应用中,可以通过最小化测量矩阵的相关值搜索最优导频位置,从而获得更高的恢复精度。

参考文献

[1] Ozdemir M K, Arslan H. Channel estimation for wireless OFDM systems[J]. IEEE Communications Surveys and Tutorials, 2007, 9(2): 18-48.

[2] Cho Y S, Kim J, Yang W Y, et al. MIMO-OFDM wireless communications with MATLAB[M]. Singapore: John Wiley & Sons (Asia) Pte Ltd, 2010.

[3] Huang L, Ho C, Bergmans J W M, et al. Pilot aided angle-domain channel estimation techniques for MIMO-OFDM systems[J]. IEEE Transactions on Vehicular Technology, 2008, 57(2): 906-920.

[4] Fang J, Li X, Li H, et al. Low-rank covariance-assisted downlink training and channel estimation for FDD massive MIMO systems[J]. IEEE Transactions on Wireless Communications, 2017, 16(3): 1935 - 1947.

[5] Bajwa W U, Haupt J, Sayeed A M, et al. Compressed channel sensing: a new approach to estimating sparse multipath channels[J]. Proceedings of the IEEE, 2010, 98(6): 1058 - 1076.

[6] van de Beek J-J, Edfors O, Sandell M, et al. On channel estimation in OFDM systems[C]// IEEE. Proceedings of IEEE Vehicular Technology Conference, July 25 - 28, 1995. New York: IEEE, 1995: 815 - 819.

[7] Tang Z, Leus G. Identifying time-varying channels with aid of pilots for MIMO - OFDM[J]. EURASIP Journal on Advances in Signal Processing, 2011, 74(1): 1 - 19.

[8] Qi C, Yue G, Wu L, et al. Pilot design schemes for sparse channel estimation in OFDM systems[J]. IEEE Transactions on Vehicular Technology, 2015, 64(4): 1493 - 1505.

[9] Qi C, Wu L. A study of deterministic pilot allocation for sparse channel estimation in OFDM systems[J]. IEEE Communications Letters, 2012, 16(5): 742 - 744.

[10] Xia P, Zhou S, Giannakis G B. Achieving the Welch bound with difference sets[J]. IEEE Transactions on Information Theory, 2005, 51(5): 1900 - 1907.

[11] Gordon D. Difference Sets Repository[EB/OL]. (2012 - 02) [2019 - 01]. https://www.dmgordon.org/diffset/.

[12] Qi C, Wu L. Optimized pilot placement for sparse channel estimation in OFDM systems[J]. IEEE Signal Processing Letters, 2011, 18(12): 749 - 752.

[13] 李素月. 多天线宽带无线通信系统低复杂度信道估计和均衡技术研究[D]. 上海: 上海交通大学,2013.

[14] 张弦. 基于压缩感知的多维联合动态稀疏信道估计方法的研究[D]. 上海: 上海交通大学,2018.

[15] Tang Z, Cannizzaro R C, Leus G, et al. Pilot-assisted time varying channel estimation for OFDM systems[J]. IEEE Transactions on Signal Processing, 2007, 55(5): 2226 - 2238.

[16] Cheng P, Chen Z, Rui Y, et al. Channel estimation for OFDM systems over doubly selective channels: a distributed compressive sensing based approach[J]. IEEE Transactions on Communications, 2013, 61(10): 4173 - 4185.

[17] Zemen T, Mecklenbrauker C F. Time-variant channel estimation using discrete prolate spheroidal sequences[J]. IEEE Transactions on Signal Processing, 2005, 53(9): 3597 - 3607.

[18] Gao Z, Zhang C, Wang Z, et al. Priori-information aided iterative hard threshold: a low-complexity high-accuracy compressive sensing based channel estimation for TDS - OFDM[J]. IEEE Transactions on Wireless Communications, 2015, 14(1): 242 - 251.

[19] Qin Q, Gong B, Gui L, et al. Structured distributed sparse channel estimation for high mobility OFDM systems[C]// IEEE. Proceedings of IEEE High Mobility Wireless Communication, October 21 - 23, 2015. New York: IEEE, 2015: 56 - 60.

[20] Qin Q, Gui L, Gong B, et al. Structured distributed compressive channel estimation over doubly selective channels[J]. IEEE Transactions on Broadcasting, 2016, 62(3): 521 - 531.

[21] Gao Z, Dai L, Wang Z. Structured compressive sensing based superimposed pilot design in downlink large-scale MIMO systems[J]. Electronics Letters, 2014, 50(12): 896 - 898.
[22] Ding W, Yang F, Dai W, et al. Time-Frequency joint sparse channel estimation for MIMO - OFDM systems[J]. IEEE Communications Letters, 2015, 19(1): 58 - 61.
[23] Hou W, Lim C W. Structured compressive channel estimation for large-scale MISO - OFDM systems[J]. IEEE Communications Letters, 2014, 18(5): 765 - 768.
[24] Nan Y, Zhang L, Sun X. Efficient downlink channel estimation scheme based on block-structured compressive sensing for TDD massive MU - MIMO systems[J]. IEEE Wireless Communications Letters, 2015, 4(4): 345 - 348.
[25] 宫博. 基于压缩感知的无线通信关键技术研究[D]. 上海: 上海交通大学,2018.
[26] Qin Q, Gui L, Gong B, et al. Sparse channel estimation for massive MIMO - OFDM systems over time-varying channels[J]. IEEE Access, 2018, 6: 33740 - 33751.
[27] Gong B, Gui L, Qin Q, et al. Block distributed compressive sensing based doubly selective channel estimation and pilot design for large-scale MIMO systems[J]. IEEE Transactions on Vehicular Technology, 2017, 66(10): 9149 - 9161.
[28] He X, Song R, Zhu W P. Pilot allocation for sparse channel estimation in MIMO - OFDM systems[J]. IEEE Transactions on Circuits and Systems, 2013, 60(9): 612 - 616.
[29] He X, Song R, Zhu W P. Pilot allocation for distributed compressed sensing based sparse channel estimation in MIMO - OFDM systems[J]. IEEE Transactions on Vehicular Technology, 2016, 65(5): 2990 - 3004.
[30] Heath R W, Gonzlez-Prelcic N, Rangan S, et al. An overview of signal processing techniques for millimeter wave MIMO systems[J]. IEEE Journal on Selected Topics in Signal Processing, 2016, 10(3): 436 - 453.
[31] Swindlehurst A L, Ayanoglu E, Heydari P, et al. Millimeter-wave massive MIMO: the next wireless revolution[J]. IEEE Communications Magazine, 2014, 52(9): 56 - 62.
[32] Ayach O E, Rajagopal S, Abu-Surra S, et al. Spatially sparse precoding in millimeter wave MIMO systems[J]. IEEE Transactions on Wireless Communications, 2014, 13(3): 1499 - 1513.
[33] James P K. IEEE standards 802.15.3cTM part 15.3: wireless medium access control (MAC) and physical layer (PHY) specifications for high rate wireless personal area networks (WPANs) amendment 2: millimeter-wave-based alternative physical layer extension[S]. New York: IEEE Computer Society, 2009.
[34] Cordeiro C. IEEE P802.11ad TM/D0.1part 11: wireless LAN medium access control (MAC) and physical layer (PHY) specifications-amendment 6: enhancements for very high throughput in the 60 GHz band[S]. New York: IEEE 802.11 Committee of the IEEE Computer Society, 2010.
[35] 邹卫霞,杜光龙,李斌,等. 60 GHz 毫米波通信中一种新的波束搜索算法[J]. 电子与信息学报, 2012,34(3): 683 - 688.
[36] Alkhateeb A, Ayach O E, Leus G, et al. Channel estimation and hybrid precoding for millimeter wave cellular systems[J]. IEEE Journal on Selected Topics in Signal Processing, 2014, 8(5):

831 - 846.

[37] Qin Q, Gui L, Gong B, et al. Compressive sensing based time-varying channel estimation for millimeter wave systems [C] // IEEE. Proceedings of IEEE International Symposium on Broadband Multimedia Systems and Broadcasting, June 7 - 9, 2017. New York: IEEE, 2017: 1 - 6.

[38] Qin Q, Gui L, Cheng P, et al. Time-varying channel estimation for millimeter wave multi-user MIMO systems[J]. IEEE Transactions on Vehicular Technology, 2018, 67(10): 9435 - 9448.

第6章 稀疏信号处理在空间调制中的应用

随着无线通信技术的迅速发展与广泛应用,人们在追求高数据传输速率和频谱效率的同时,开始逐步关注系统的能量效率。空间调制是一种新的多天线传输技术,通过天线的不同激活状态来传输空间信息,能够有效避免天线间干扰(inter-antenna interference, IAI)和天线间同步(inter-antenna synchronization, IAS)问题。空间调制系统实现简单、设计灵活,能够在保证频谱效率的同时极大提高能量效率[1]。系统中部分激活的天线带来的稀疏性为稀疏信号处理的应用带来可能。

§6.1 空间调制技术基本原理

空间调制系统在任意时刻只激活一根发送天线。其一部分信息比特映射到空间域,用来选择需要激活的天线序列;另一部分信息比特通过传统的星座图,选择需要发送的调制符号。这种调制机制可以在保持射频链路不变的情况下,通过扩大天线规模来增加吞吐量,有效保证系统的传输速率和 BER 性能。

6.1.1 空间调制系统模型及其稀疏特性

图 6-1 描述了空间调制系统结构,并对其优势进行了梳理总结。

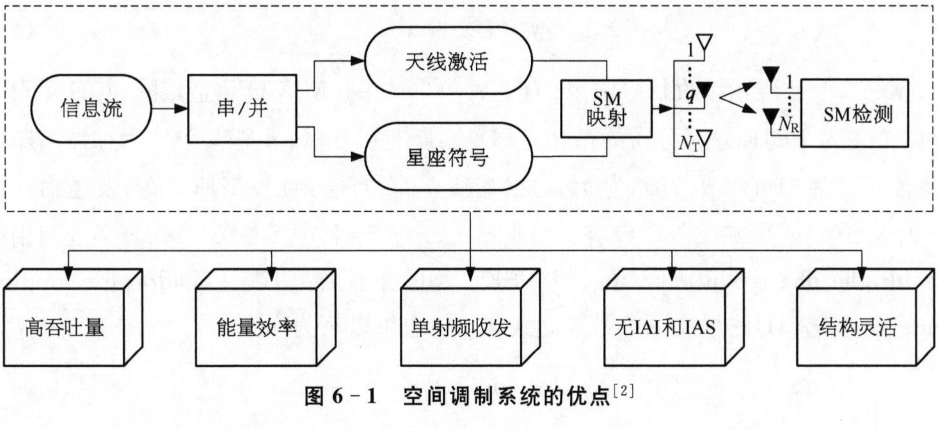

图 6-1 空间调制系统的优点[2]

空间调制与传统 MIMO 调制技术最大的不同在于,前者的发送天线中大部分未参与实际传输,而是以天线选择的形式隐含在空间信息中。其调制方式可以看成一个三维的星座图：传统的二维(实域、虚域)星座图调制,加上由空间调制引入的天线序列选择的第三个维度。图 6-1 显示由 N_T 根发送天线和 N_R 根接收天线组成的通用系统模型。以 $N_T=4$ 和 QPSK 调制(调制阶数 $M=4$) 的空间调制系统为例,图 6-2 直观展示了其比特流的映射和三维星座图的编码机制。

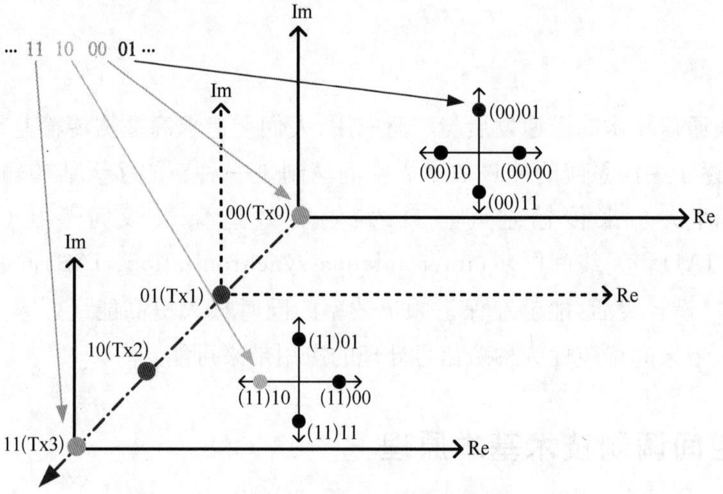

图 6-2　空间调制三维星座图编码原理图[1]

该系统的数据传输速率为 $R_{SM}=\log_2 M+\log_2 N_T=4$ bpcu (bit perchannel use),即信息流以每次 4 bit 为一块来处理编码。图 6-2 中,第一个待编码比特块为“1110”,前 $\log_2 N_T=2$ bit“11”决定了激活的发送天线序列(Tx3),后 $\log_2 M=2$ bit “10”决定了传输的 QPSK 符号为(-1)。同理,第二个比特块决定了在天线序列(Tx0)上发送调制符号$(+1j)$。图 6-2 中点划线所示的第三个维度被称为“空域星座图”。

考虑频率平坦衰落信道,空间调制系统模型如下式所示。

$$\boldsymbol{y}=\boldsymbol{H}\boldsymbol{x}+\boldsymbol{n} \tag{6-1}$$

式中, $\boldsymbol{y}\in\mathbb{C}^{N_R\times 1}$ 表示接收信号向量; $\boldsymbol{H}\in\mathbb{C}^{N_R\times N_T}$ 表示 MIMO 信道矩阵,其各元素是均值为 0,方差为 1 的独立同分布的循环对称复高斯随机变量; $\boldsymbol{n}\in\mathbb{C}^{N_R\times 1}$ 为加性高斯白噪声,其各元素为均值为 0,方差为 σ^2 的相互独立的循环对称复高斯分布;发送信号 $\boldsymbol{x}=[\cdots, 0, s_i, 0, \cdots]^T\in\mathbb{C}^{N_T\times 1}$ 仅有 1 个非零元 $s_i\in S$,其中 $S\in\mathbb{C}^{1\times 1}$ 代表多进制相移键控(multiple phase shift keying, MPSK)/正交振幅调制(quadrature amplitude modulation, QAM)的星座图符号集。式(6-1)也可以写为

$$\boldsymbol{y}=\boldsymbol{h}_i s_i+\boldsymbol{n} \tag{6-2}$$

式中，$\boldsymbol{h}_i$ 表示信道矩阵的第 i 列对应向量。

当 $N_T=1$ 时，空间调制系统即退化成传统的单天线通信系统，信息比特仅由"信号星座图"来调制编码，在此情况下，传输速率为 $R_0=\log_2 M$。另一方面，当 $M=1$ 时，信息比特仅被编码到"空域星座图"上，其传输速率为 $R_{SSK}=\log_2 N_T$，即所谓的空移键控(space shift keying, SSK)调制。显而易见，空间调制系统可以被视作单天线 PSK/QAM 调制系统和 SSK-MIMO 调制系统的结合。

利用空域来携带传输信息的可行性主要因为，各天线发送信号所经历的信道特征不尽相同。由于天线阵中的发射天线位置不同，其发射机和接收机会形成不同的无线链路环境，从而导致激活天线所传输的信号经历不同的传播过程。图 6-3 中，相同的二进制相移键控(binary phase shift keying, BPSK)调制符号"−1"通过天线序列 Tx2 发送的结果与其他天线完全不同，由于信道脉冲响应的差异性，其经历的信道会形成独一无二的"信道指纹"[1]。

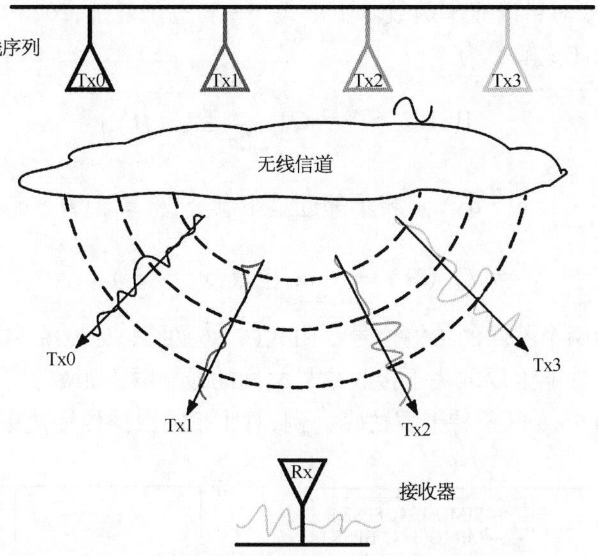

图 6-3　空间调制系统通信信道及其基本原理示意图[1]

6.1.2　性能分析及对比

与传统 MIMO 方案相比，空间调制利用空域携带部分信息代替全部天线传输发送符号，在降低电路能量消耗的同时保证系统的吞吐量，实现了频谱效率和能量效率的双平衡。空间调制系统的发端启用了全新的调制技术，其 BER 性能一直是学界关注的重点。文献[3]以分段式并集界的形式给出了空间调制系统的 BER 上界。

$$\mathrm{BER}_{\mathrm{SM}} \leqslant \mathrm{BER}_{\mathrm{signal}} + \mathrm{BER}_{\mathrm{spatial}} + \mathrm{BER}_{\mathrm{joint}} \tag{6-3}$$

式中，系统的 BER 由三部分组成：只依赖于传统幅值/相位调制(amplitude/phase modulation, APM)"信号星座图"调制的错误概率 $\mathrm{BER}_{\mathrm{signal}}$、只依赖于天线选择"空域星座图”调制的错误概率 $BER_{spatial}$ 和二者联合作用决定的错误概率 BER_{joint}。在频率平坦慢衰落信道情况下，式(6-3)中的三个分量可分别表示为

$$\begin{cases} BER_{signal} = \dfrac{1}{N_T} \cdot \dfrac{\log_2(M)}{\log_2(N_T M)} \cdot \sum\limits_{n_T=1}^{N_T} BER_{MOD}(n_T) \\ BER_{spatial} = \dfrac{1}{M} \cdot \dfrac{\log_2(M)}{\log_2(N_T M)} \cdot \sum\limits_{l=1}^{M} BER_{SSK}(l) \\ BER_{joint} = \dfrac{1}{N_T M} \cdot \dfrac{\log_2(M)}{\log_2(N_T M)} \sum\limits_{n_T=1}^{N_T} \sum\limits_{l=1}^{M} \sum\limits_{\tilde{n}_T \neq n_T=1}^{N_T} \sum\limits_{\tilde{l} \neq l=1}^{M} \\ \qquad \times \{[N_H(\tilde{n}_T \to n_T) + N_H(\chi_{\tilde{l}} \to \chi_l)] + \gamma(n_T, \chi_l, \tilde{n}_T, \chi_{\tilde{l}})\} \end{cases} \tag{6-4}$$

式中，BER_{MOD} 为 M-ary 调制的 BER 性能，只与星座图各点之间的最小欧氏距离有关；$N_H(\tilde{n}_T \to n_T)$ 和 $N_H(\chi_{\tilde{l}} \to \chi_l)$ 分别为信号在空间域和符号域星座图上传输各点间的汉明距离；$\gamma(\cdot)$ 为成对错误概率函数。由于式(6-4)过于复杂，2013 年杨平等人给出系统近似 BER 性能的闭式解[2]为

$$BER_{SM} \approx \lambda \cdot Q\left(\sqrt{\frac{1}{2\sigma^2} d^2_{\min}(\boldsymbol{H})}\right) \tag{6-5}$$

式中，$Q(x) = \dfrac{1}{\sqrt{2\pi}} \int_x^{\infty} e^{-\frac{y2}{2}} dy$，$\lambda$ 表示邻近星座点个数，$d_{\min}(\boldsymbol{H})$ 定义为

$$d_{\min}(\boldsymbol{H}) = \min_{\boldsymbol{x}_i, \boldsymbol{x}_j \in \chi} \| \boldsymbol{H}(\boldsymbol{x}_i - \boldsymbol{x}_j) \| \tag{6-6}$$

式中，$\boldsymbol{x}_i$ 和 $\boldsymbol{x}_j$ 为两个不同的传输信号。由式(6-6)可见，与传统 MIMO 系统类似，空间调制系统的 BER 性能主要取决于接收信号之间的最小欧氏距离。

图 6-4 和图 6-5 以蒙特卡罗仿真为例，对比相同数据传输速率下(以 $R=3$ bpcu 和

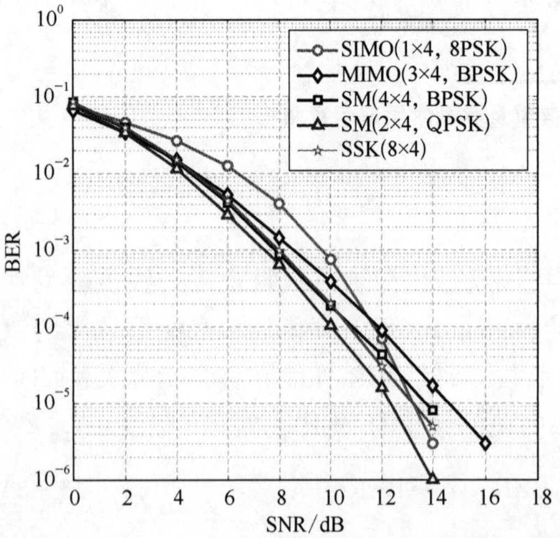

图 6-4　空间调制系统与传统 MIMO 系统相比的 BER 性能图(R=3 bpcu)

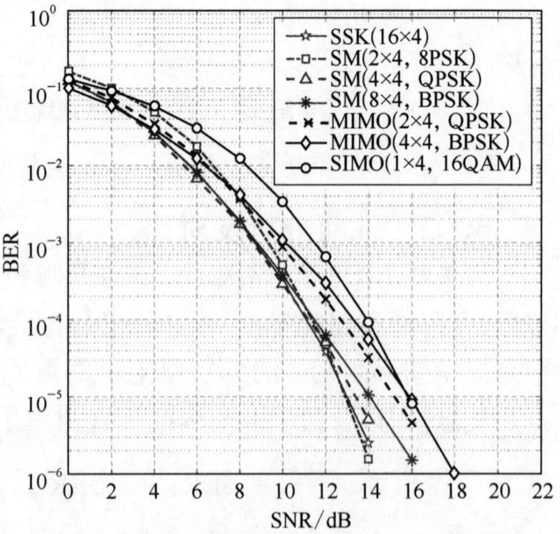

图 6-5　空间调制系统与传统 MIMO 系统相比的 BER 性能图(R=4 bpcu)

$R=4$ bpcu 为例)空间调制与传统 MIMO 系统的 BER 性能。传统 MIMO 系统在 N_T 根发射天线上均发送 M - ary 调制符号,其数据传输速率为 $R_{SMX} = N_T \log_2 M$;空间调制系统的数据传输速率为 $R_{SM} = \log_2 M + \log_2 N_T$。两图所示仿真为 10^5 次实验的平均 BER 结果,所有系统均设置 $N_R = 4$ 根接收天线以保证相同的分集增益。除此之外,仿真也对比了空间调制系统向两个不同维度退化得到的 SIMO 系统和 SSK 系统的 BER 性能。

从图 6 - 4 和图 6 - 5 中可见,空间调制系统的 BER 性能略优于传统 MIMO 系统。由于相同速率下的单天线系统只能使用高阶调制,其 BER 性能表现最差;在不同系统设置下,空间调制系统的 BER 性能表现不同,它受天线数量和调制方式的共同影响。上述可以看出其在系统结构设计优化上的灵活性。除本节所示的简单性能对比外,相关研究领域已有大量理论分析和仿真结果验证了空间调制系统在相关信道、非理想信道状态信息估计、含信源编码情况下与传统 MIMO 方案相比的性能优势[4]。由于只需要考虑单数据流接收,空间调制系统的算法复杂度比传统 MIMO 系统明显降低。

§6.2　空间调制信号检测算法

空间调制技术在降低能耗的同时提高了系统的频谱效率,并具有避免 IAI 和 IAS 问题等诸多优势。在收端为了保证 BER 性能,其接收机不仅要检测发送的星座域调制符号信息,还要准确估计对应发送符号的激活天线空间域信息。接下来将给出四种空间调制信号检测算法。

6.2.1　最大似然检测算法

最大似然是接收机的理想检测算法。该检测算法将发端信号的可能情况与接收信号进行穷举比较,其检测性能可以达到最优。但缺点是复杂度极高,通常不具备实现性,常被用作其他检测算法 BER 性能的参考对象。在信道状态信息已知的空间调制系统中,ML 将所有可能的发送信号(包括激活天线的位置和各发送信号的符号)经信道滤波器处理后得到的结果与接收到的信号进行比对,得到 ML 概率的最优解。平坦衰落信道下,利用 ML 检测得到的输出结果的数学表示是

$$\begin{aligned}\hat{\boldsymbol{x}} &= \arg\max_{\boldsymbol{x}\in\chi} p_{\boldsymbol{y}}(\boldsymbol{y} \mid \boldsymbol{x},\ \boldsymbol{H}) = \arg\min_{\boldsymbol{x}\in\chi} \|\boldsymbol{y}-\boldsymbol{H}\boldsymbol{x}\|_F^2 \\ &= \arg\min_{i,\ q} \|\boldsymbol{y}-\boldsymbol{h}_i s_q\|_F^2\end{aligned} \tag{6-7}$$

式中, $1 \leqslant i \leqslant N_T$, $1 \leqslant q \leqslant M$, χ 表示所有可能发送信号的集合, $p_{\boldsymbol{y}}(\boldsymbol{y} \mid \boldsymbol{x},\ \boldsymbol{H}) = (\pi\sigma^2)^{-N_R} e^{-\frac{\|\boldsymbol{y}-\boldsymbol{H}\boldsymbol{x}\|_F^2}{\sigma^2}}$ 为接收向量 $\boldsymbol{y}$ 的概率分布函数。

ML 检测由于采用穷举搜索,其计算复杂度随空间编码比特和星座图调制比特的增

加呈指数倍增长。该检测算法很难在大规模天线阵列和高阶调制系统等中得以应用。

6.2.2 最大比合并检测算法

最大比合并(maximum ratio combining, MRC)是一种次优的检测算法。由于它设计简单、复杂度低,在很多通信系统中都具有很高的实用性。在空间调制系统中,MRC的核心思想是首先估计出激活天线的位置,然后根据该位置再恢复出调制的星座符号。在信道状态信息已知的情况下,MRC 算法将接收到的信号向量与信道矩阵 $\boldsymbol{H}$ 的共轭转置相乘,得到判决向量 $\boldsymbol{g}$ 为

$$\boldsymbol{g}=\boldsymbol{H}^{\mathrm{H}}\boldsymbol{y} \tag{6-8}$$

根据判决向量选择最大权重的序列作为估计的激活天线位置 $\hat{i}$, 数学表示为

$$\hat{i}=\arg\max_{i}\frac{|\boldsymbol{g}(i)|}{\|\boldsymbol{h}_i\|_2^2}=\arg\max_{i}\frac{|\boldsymbol{h}_i^{\mathrm{H}}\boldsymbol{y}|}{\|\boldsymbol{h}_i\|_2^2} \tag{6-9}$$

式中, $\boldsymbol{g}(i)$ 为判决向量 $\boldsymbol{g}$ 的第 i 个元素。根据求得的激活天线位置 $\hat{i}$, 解调该位置上的星座符号,得到

$$\hat{s}_q=Q(\boldsymbol{g}(\hat{i})) \tag{6-10}$$

式中, $Q(\cdot)$ 为星座图映射函数, $\hat{s}_q$ 为估计的星座符号。从上述过程可以看出,MRC 算法的检测性能在很大程度上依赖于激活位置估计的准确度,具有误差传播效应,在信道状态较差的情况下对 BER 性能影响很大。另外,该检测算法本身只适用于部分受限的信道,在很多通信场景例如欠定(发送天线数量>接收天线数量)系统中并不适用。

6.2.3 球形译码检测算法

球形译码(sphere decoding, SD)最早广泛应用于空间复用系统,通过只检测码球中的候选解来避免穷举带来的复杂度过高的问题。然而,空间调制系统中仅有一根或部分天线激活,这种特殊的稀疏信号结构导致其 SD 算法在应用于系统时与传统应用方式不完全相同。图 6-6 是以 X 为搜索中心矢量,采用球形译码进行最近格点搜索示意图。

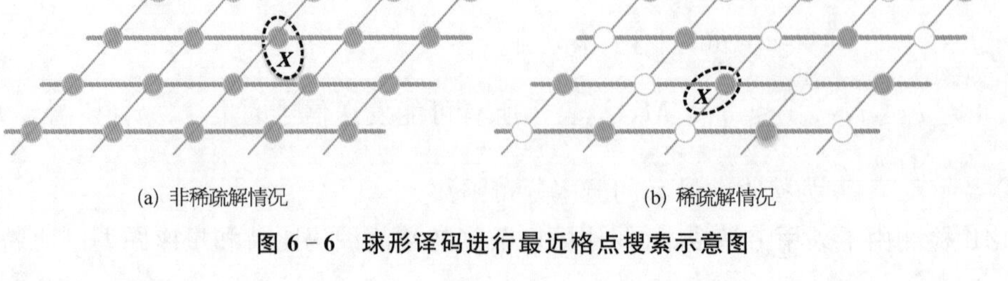

图 6-6 球形译码进行最近格点搜索示意图

可以看出，由于发送信号对应的映射格点中绝大多数为零格点，如果不加区分会影响目标的最小距离，从而导致误判。为适应空间调制信号构成的特殊性，有两种解决方案。一种是基于接收机的 Rx-SD 检测，通过限定接收机信号的欧氏距离不超过预设的球半径 R 来减小搜索范围。具体来说，式(6-7)可被改写为

$$\{\hat{i},\ q\} = \arg \min_{1 \leqslant i \leqslant N_{\mathrm{R}},\ s_q \in Q} \sum_{n=1}^{N_{\mathrm{R}}} | y_n - h_{n,i} s_q |^2 \tag{6-11}$$

而当 Rx-SD 在累加和超过球半径，则停止继续搜索，其数学表示为

$$\{\hat{i},\ q\} = \arg \min_{1 \leqslant i \leqslant N_{\mathrm{R}},\ s_q \in Q} \sum_{n=1}^{N_{\mathrm{R}}(i,\ q)} | y_n - h_{n,i} s_q |^2 \tag{6-12}$$

式中，

$$N_{\mathrm{R}}(i,\ q) = \min_{\tilde{n} \in \{1,\ 2,\ \cdots,\ N_{\mathrm{R}}\}} \left\{ \tilde{n} \mid \sum_{n=1}^{\tilde{n}} | y_n - h_{n,i} s_q |^2 \geqslant R^2 \right\} \tag{6-13}$$

若 $\sum_{n=1}^{\tilde{n}} | y_n - h_{n,i} s_q |^2 \leqslant R^2$，则 $N_{\mathrm{R}}(i,\ q)$ 设定为 N_{R}。由于 $N_{\mathrm{R}}(i,\ q) < N_{\mathrm{R}}$，其搜索空间缩小，一定程度上降低了计算复杂度。

另外一种是基于发送机的 Tx-SD 检测，通过限定发送天线和符号的搜索范围来降低算法复杂度，其检测表达式与式(6-12)类似[5]。除此之外，还有一些其他的改进算法，例如，文献[6]在 Rx-SD 基础上改进发端和收端的搜索顺序，使目标解更早地落入搜索半径，从而缩短搜索过程；文献[7]中采用树形结构进行深度优先的搜索，并在过程中不断剔除已超过稀疏度上限的分支，从而降低计算复杂度。

SD 检测算法本质上是利用球半径阈值来缩小 ML 检测中的遍历范围，从而降低计算复杂度，其 BER 性能与 ML 相近。此类检测算法的性能关键在于球半径 R 尺寸的选择，若设置过大，则退化成 ML 穷举搜索，导致算法复杂度过高；若设置过小，则可能导致搜索球内不包含最优解，从而降低 BER 性能。

6.2.4　基于压缩感知理论的检测算法

空间调制系统中，若 N_{T} 根发送天线中仅有一根天线被激活，则发送信号向量 $\boldsymbol{x} = [0,\ \cdots,\ s,\ \cdots,\ 0]^{\mathrm{T}}$ 仅包含一个非零元，具有明显的稀疏特性。压缩感知[8]是一种稀疏恢复工具，广泛应用在图像处理、模式识别、无线通信等各个领域。压缩感知理论指出，稀疏信号可以通过远低于奈奎斯特频率的采样数高精度重构。该理论包括两个前提条件：信号的稀疏性以及测量矩阵的约束。对已知的稀疏向量 $\boldsymbol{x} \in \mathbb{R}^n (\| \boldsymbol{x} \|_0 \leqslant k)$ 来说，通过压缩感知采样得到的接收向量 $\boldsymbol{y} \in \mathbb{R}^m$ 可表示为

$$\boldsymbol{y} = \boldsymbol{\Phi x} + \boldsymbol{n} \tag{6-14}$$

式中，$\boldsymbol{n}$ 为高斯白噪声，$\boldsymbol{\Phi} \in \mathbb{R}^{m \times n}$ 为满足 $2k$ 阶 RIP 条件的测量矩阵，其 ML 解等同于 l_0 范数最小解(最稀疏解，此外，压缩感知中约定“ l_0 范数” $\| \cdot \|_0$ 是指稀疏向量的非零元个数)，即

$$\begin{aligned} \hat{\boldsymbol{x}}_{\mathrm{cs}} &= \arg \min_{\boldsymbol{x}} \| \boldsymbol{x} \|_0 \\ \text{s.t.} \quad & \| \boldsymbol{y} - \boldsymbol{\Phi x} \|_2 \leqslant \varepsilon \end{aligned} \tag{6-15}$$

式中，$\varepsilon > 0$ 为噪声容限。然而，求解 l_0 范数最小化问题是一个 NP 难问题。实际计算过程中，常采用 BP 算法以最小 l_1 范数为目标寻求近似解，或者采用 OMP 算法进行贪婪搜索。基于压缩感知理论的检测算法的优势在于计算复杂度通常很低，由于直接从目标式出发求解，完全避免了传统检测中的迭代和搜索过程。

§6.3　广义空间调制信号检测算法

空间调制信号检测方法在广义空间调制[9]中同样适用，但由于发送信号具有多个非零值，导致 ML、SD 等检测算法的复杂度更高，而 MRC 检测算法的 BER 性能更差。有两类较为有效的改善方法：一类是基于 ML 与 MRC 的结合，设定误差阈值来获取复杂度和 BER 性能的折中；另一类是基于压缩感知理论，利用 GSM 信号的稀疏性直接求解目标向量。接下来，分别对上述两类中较为典型的广义空间调制信号检测算法加以介绍。

6.3.1　广义空间调制简介

为了更好地提高系统的频谱效率，广义空间调制将空间调制与空间复用的概念相结合，把发端的激活天线个数由一根扩展到多根，各激活天线在每个时隙传输不同的调制符号，利用天线间不同的组合方式进一步提高系统的数据传输速率。以 N_{T} 根发送天线(其中每个时隙有 n_{T} 根天线被激活)和 N_{R} 根接收天线的系统为例，广义空间调制的比特流编码由两部分组成：利用 $N = 2^{\lfloor \log_2 C_{N_{\mathrm{T}}}^{n_{\mathrm{T}}} \rfloor}$ 种不同的天线激活组合(transmit antenna combination, TAC)方式，前 $l_1 = \log_2 N$ bit 隐式地携带空域调制信息，对应映射到 TAC 序列集 $I \in A$，其中 A 为全体 TAC 序列集。后一部分通过显式地映射到序列集 I 中的各激活天线上，传输 n_{T} 个不同的 M - ary 调制符号 $\boldsymbol{s} = [s_1, \cdots, s_{n_{\mathrm{T}}}]$，其中 $s_1, \cdots, s_{n_{\mathrm{T}}} \in S$，$S$ 为M-ary 星座图的符号集，其对应编码长度为 $l_2 = n_{\mathrm{T}} \log_2 M$。因此，广义空间调制的数据传输速率为 $R = l_1 + l_2 = 2^{\lfloor \log_2 C_{N_{\mathrm{T}}}^{n_{\mathrm{T}}} \rfloor} + n_{\mathrm{T}} \log_2 M$。

具体以 $N_{\mathrm{T}} = 4$，$n_{\mathrm{T}} = 2$ 为例，根据二项式定理，广义空间调制系统天线间不同的激活组合方式有 $C_{N_{\mathrm{T}}}^{n_{\mathrm{T}}} = 6$ 种，分别记为 $I_1, I_2, \cdots, I_6$。 由于二进制编码的限制，其 TAC 集合的大小只能是 2 的指数倍。为此，通常选择 $A = \{I_1 = (1, 2), I_2 = (1, 3), I_3 = (1, 4),$

$I_4=(2,3)\}$ 作为该系统的 TAC 集合。以 4QAM 为符号调制的广义空间调制系统，每次编码长度为 $R=6$ bit。比特流“101101”的前两位“10”决定了 TAC 序列为 I_3，即天线 Tx1 和天线 Tx4 为激活天线；之后两位“11”决定了由天线 Tx1 发送的调制符号为 $(1+j)$；最后两位“01”决定了由天线 Tx4 发送的调制符号为 $(-1+j)$。上述编码调制过程及系统的收发机设计如图 6－7 所示。

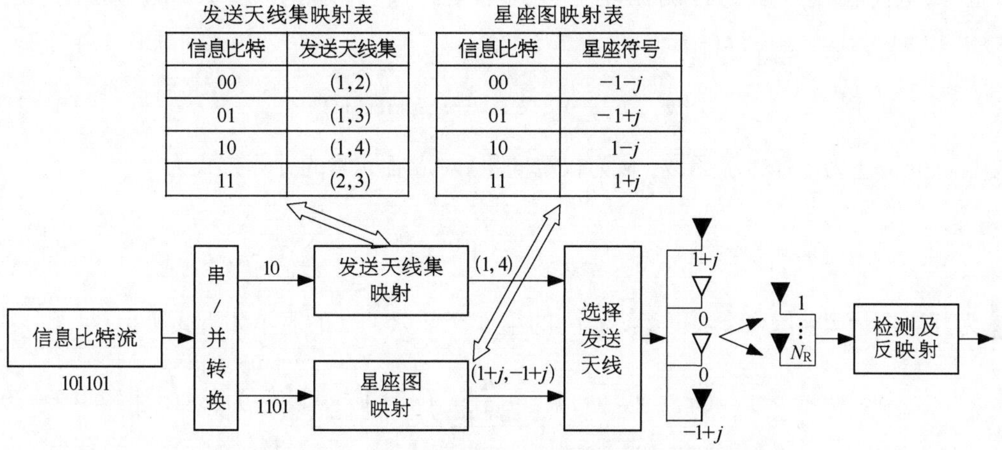

图 6－7　广义空间调制系统的收发机示意图[10]

考虑频率平坦衰落信道，发送信号向量 $\boldsymbol{x}=[\cdots 0,\ s_1,\ 0,\ \cdots,\ 0,\ s_2,\ 0,\ \cdots,\ 0,\ s_{n_T},\ 0,\ \cdots]^{T}$ 经传输并接收后，得到的接收信号向量 $\boldsymbol{y}\in\mathbb{C}^{N_R\times 1}$ 可表示为

$$\boldsymbol{y}=\boldsymbol{H}\boldsymbol{x}+\boldsymbol{n}=\sum_{k=i_1}^{i_{n_T}}\boldsymbol{h}_k s_k+\boldsymbol{n}=\boldsymbol{H}_I\boldsymbol{s}+\boldsymbol{n} \tag{6-16}$$

式中，$k\in\{i_1,\ i_2,\ \cdots,\ i_{n_T}\}$，$\boldsymbol{n}\in\mathbb{C}^{N_T\times 1}$ 是方差为 σ^2 的加性高斯白噪声，$\boldsymbol{H}\in\mathbb{C}^{N_R\times N_T}$ 为各项满足独立同分布(independent identically distributed, IID)的复高斯分布 CN(0, 1) 的 MIMO 信道矩阵，$\boldsymbol{h}_k$ 为信道矩阵 $\boldsymbol{H}$ 的第 k 列，$\boldsymbol{H}_I=(\boldsymbol{h}_{i_1},\ \boldsymbol{h}_{i_2},\ \cdots,\ \boldsymbol{h}_{i_{n_T}})$ 为矩阵 $\boldsymbol{H}$ 对应 TAC 序列 I 抽取的 n_T 列子矩阵。

对广义空间调制来说，利用多根激活天线间不同的组合可极大提高系统频谱效率，然而由于引入了部分 IAI，致使其接收机的检测相对较复杂。广义空间调制的理想最大似然接收机穷举搜索所有可能的 TAC 组合及对应调制符号，其输出结果可表示为

$$(\hat{I},\ \hat{\boldsymbol{s}})=\arg\min_{I\in A,\ s\in Q}\|\boldsymbol{y}-\boldsymbol{H}_I\boldsymbol{s}\|_F^2 \tag{6-17}$$

式中，$A=\{I_1,\ \cdots,\ I_N\}$ 代表全体 TAC 序列集，$Q=S^{n_T}$ 代表 n_T 维调制符号向量的集合。不同于单激活天线的空间调制系统，广义空间调制系统的 ML 算法复杂度随天线规模呈指数型增长，这在大规模天线阵列中不具备可实现性。因此，许多学者致力于研究广义空间调制系统的低复杂度信号检测，近两三年内取得了诸多成果。以下将介绍广义

空间调制系统低复杂度信号检测的两类典型算法。

6.3.2 基于块排序最小均方误差检测算法

文献[10](2014 年)提出了一种块排序最小均方误差(ordered block minimum mean square error, OB-MMSE)检测算法。该算法的本质是基于预先排序的思想缩短阈值搜索过程,从而在复杂度和检测性能上达到平衡。首先,用类似 MRC 的方法对 $N = 2^{\lfloor \log_2 C_{N_T}^{n_T} \rfloor}$ 种天线组合进行排序。

$$[k_1, k_2, \cdots, k_N] = \operatorname{argsort}(\boldsymbol{w}) \tag{6-18}$$

式中, sort(·) 为降序排序函数, $\boldsymbol{w}$ 为权重向量,对应各元素的计算方式为

$$\boldsymbol{w}_i = |z_{i_1}|^2 + |z_{i_2}|^2 + \cdots + |z_{i_{n_T}}|^2 = \sum_{n=1}^{n_T} |z_{i_n}|^2 \tag{6-19}$$

z_n 为判决向量 $\boldsymbol{z} = [z_1, z_2, \cdots, z_{N_T}]^T$ 的第 n 个元素, z_n 的表示如下式所示。

$$z_n = (\boldsymbol{h}_n)^{\dagger} \boldsymbol{y},\ (\boldsymbol{h}_n)^{\dagger} = \frac{\boldsymbol{h}_n^H}{\boldsymbol{h}_n^H \boldsymbol{h}_n}\ (n = 1, \cdots, N_T) \tag{6-20}$$

$i \in \{1, 2, \cdots, N\}$ 表示 TAC 序列 I_i 在集合 A 中的下标,其中 $I_i = \{i_1, i_2, \cdots, i_{n_i}\}$。

随后,根据排序好的 TAC 序列(对应下标为 $\{k_1, k_2, \cdots, k_N\}$),依照块最小均方误差均衡的处理方法对可能的 TAC 信号依次进行检测。

$$\tilde{\boldsymbol{s}}_j = Q(((\boldsymbol{H}_{I_{k_j}})^H (\boldsymbol{H}_{I_{k_j}}) + \sigma^2 \boldsymbol{I})^{-1} (\boldsymbol{H}_{I_{k_j}})^H \boldsymbol{y}) \tag{6-21}$$

式中, $Q(\cdot)$ 为星座图映射函数, $\boldsymbol{H}_{I_{k_j}}$ 代表信道矩阵 $\boldsymbol{H}$ 对应下标集 I_{k_j} 的列抽取子矩阵, $\boldsymbol{I}$ 为 $n_T \times n_T$ 的单位矩阵。为降低检测全部 N 个 TAC 序列的计算复杂度,下式设置了一个阈值终止准则。

$$\| \boldsymbol{y} - \boldsymbol{H}_{I_{k_j}} \tilde{\boldsymbol{s}}_j \|_F^2 \leqslant V_{th} \tag{6-22}$$

式中, V_{th} 为判断检测信号向量可靠性的预设阈值。一旦输出结果 $(k_j, \tilde{\boldsymbol{s}}_j)$ 满足式(6-22)的条件,算法立即停止搜索。

最后,满足式(6-22)的输出结果 $(k_j, \tilde{\boldsymbol{s}}_j)$ 将被解调和解映射为输出比特流,对应的 TAC 序列和符号向量为 $\hat{I} = I_{k_j}$, $\hat{\boldsymbol{s}} = \tilde{\boldsymbol{s}}_j$。若全部搜索完毕后都没有满足式(6-22)的结果,则该算法等同于 ML 检测算法,即

$$\begin{cases} u = \arg\min\limits_{j} \| \boldsymbol{y} - \boldsymbol{H}_{I_{k_i}} \tilde{\boldsymbol{s}}_j \|_F^2,\ j \in \{1, \cdots, N\} \\ \hat{I} = I_{k_u},\ \hat{\boldsymbol{s}} = \tilde{\boldsymbol{s}}_j \end{cases} \tag{6-23}$$

在阈值设置良好的情况下,该算法只需要检测不超过 $\frac{1}{4}$ TAC 集合即可达到与 ML 检测

算法相逼近的性能效果，相比其他搜索算法，算法复杂度大幅降低了。

6.3.3　基于贝叶斯压缩感知检测算法

尽管 OB－MMSE 检测算法与 ML 等检测算法相比，计算复杂度有明显的降低，但由于采用迭代搜索，算法复杂度仍然很高，且系统性能在很大程度上依赖经验阈值的选取。考虑到发射信号的稀疏特性，利用基于压缩感知的贪婪算法求解目标信号，可以有效降低算法复杂度。然而，既有恢复方法如 BP，OMP 等对系统的信道矩阵要求苛刻，导致其在实际情况下的 BER 性能通常不甚理想。

为解决上述问题，文献[11]和[12]提出一种基于增强型贝叶斯压缩感知(enhanced Bayesian compressive sensing, EBCS)的广义空间调制信号检测算法，以比 BP 算法更为有效的替代方式间接求解 l_0 最小化问题，从而得到更精确的恢复效果。除此之外，该算法还设计了一种重定位策略来对估计的结果信号进行自检和自纠错，从而进一步提高 BER 性能。

广义空间调制系统具有以下两个信号特征。

其一，发送信号具有稀疏特性，稀疏度已知且固定（$\|\boldsymbol{x}\|_0=n_\mathrm{T}$）。

其二，信号幅值并非连续，而是仅限于几个调制星座点，具有量化特性。

在 EBCS 算法中，首先采用了定位方式来获取信号 $\boldsymbol{x}$ 的非零元位置，并且只考虑关键权值，无需准确恢复信号，降低了算法复杂度；然后利用信号的稀疏度信息，对定位的结果向量作出判断并纠正错误的定位信息，确保空间信息检测的准确性；最后利用估计的空间信息对符号信息进行解调和解映射。其主要流程可划分为如下两个步骤。

(1) 根据最大后验概率(maximum a posteriori, MAP)准则估计 GSM 信号。原始的检测目标式为

$$\hat{\boldsymbol{x}}=\arg\max_{\boldsymbol{x}} p(\boldsymbol{y}\mid\boldsymbol{x}) \tag{6-24}$$

在已知信道矩阵 $\boldsymbol{H}$ 和噪声方差 σ^2 的情况下，接收信号 $\boldsymbol{y}=\boldsymbol{H}\boldsymbol{x}+\boldsymbol{n}$ 满足复高斯分布 $\mathrm{CN}(\boldsymbol{H}\boldsymbol{x},\ \sigma^2\boldsymbol{I})$，即

$$p(\boldsymbol{y}\mid\boldsymbol{x})=(\pi\sigma^2)^{-N_\mathrm{R}}\mathrm{e}^{-\frac{1}{\sigma^2}\|\boldsymbol{y}-\boldsymbol{H}\boldsymbol{x}\|^2} \tag{6-25}$$

若采用经验风险最小化来求解 $\boldsymbol{x}$，则转化为 ML 检测，复杂度过高。为避免这种情况，对发送信号 $\boldsymbol{x}$ 假定某种先验概率分布：引入参数向量 $\boldsymbol{\gamma}=[\gamma_1,\ \gamma_2,\ \cdots,\ \gamma_{N_\mathrm{T}}]^\mathrm{T}$，假设 $\boldsymbol{x}$ 满足均值 $\boldsymbol{0}$，协方差矩阵 $\boldsymbol{\Gamma}=\mathrm{diag}\{\gamma_i\}(i=1,\ \cdots,\ N_\mathrm{T})$ 的参数化复高斯先验概率分布 $\mathrm{CN}(\boldsymbol{0},\ \boldsymbol{\Gamma})$。

$$p(\boldsymbol{x},\ \boldsymbol{\gamma})=\prod_{i=1}^{N_\mathrm{T}}(\pi\gamma_i)^{-1}\mathrm{e}^{-\frac{|x_i|^2}{\gamma_i}} \tag{6-26}$$

式中，γ_i 为发送信号 $\boldsymbol{x}$ 对应各元素 x_i 的方差。该模型意味着信号在零值处出现的概率远大于在非零值处出现的概率，从而可以有效表征信号的稀疏特性。根据式(6－26)的假设，检测目标式(6－24)可以重写为

$$(\hat{\boldsymbol{x}}, \hat{\boldsymbol{\gamma}}) = \arg\max_{\boldsymbol{x}, \boldsymbol{\gamma}} p([\boldsymbol{x}, \boldsymbol{\gamma}] \mid \boldsymbol{y}) \tag{6-27}$$

根据贝叶斯定理，式(6－27)可以表示为

$$p([\boldsymbol{x}, \boldsymbol{\gamma}] \mid \boldsymbol{y}) = p(\boldsymbol{x} \mid \boldsymbol{y}; \boldsymbol{\gamma}) p(\boldsymbol{\gamma} \mid \boldsymbol{y}) \tag{6-28}$$

式中，$p(\boldsymbol{x} \mid \boldsymbol{y}; \boldsymbol{\gamma})$ 可以写为

$$p(\boldsymbol{x} \mid \boldsymbol{y}; \boldsymbol{\gamma}) = \frac{p(\boldsymbol{y} \mid \boldsymbol{x}) p(\boldsymbol{x}; \boldsymbol{\gamma})}{p(\boldsymbol{y}; \boldsymbol{\gamma})} \tag{6-29}$$

式中，$p(\boldsymbol{y}; \boldsymbol{\gamma})$ 可用边缘概率分布计算得到。

$$\begin{aligned} p(\boldsymbol{y}; \boldsymbol{\gamma}) &= \int p(\boldsymbol{y} \mid \boldsymbol{x}) p(\boldsymbol{x}; \boldsymbol{\gamma}) \mathrm{d}\boldsymbol{x} \\ &= \pi^{-N_{\mathrm{R}}} \mid \boldsymbol{\Sigma}_y \mid^{-1} \mathrm{e}^{-\boldsymbol{y}^{\mathrm{H}} \boldsymbol{\Sigma}_y^{-1} \boldsymbol{y}} \end{aligned} \tag{6-30}$$

式中，$\boldsymbol{\Sigma}_y = \sigma^2 \boldsymbol{I} + \boldsymbol{H\Gamma H}^{\mathrm{H}}$。将式(6－25)与式(6－26)代入式(6－29)，整理可得

$$p(\boldsymbol{x} \mid \boldsymbol{y}; \boldsymbol{\gamma}) = \mathrm{CN}(\boldsymbol{\mu}, \boldsymbol{\Sigma}) \tag{6-31}$$

式中，均值 $\boldsymbol{\mu}$ 和协方差矩阵 $\boldsymbol{\Sigma}$ 分别为

$$\begin{aligned} \boldsymbol{\mu} &= \boldsymbol{\Gamma H}^{\mathrm{H}} \boldsymbol{\Sigma}_y^{-1} \boldsymbol{y} \\ \boldsymbol{\Sigma} &= \boldsymbol{\Gamma} - \boldsymbol{\Gamma H}^{\mathrm{H}} \boldsymbol{\Sigma}_y^{-1} \boldsymbol{H\Gamma} \end{aligned} \tag{6-32}$$

此外，式(6－28)中，$p(\boldsymbol{\gamma} \mid \boldsymbol{y})$ 可以用 δ 函数模型近似表示为

$$p(\boldsymbol{y} \mid \boldsymbol{\gamma}) \approx \delta(\hat{\boldsymbol{\gamma}}) \tag{6-33}$$

式中，$\hat{\boldsymbol{\gamma}}$ 为最大可能值，$\hat{\boldsymbol{\gamma}} = \arg\max_{\boldsymbol{\gamma}} \{p(\boldsymbol{\gamma} \mid \boldsymbol{y})\}$。为确定该值，根据贝叶斯定理，$p(\boldsymbol{\gamma} \mid \boldsymbol{y})$ 用另一种形式表示为

$$p(\boldsymbol{\gamma} \mid \boldsymbol{y}) \propto p(\boldsymbol{y}; \boldsymbol{\gamma}) p(\boldsymbol{\gamma}) \tag{6-34}$$

假设均匀先验分布，则 $p(\boldsymbol{\gamma})$ 为常数，式(6－34)的最大取值等价于求解 $p(\boldsymbol{y}; \boldsymbol{\gamma})$ 部分的最大值，或最小化其代价函数。

$$\begin{aligned} \zeta(\boldsymbol{\gamma}) &\triangleq -\ln[p(\boldsymbol{y}; \boldsymbol{\gamma})] \\ &= \ln \mid \boldsymbol{\Sigma}_y \mid + \boldsymbol{y}^{\mathrm{H}} \boldsymbol{\Sigma}_y^{-1} \boldsymbol{y} + C \end{aligned} \tag{6-35}$$

式中，$C = N_{\mathrm{R}} \ln \pi$ 为常数。需要指出的是，式(6－35)的最小解并不能精确求出，D. Wipf

在文献[13]中给出一种改进的期望最大化算法来迭代求解式(6-35)的近似最小值。

$$\gamma_i^{(\text{new})}=\frac{|\mu_i|^2}{(1-\gamma_i^{-1}\Sigma_{i,i})},\ i=1,\ \cdots,\ N_{\mathrm{T}} \tag{6-36}$$

式中，γ_i 表示超参数向量 $\boldsymbol{\gamma}$ 的第 i 项元素，μ_i 和 $\Sigma_{i,i}$ 分别表示均值 $\boldsymbol{\mu}$ 的第 i 项和协方差矩阵 $\boldsymbol{\Sigma}$ 的第 i 个对角元素。

一旦 $\hat{\boldsymbol{\gamma}}$ 的值确定，结合式(6-31)和式(6-33)，目标式(6-27)的最大可能发送信号向量 $\hat{\boldsymbol{x}}$ 即可确定为 $\hat{\boldsymbol{x}}=\arg\max\limits_{\boldsymbol{x}}\{p(\boldsymbol{x}\mid\boldsymbol{y};\boldsymbol{\gamma})\}=\boldsymbol{\mu}_{\gamma=\hat{\gamma}}$。观察式(6-32)和式(6-36)，可以看出，$(\boldsymbol{\mu},\boldsymbol{\Sigma})$ 的值受 $\boldsymbol{\gamma}$ 影响，而 $\boldsymbol{\gamma}$ 的取值也依赖于 $(\boldsymbol{\mu},\boldsymbol{\Sigma})$。因而，可采用迭代的方法对上述参数进行更新。重复式(6-32)和式(6-36)直至收敛，最终获得估计的 $\hat{\boldsymbol{\gamma}}$。

在广义空间调制系统中，更值得关心的是 $(\hat{I},\hat{\boldsymbol{s}})$，而并非目标式求得的 $\hat{\boldsymbol{x}}$ 本身。观察式(6-32)，可以发现，当 γ_i 趋于0，$p(\boldsymbol{x}\mid\boldsymbol{y};\boldsymbol{\gamma})$ 的对应项 μ_i 和 $\Sigma_{i,i}$ 均等于0，从而演变为 $\delta(x_i)$ 函数，导致 $\hat{x}_i=0$。从另一个角度看，γ_i 代表 x_i 在零均值高斯分布的方差，其值越大，x_i 落入非零区域的概率越大；其值越小，x_i 在非零区域的概率越小。这意味着 $\boldsymbol{\gamma}$ 的分布代表了 $\boldsymbol{x}$ 中非零元位置可能性的权重分布。事实上，在收敛过程中，绝大多数 $\hat{\gamma}_i$ 都趋于0。将 $\hat{\boldsymbol{\gamma}}$ 中各元素的值按降序规则排列（$[\hat{\gamma}_{p_1}>\hat{\gamma}_{p_2}>\cdots>\hat{\gamma}_{p_{N_{\mathrm{T}}}}]$），并将前 n_{T} 项对应下标 $\{p_1,p_2,\cdots,p_{n_{\mathrm{T}}}\}$ 作为初始估计的TAC序列 $\hat{I}$。

在迭代求解的过程中，可以采用一种剪枝处理策略来降低计算复杂度。传统EM算法包含了很多 N_{T} 量级复杂度的矩阵运算，特别是求 $\boldsymbol{\Sigma}$ 逆矩阵需要 $O(N_{\mathrm{T}}^3)$ 的运算量。由于 $\hat{\boldsymbol{\gamma}}$ 中的大部分元素在迭代过程中都趋于0，仅有小部分（最终只有 n_{T} 个）非零元，因而没有必要全部参与运算。将这些“不重要”的元素剪枝，在每次迭代过程中将各项 $\hat{\gamma}_i$ 与预设的阈值 Δ_γ 进行比较，得到

$$\boldsymbol{H}=\boldsymbol{H}_{\tilde{I}},\ \boldsymbol{\gamma}=\boldsymbol{\gamma}_{\tilde{I}} \tag{6-37}$$

式中，$\tilde{I}=\{i\mid\hat{\gamma}_i>\Delta_\gamma,\ i=1,\ \cdots,\ N_{\mathrm{T}}\}$ 为剪枝后的序列集。理想状态下，其运算量级将从 N_{T} 逐渐缩减到 n_{T}，有效降低了运算复杂度。另外，由于不需要关心 $\hat{\boldsymbol{x}}$ 的精确解（只需要估计 $\boldsymbol{\gamma}$ 的非零落点），在预设的固定迭代次数 T 基础上引入阈值 Δ_γ 作为终止标识，避免了不必要的迭代计算。与传统BCS求解过程相比，上述复杂度简化策略能够避免大量冗余的矩阵运算，同时不折损对目标空间位置信息的检测性能。

(2) 根据已知的信号稀疏度信息，对估计的 $\hat{I}$ 集合进行预检查，并对标识为错误的序列进行重定位。理想状态下，由上一步骤求得的 $\hat{\boldsymbol{\gamma}}$ 结果应收敛到一个稀疏度为 n_{T} 的稀疏解。然而，由于噪声干扰，目标式(6-24)的最稀疏解可能仅有 $\hat{n}_{\mathrm{T}}(\hat{n}_{\mathrm{T}}<n_{\mathrm{T}})$ 个非零元。多数情况为非理想状态，求得的 $\hat{I}$ 并不正确，还会接连导致后面无效的符号检测和译码结果。本算法中，此类错误可以被提前检测并纠正。

首先定义一种稀疏度检测机制。基于峰均功率比(peak to average power ratio,

PAPR)的概念,称 γ_i 为一个“主峰”,当且仅当

$$\frac{|\gamma_i|^2}{\frac{1}{N_T}\|\boldsymbol{\gamma}\|_2^2} > \eta_{PAPR}, \ \forall i = p_i, \cdots, p_{n_T} \tag{6-38}$$

式中, $\eta_{PAPR} > 1$ 为自适应阈值。记 I_0 为所有满足式(6-38)的主峰序列集合,若 I_0 的大小 $\hat{n}_T$ 小于 n_T,则意味着估计的 $\hat{\boldsymbol{\gamma}}$ 出现了“稀疏度错误”。

基于 I_0 的信息,将重求正确的 $\hat{I}$ 集合。大量实验结果表明,即使 I_0 的大小不足 n_1,其序列下标在很大概率上均落在发送向量 $\boldsymbol{x}$ 的非零元位置,这意味着仅有剩余的 $n_T - \hat{n}_T$ 个序列需要重新定位。因此,针对 $n_T - \hat{n}_T > 1$ 的情况,给出一种残差修正的 OMP 算法来重求位置序列。

$$\hat{I} = \mathrm{OMP}(\boldsymbol{y}_{res}, \boldsymbol{H}, n_T - \hat{n}_T) \tag{6-39}$$

式中,OMP(·)表示原始 OMP 恢复算法,其三个输入参数分别代表测量向量、测量矩阵和循环次数。残差向量 $\boldsymbol{y}_{res}$ 的计算式为

$$\begin{aligned}\boldsymbol{y}_{res} &= \boldsymbol{y} - \boldsymbol{H}_{I_0}\boldsymbol{H}_{I_0}^{\dagger}\boldsymbol{y} \\ &= \boldsymbol{y} - \boldsymbol{H}_{I_0}(\boldsymbol{H}_{I_0}^{H}\boldsymbol{H}_{I_0})^{-1}\boldsymbol{H}_{I_0}^{H}\boldsymbol{y}\end{aligned} \tag{6-40}$$

针对 $n_T - \hat{n}_T = 1$ 的情况,采用一种简化的 ML 算法来搜集约束集 A_{I_0} 中的 l_2 范数最小解,其表达式为

$$\hat{I} = \arg\min_{I \in A_{I_0}} \|\boldsymbol{y} - \boldsymbol{H}_I \hat{\boldsymbol{s}}_I\|_2 \tag{6-41}$$

式中, $A_{I_0} = \{I_0 \cup i \mid i = p_{n_{T+1}}, \cdots, p_{N_T}\}$ 为一个大小为 $N_T - \hat{n}_T$ 的 TAC 序列的集合,每个 $I \in A_{I_0}$,均为包含严格等于 n_T 个天线下标的 I_0 的超集。采用简单的迫零(zero-forcing, ZF)均衡对符号向量 $\hat{\boldsymbol{s}}_I$ 进行估计。

$$\hat{\boldsymbol{s}}_I = Q(((\boldsymbol{H}_I)^H\boldsymbol{H}_I)^{-1}(\boldsymbol{H}_I)^H\boldsymbol{y}) \tag{6-42}$$

式中,$Q(\cdot)$为 M-ary 星座图的量化函数。与传统意义上的 ML 算法不同,式(6-41)的搜索次数仅为 $O(N_T)$,其在复杂度上与 OMP 算法相同但准确率更高,因而针对 $n_T - \hat{n}_T = 1$ 的情况,换用此方法来求解。

最后,根据估计的激活天线位置集合 $\hat{I}$,对传输信号 $\hat{\boldsymbol{x}}$ 的符号信息 $\hat{\boldsymbol{s}}$ 进行解调,并将重构的 $\hat{\boldsymbol{x}}$ 反映射成比特流。

6.3.4 性能分析

通过 MATLAB 仿真平台对前两小节所阐述的 OB-MMSE,EBCS 检测算法进行性能评估,同时以 ML 算法的最优检测性能作为参考对象。假定信道平坦衰落情况,收端

已知理想信道状态信息(channel state information at receiver, CSIR)。为表征欠定系统模型,分别设置发送天线数量 $N_T=24$, 接收天线数量 $N_R=12$; 其激活天线数量分别设置为 $n_T=2$, $n_T=3$, $n_T=4$。此外,分别选取 16QAM 和 64QAM 这两种无线通信系统中常用的调制方式作为符号信息映射。蒙特卡罗仿真采用 10^5 次测试的平均性能作为统计结果。

从图 6-8 中可以看出,三种检测算法的 BER 性能均随稀疏度的增加而增加。这是由于稀疏度的增加带来数据传输速率提高,其携带的空间信息和符号信息的信息量增大,给收端检测带来了更大的不确定性,从而导致 BER 上升。另外可以看到,EBCS 算法与理想 ML 算法之间的差距也随 n_T 的增大而变大,该现象是由压缩感知的本质决定的,其稀疏度越高,需要满足的恢复条件越苛刻。然而, n_T 增大意味着其能耗效率的损失变大,同时带来算法复杂度增加。因此在实际系统中,通常要求 $n_T \ll N_T$ 来保证能量效率与频谱效率的平衡,即 n_T 在实际情况下不会过大。

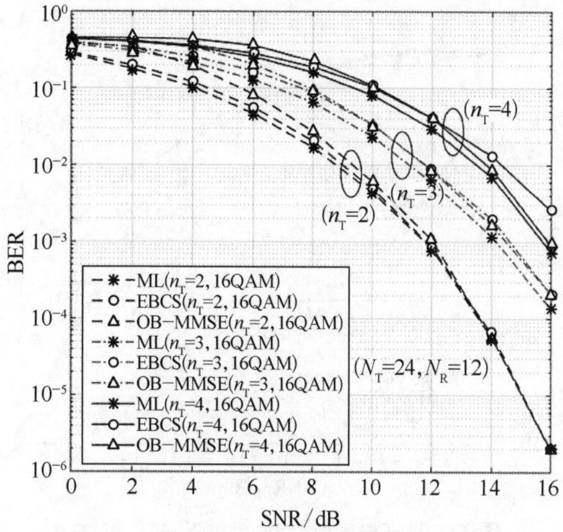

图 6-8　OB-MMSE,EBCS,ML 算法在不同稀疏度下的 BER 性能图

此外,在相同数据速率情况下,对 OB-MMSE,EBCS 及 ML 检测算法采用不同系统配置(星座图阶数、激活天线个数等)的 BER 性能结果进行了比较。为达到相同的数据传输速率,表 6-1 给出了 $N_T=25$, $N_R=12$ 环境下的广义空间调制系统在两种不同配置下的具体参数,其数据速率均为 $R=29$ bps/Hz。

表 6-1　相同速率下不同系统配置的参数表($N_T=25$, $N_R=12$)

	广义空间调制系统 1	广义空间调制系统 2
调制方式	16QAM	64QAM
激活天线个数 n_T	4	3
总 TAC 集合大小	12 650	2 300
空间信息比特数(bit)	13	11
符号信息比特数(bit)	16	18
总信息比特数(bit)	29	29

采用上述系统进行仿真测试,图 6-9 给出了 OB-MMSE,EBCS 以及 ML 检测算法在相同速率下的 BER 性能结果。可以看到,16QAM 下各检测算法的整体 BER 性能均好于 64QAM 下的结果,这意味着星座图调制是决定系统 BER 性能的关键因素。另外,16QAM 下的 EBCS 算法与 ML 算法性能之间的差距相比 64QAM 下的结果更加明显,

这主要由于相同速率下 16QAM 所需要的 n_T 更大，导致压缩感知算法中稀疏度增加、恢复性能下降。然而，低阶调制需要更大的 n_T，意味着射频链路带来的能耗损失更多，从而导致其能量效率降低。因而，空间调制中一般采用 16QAM 和 64QAM 等高阶调制系统。图 6－10 给出了三种检测算法在不同速率和稀疏度下的 BER 性能结果。

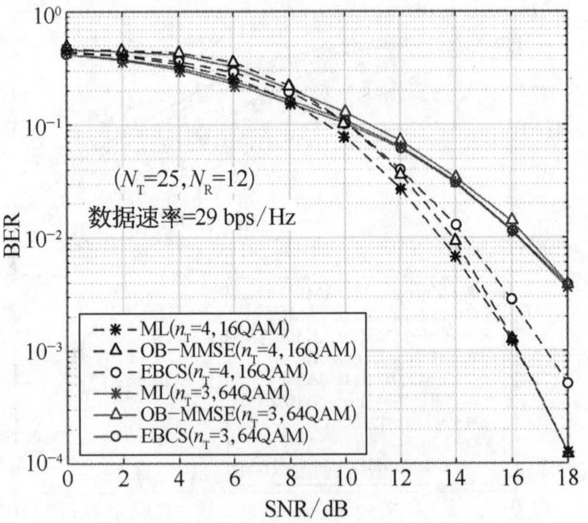

图 6－9　OB－MMSE，EBCS，ML 算法在相同速率下的 BER 性能图

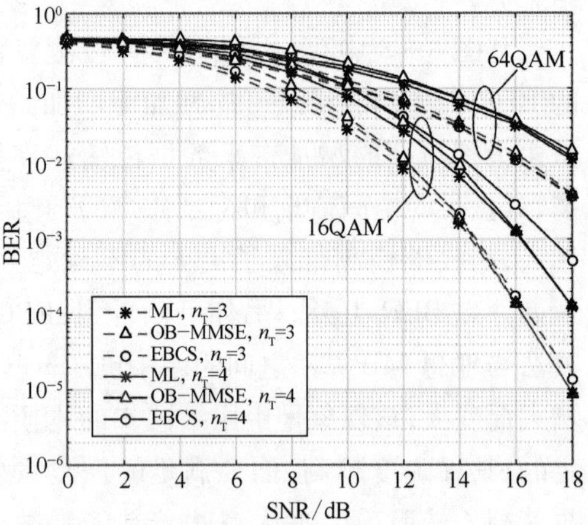

图 6－10　OB－MMSE，EBCS，ML 算法在不同配置下的 BER 性能图

§6.4　空间调制技术的扩展形式

空间调制系统的特殊结构和诸多优点不仅推动了系统本身包括检测、预编码模块的改善，也催生了 MIMO 无线通信领域更多融合空间调制思想的新调制模式。如上述广义空间调制即是空间调制与空间复用技术相结合的产物。除此之外，空间调制与传统 MIMO 中经典的空时分组码（space-time block coding，STBC）、网格码（trellis coding，TC）等结合，可以兼顾二者在分集增益、编码增益上的优势。接下来将介绍基于空间调制思想产生的多种扩展形式。

6.4.1　扩展形式简介

空间调制技术通过激活少量天线将一部分信息比特映射到空间域。基于此思想，空间调制也可扩展到时域、频域。较为经典的扩展形式有以下几种。

1. 空时键控

空时键控（space-time shift keying，STSK）及其衍生的广义空时键控（generalized space-time shift keying，GSTSK）[14]，是将空间调制扩展到空域和时域二维，有效利用了分集和复用共同的优点。与传统的空间调制不同，STSK 以每组空时块为单位设计激活天线的排列顺序，以形成“散列矩阵”，即 T 个时隙分别选择 N_T 根发送天线中的第 i_1，…，

$i_T(i=1, \cdots, N_T)$根,调制APM符号同组发送,以天线的排列而非组合方式携带信息编码,极大增加了数据传输速率并带来分集增益。类似的还有空时调制(space-time modulation, STM)[15]等方案。

2. 空频键控

与STSK类似,空频键控(space-frequency shift keying, SFSK)是空间调制与频移键控(frequency shift keying, FSK)的结合,在空域和频域两个维度上排列激活天线。进一步发展的空时频键控(space-time-frequency shift keying, STFSK)[16]更是将发送信号扩展到空域、时域和频域三维进行编码传输。

3. 正交频分复用序列调制

受空间调制概念的启发,利用多载波调制中正交频分复用的子载波正交性,可以在频域上激活不同的子载波序列用以携带额外的传输信息。该方案被称为正交频分复用序列调制(OFDM with index modulation, OFDM－IM)[17],它有效提高了在频率选择性衰落信道下的数据传输速率,并改善了BER性能。

图6－11对上述空间调制思想在空域、时域、频域不同自由度上结合的传输技术进行归类。

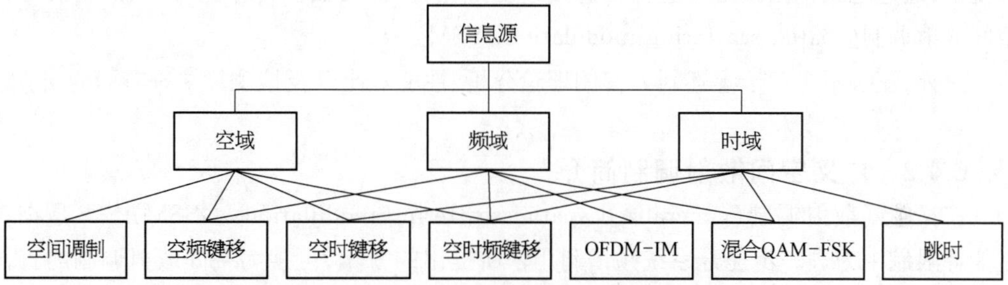

图6－11　基于空间调制演变的传输技术分类[2]

与此同时,为了更好利用和完善空间调制的系统性能,近几年出现了许多新的空间调制方案。

1. 自适应空间调制

2011年,国内学者杨平等人提出自适应空间调制(adaptive spatial modulation, ASM)[18],利用已知的信道环境信息,选择不同模式的星座图对每个时隙激活天线的编码信号进行调制。由于空间调制的检测在很大程度上依赖空域信息(即激活天线的位置),该方案能够有效降低信号传输过程中的PAPR,从而改善系统的BER性能。类似地,还有增强型空间调制(enhanced spatial modulation, ESM)[19]等方案,同样也是利用多种星座图调制来改善系统性能。

2. 差分空间调制

传统空间调制方案中绝大多数需要已知信道状态信息并采用相干检测的方式。为解决信道状态未知的问题和消除信道估计误判带来的影响,文献[20]提出一种差分空间调制(differential spatial modulation, DSM)方案。基于STSK方案的思想,该方案利用激活天线在时间片上的排列顺序来进行差分编码,并采用一种类似OMP的非相干检测方式对接收信号逐列解调和解映射,有效避开信道状态问题并同时保证了系统的频谱效率和BER性能。随后,针对该方案陆续有其他非相干检测算法提出,进一步改善差分系统的检测性能。

3. 正交空间调制

2014年,空间调制研究领域代表R. Mesleh提出了正交空间调制(quadrature spatial modulation, QSM)的概念[21],将“空域星座图”信号由原有的仅实部(0/1代表是否激活)扩展到同相/正交两个维度,在保证无IAI干扰的同时有效提高了总传输速率。

4. 空间散射调制

由于毫米波通信损耗高、散射簇稀疏,故发射机需要部署大量相移器。发射机利用波束赋形技术定向发射信号以弥补传输高损耗缺陷。在此背景下,文献[22]提出虚天线概念,即根据发射信号从离开角导向矢量簇中选择相应的离开角导向矢量作为激活的虚天线。在此激活的虚天线上,所加载的星座域符号信息沿着指定的波束发射。在毫米波环境下,通过隐式挖掘角度域选择信息发送信号,从而提高数据传输速率,该方案被称作空间散射调制(spatial scattering modulation, SSM)。

此外,还有不少关于上述新方案的理论分析、性能对比以及检测算法等方面的研究。

6.4.2 广义空间散射调制简介

广义空间散射调制(generalized spatial scattering modulation, GSSM)[23-24]是在一定能耗限制中为进一步提升系统频谱利用率所提出的方案,可视为空间散射调制的直接扩展形式。

目前,学术研究仅限于毫米波MIMO系统上行链路的空间散射调制技术。然而,在可接受的硬件开销下,用户终端(user terminal, UT)配置N_{RF}个射频链路以及N_{RF}个相移器网络,从而将SSM方案扩展为GSSM,进一步提升频谱的利用率。采用GSSM方案的毫米波MIMO系统模型如图6-12所示。GSSM可以被视作为频谱效率和硬件开销的动态折中方案。

由于毫米波频段对应的天线尺寸小,大量天线可部署在收发端构成大规模MIMO系统。为了弥补毫米波频段下信号传输高损耗率的缺陷,采用波束赋形技术进行改善,即发射机在天线的前端配置相移器网络,使得信号的能量能沿着指定的波束传输。图6-12中,UT端配置N_T根天线以及N_{RF}条RF链路,基站(base station,BS)端配置N_R根天线,且动态配置多条RF链路,每条RF链路连接一组相移器。通常而言,受限于功耗和硬件开销等,UT端配置的RF链路的数目不超过2,而BS端可配置多条RF链路,这是因为BS端拥有充足的能量及硬件资源。

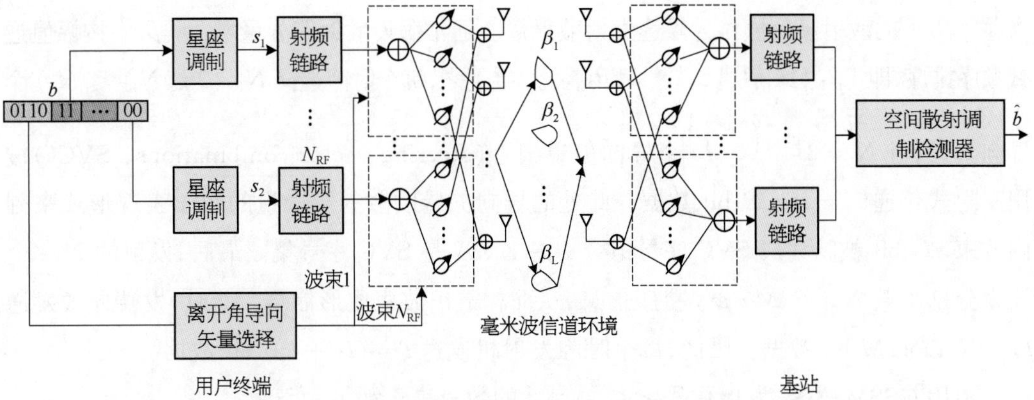

图 6-12　毫米波信道下采用 GSSM 方案的收发机系统模型

在毫米波环境中，广泛采用几何信道模型[25]。为方便分析 GSSM 方案，这里采用等效的窄带离散物理信道模型[26-28]。该信道的数学模型如下式所示。

$$\boldsymbol{H}=\sum_{l=1}^{L}\beta_l \boldsymbol{a}_{\mathrm{R}}(\theta_l^{\mathrm{R}})\boldsymbol{a}_{\mathrm{T}}^{\mathrm{H}}(\theta_l^{\mathrm{T}}) \tag{6-43}$$

式中，L 是散射簇分量数量，β_l 是第 l 条散射簇路径的复数增益，θ_l^{R} 和 θ_l^{T} 分别是到达角和离开角。假设 UT 端和 BS 端均采用均匀线性阵列，阵列向量 $\boldsymbol{a}_{\mathrm{R}}(\theta_l^{\mathrm{R}})$ 和 $\boldsymbol{a}_{\mathrm{T}}(\theta_l^{\mathrm{T}})$ 分别是接收和发射天线阵列的导向矢量，其数学表示如式(6-44)所示。

$$\begin{aligned}\boldsymbol{a}_{\mathrm{R}}(\theta_l^{\mathrm{R}})&=\frac{1}{\sqrt{N_{\mathrm{R}}}}[1,\ \mathrm{e}^{\mathrm{j}2\pi\psi_l^{\mathrm{R}}},\ \mathrm{e}^{\mathrm{j}2\pi\psi_l^{\mathrm{R}}\cdot 2},\ \cdots,\ \mathrm{e}^{\mathrm{j}2\pi\psi_l^{\mathrm{R}}\cdot(N_{\mathrm{R}}-1)}]^{\mathrm{T}}\\ \boldsymbol{a}_{\mathrm{T}}(\theta_l^{\mathrm{T}})&=\frac{1}{\sqrt{N_{\mathrm{T}}}}[1,\ \mathrm{e}^{\mathrm{j}2\pi\psi_l^{\mathrm{T}}},\ \mathrm{e}^{\mathrm{j}2\pi\psi_l^{\mathrm{T}}\cdot 2},\ \cdots,\ \mathrm{e}^{\mathrm{j}2\pi\psi_l^{\mathrm{T}}\cdot(N_{\mathrm{T}}-1)}]^{\mathrm{T}}\end{aligned} \tag{6-44}$$

式中，$\psi_{l,\mathrm{R}}\triangleq\frac{d_{\mathrm{R}}}{\lambda}\sin(\theta_l^{\mathrm{R}})$，$\psi_{l,\mathrm{T}}\triangleq\frac{d_{\mathrm{T}}}{\lambda}\sin(\theta_l^{\mathrm{T}})$，$\lambda$ 是信号波长，d_{R} 和 d_{T} 分别是 BS 端和 UT 端相邻天线的间隔距离。鉴于毫米波 MIMO 系统散射簇分量的稀疏特性，假设 BS 端的 RF 链路数量不少于 L。

在毫米波 Massive MIMO 系统中，收发端均部署大量天线，据大数定理可知不同导向矢量之间相互近似正交，即 $\boldsymbol{a}_{\mathrm{R}}^{\mathrm{H}}(\theta_l^{\mathrm{R}})\boldsymbol{a}_{\mathrm{R}}(\theta_k^{\mathrm{R}})\approx 0,\ l\neq k$ 和 $\boldsymbol{a}_{\mathrm{T}}^{\mathrm{H}}(\theta_l^{\mathrm{T}})\boldsymbol{a}_{\mathrm{T}}(\theta_k^{\mathrm{T}})\approx 0,\ l\neq k$。为了便于后续数据验证分析，假设到达角与离开角之间的导向矢量完全正交，其数学表示如下式所示。

$$\boldsymbol{a}_{\mathrm{R}}^{\mathrm{H}}(\theta_l^{\mathrm{R}})\boldsymbol{a}_{\mathrm{R}}(\theta_k^{\mathrm{R}})=\delta(l-k),\ \boldsymbol{a}_{\mathrm{T}}^{\mathrm{H}}(\theta_l^{\mathrm{T}})\boldsymbol{a}_{\mathrm{T}}(\theta_k^{\mathrm{T}})=\delta(l-k) \tag{6-45}$$

式中，$\delta(\cdot)$ 为狄拉克 δ 函数。

图 6 - 12 中，UT 端首先从 L $(L \geqslant N_s)$ 条散射簇分量中选择 N_s 条具有最大散射簇增益 $|\beta_l|$ 的散射簇分量作为候选发射散射簇。通常假设散射簇分量增益 $|\beta_l|$ 按幅值递减顺序排序，即 $|\beta_1|>|\beta_2|>\cdots>|\beta_{N_x}|$。接下来，每个时隙选择 $N_{RF}(2 \leqslant N_{RF} \leqslant N_s)$ 个导向矢量，且 $N = 2^{\left\lfloor \log_2 \binom{N_{RF}}{N_s} \right\rfloor}$ 个导向矢量组合(steering vector combinations, SVCs)被用来隐式传递 $l_1 = \log_2 N$ bit 数据。此处的导向矢量以散射簇分量的数学表现形式来刻画波束。l_1 bit 被映射成 SVC 序号组合 $I \in A$，A 是 SVC 序号集。最后，发射的 N_{RF} 个波束分别承载 N_{RF} 个 M - ary 星座信息，从而构造出波束成形信号。此时，发端显式发送 $l_2 = N_{RF} \log_2 M$ bit 数据。因此，每个时隙发射机发送 $l = (l_1 + l_2)$ bit 数据。

利用 GSSM 方案，发射信号 $\boldsymbol{x} \in \mathbb{C}^{N_T \times 1}$ 的数学表示如下式所示。

$$\boldsymbol{x} = \frac{\sqrt{E}}{N_{RF}} [\boldsymbol{F}_1, \cdots, \boldsymbol{F}_i, \cdots, \boldsymbol{F}_{N_{RF}}][s_1, \cdots, s_i, \cdots, s_{N_{RF}}]^T \tag{6-46}$$

式中，$\boldsymbol{F}_i \in \mathbb{C}^{N_T \times 1}$ 代表第 i 个相移器网络产生的离开角导向矢量，$s_i \in S$ 表示能量归一化星座调制符号，S 是 M - ary 调制符号集，E 是平均发射功率。当发射信号经过式(6 - 43)表示的信道后，接收信号 $\boldsymbol{y} \in \mathbb{C}^{N_R \times 1}$ 在数学上可表示为下式。

$$\boldsymbol{y} = \boldsymbol{H}\boldsymbol{x} + \boldsymbol{n} \tag{6-47}$$

式中，$\boldsymbol{n}$ 表示加性噪声向量，服从循环对称复高斯分布 CN $(\boldsymbol{0}, \sigma^2 \boldsymbol{I}_{N_R})$。

6.4.3 广义空间散射调制检测算法

在 GSSM 方案中，每个时隙发射的信号可以分解成两部分：一部分信息用来选择散射簇分量，另一部分用来选择星座符号。因此，对 GSSM 信号进行检测时，可以采用分步检测的思想，文献[29]提出的最大权值优先的最大似然(maximum weight priority-maximum likelihood, MWP - ML)检测算法首先估计出发端所选择的 SVC 序号组合 $\hat{I}$，接着在此基础上，利用 ML 思想估计出 N_{RF} 个星座调制符号，详细介绍如下。

第一步，根据第 l 条散射簇分量，构建相应相移器权值向量 $\boldsymbol{r}_l = \frac{\beta_1}{|\beta_l|} \boldsymbol{a}_R(\theta_l^R)$。相移器权重向量集合 $\boldsymbol{r}_{l:N_s} = \mathbb{C}^{N_T \times N_s}$ 的数学表示如下式所示。

$$\boldsymbol{r}_{1:N_s} = [\boldsymbol{r}_1, \cdots, \boldsymbol{r}_{N_s}] = \left[\frac{\beta_l}{|\beta_l|} \boldsymbol{a}_R(\theta_l^R), \cdots, \frac{\beta_{N_s}}{|\beta_{N_s}|} \boldsymbol{a}_R(\theta_{N_s}^R) \right] \tag{6-48}$$

当接收信号通过相移器网络和 RF 链路后，联合接收信号向量 $\boldsymbol{y}_{cv} \in \mathbb{C}^{N_s \times 1}$ 可写成如式(6 - 49)的形式。

$$\boldsymbol{y}_{\mathrm{cv}}=\boldsymbol{r}_{1:N_{\mathrm{s}}}^{\mathrm{H}}\boldsymbol{y}=\begin{bmatrix}|\beta_{p_1}|s_1+\left[\dfrac{\beta_{p_1}}{|\beta_{p_1}|}\boldsymbol{a}_{\mathrm{R}}(\theta_{p_1}^{\mathrm{R}})\right]^{\mathrm{H}}\boldsymbol{n}\\ |\beta_{p_{N_{\mathrm{RF}}}}|s_{N_{\mathrm{RF}}}+\left[\dfrac{\beta_{p_{N_{\mathrm{RF}}}}}{|\beta_{p_{N_{\mathrm{RF}}}}|}\boldsymbol{a}_{\mathrm{R}}(\theta_{P_{N_{\mathrm{RF}}}}^{\mathrm{R}})\right]^{\mathrm{H}}\boldsymbol{n}\\ \left[\dfrac{\beta_{\bar{p}_1}}{|\beta_{\bar{p}_1}|}\boldsymbol{a}_{\mathrm{R}}(\theta_{\bar{p}_1}^{\mathrm{R}})\right]^{\mathrm{H}}\boldsymbol{n}\\ \left[\dfrac{\beta_{\bar{p}_{\mathrm{T}}}}{|\beta_{\bar{p}_{\mathrm{T}}}|}\boldsymbol{a}_{\mathrm{R}}(\theta_{\bar{p}_{\mathrm{T}}}^{\mathrm{R}})\right]^{\mathrm{H}}\boldsymbol{n}\end{bmatrix} \tag{6-49}$$

式中，$[p_1, \cdots, p_{N_{\mathrm{RF}}}]$ 表示发端所选择的导向矢量所在的序号值组合，$[\bar{p}_1, \cdots, \bar{p}_t]$ 是 $[p_1, \cdots, p_{N_{\mathrm{RF}}}]$ 在 N_{s} 个散射簇分量序号组合中的补集。从式(6-49)可知，随着信噪比的增加，联合接收信号向量 $\boldsymbol{y}_{\mathrm{cv}}$ 的最后 t 个元素将趋近于 0，而前 N_{RF} 个元素的幅值将趋于稳定但一定大于 0。接着，对 $\boldsymbol{y}_{\mathrm{cv}}$ 的每一个元素进行求模运算，从而获得 $\boldsymbol{y}_{\mathrm{cvm}}\in\mathbb{R}^{N_{\mathrm{s}}\times 1}$。

$$\boldsymbol{y}_{\mathrm{cvm}}=|\boldsymbol{y}_{\mathrm{cv}}|=[|\boldsymbol{y}_{\mathrm{cv1}}|, \cdots, |\boldsymbol{y}_{\mathrm{cv}N_{\mathrm{s}}}|]^{\mathrm{T}} \tag{6-50}$$

根据 SVC 的序号组合 $I_i=[p_1^i, p_2^i, \cdots, p_{N_{\mathrm{RF}}}^i]$，从 $\boldsymbol{y}_{\mathrm{cvm}}$ 中抽取出 N_{RF} 个相应的元素并将其累加，从而获得权值因子 $w_i\in\mathbb{R}^{1\times 1}$。

$$w_i=|y_{\mathrm{cv}p_1^i}|+\cdots+|y_{\mathrm{cv}p_{N_{\mathrm{RF}}}^i}|=\sum_{n=1}^{N_{\mathrm{RF}}}y_{\mathrm{cv}p_n^i} \tag{6-51}$$

式中，$i\in[1, 2, \cdots, N]$。当获取所有权重因子集合 $\boldsymbol{w}=[w_1, w_2, \cdots, w_N]$ 后，对所有权重因子排序可获得有序的 SVC 序号组合，表示为

$$[k_1, k_2, \cdots, k_N]=\mathrm{argsort}(\boldsymbol{w}) \tag{6-52}$$

式中，sort(·) 表示对输入向量进行递减排序，k_1 和 k_N 分别表示权值向量集 $\boldsymbol{w}$ 中的最大和最小元素所处的序号。通过分析式(6-49)可知，收端能以很高的准确率恢复发端选择 SVC 序号组合 I_{k_1}。

第二步，根据第一步所求得的 $\hat{I}=I_{k_1}$，进一步检测所发射的符号 $\{s_1, \cdots, s_{N_{\mathrm{RF}}}\}$。可以利用最小化接收信号的欧氏距离准则筛选出发射信号。假定发射机选用的散射簇序号组合为 $I=[p_1, p_2, \cdots, p_{N_{\mathrm{RF}}}]$，$\{s_1, \cdots, s_{N_{\mathrm{RF}}}\}$ 可以利用下式估计可得。

$$\{\hat{s}_1, \cdots, \hat{s}_{N_{\mathrm{RF}}}\}=\arg\min_{s_1, \cdots, s_{N_{\mathrm{RF}}}\in S}\left|\sum_{n=1}^{N_{\mathrm{RF}}}\boldsymbol{y}_{\mathrm{cv}p_n}-\sum_{n=1}^{N_{\mathrm{RF}}}\left(\left[\frac{\beta_{p_n}}{|\beta_{p_n}|}\boldsymbol{a}_{\mathrm{R}}(\theta_{p_n}^{\mathrm{R}})\right]^{\mathrm{H}}\boldsymbol{H}\boldsymbol{a}_{\mathrm{T}}(\theta_{p_n}^{\mathrm{T}})s_n\right)\right|^2 \tag{6-53}$$

最后，分别将 $\hat{I}$ 和 $\hat{s}_1, \cdots, \hat{s}_{N_{\mathrm{RF}}}$ 解映射为对应的比特信息。

6.4.4 广义空间散射调制性能分析

根据发射信号采用的技术,将GSSM方案划分为GSSM_Ⅰ(采用分集技术)和GSSM_Ⅱ(采用复用技术)。接下来,介绍最大波束赋形(maximum beamforming, MBF)方案和随机波束赋形(random beamforming, RBF)方案的性能以作参考。在MBF方案中,UT端选择具有前两个最大路径增益 $|\beta_m|$ 和 $|\beta_n|$ 的散射簇分量承载发射符号信息。在RBF方案中,UT端随机选择两个散射簇分量承载发射符号信息。MBF方案与RBF方案均采用ML算法恢复发射符号。有关两种方案的更多细节可参阅文献[26]和[27]。

仿真参数设定为: UT端和BS端天线数量 $N_T = N_R = 32$。UT端的射频链路数量 $N_{RF} = 2$, BS端的射频链路数为8。天线间距参数 d_T, d_R 都为 $\frac{\lambda}{2}$。散射簇分量的路径增益 β_l, $l = 1, \cdots, L$ 服从均值为0,方差为1的复高斯分布,即 $\beta_l \sim CN(0, 1)$, 选择其中 $N_s = 8$ 条最大路径增益 $|\beta_l|$ 作为相应候选发射散射簇。仿真时,考虑传输路径数量 $L = 8$ 和 $L = 12$ 两种情况。

对图6-13(a)中GSSM_Ⅰ方案而言,当SNR=26 dB时, MWP-ML检测算法BER低至0.001,而传统ML检测算法BER只达到0.009;随着 L 增大,图6-13(b)中MWP-ML算法比传统ML算法更具有检测性能优势。该实验结果表明,当毫米波通信环境下散射簇分量增加时,MWP-ML算法更适合在GSSM方案中进行信号检测。MWP-ML算法采用分步检测思想,即第一步检测出用户终端所选择的传输极化方向,第二步是在已估计的传输极化方向基础上检测出所发射的符号域信息。而传统ML算法是对用户

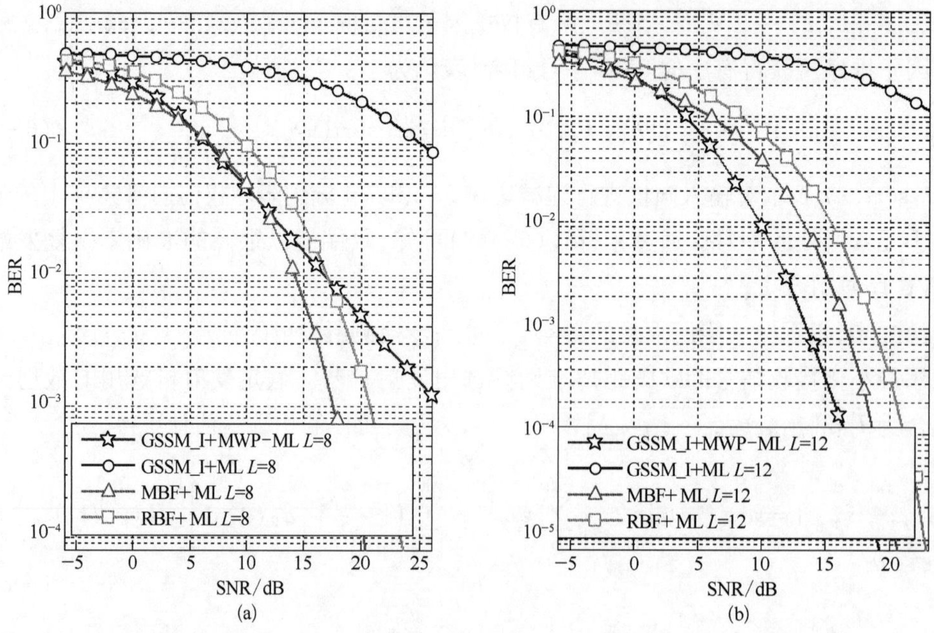

图6-13 采用GSSM_Ⅰ、MBF和RBF方案的BER性能对比($R=6$ bpcu)

终端所选择的传输极化方向及发射符号进行联合检测。仿真数据显示，分步检测思想比联合检测思想更适合 GSSM 方案。对比 GSSM_Ⅰ方案与 MBF、RBF 方案，图 6-13(a)显示，当 SNR < 10 dB 时，GSSM_Ⅰ方案的 BER 性能与 MBF 方案相当，且优于 RBF 方案；但随着 SNR 增加，GSSM_Ⅰ方案的 BER 性能逐渐弱于 MBF、RBF 方案。结合图 6-13(a)可知，随着散射簇数量 L 的增加，GSSM_Ⅰ方案的 BER 性能一直强于 MBF、RBF 方案。这是因为假设的路径增益是服从均值为 0，方差为 1 的复高斯分布。当散射簇分量增多时，GSSM_Ⅰ方案可以从更多的候选传输路径中挑出最优的传输极化方向(一般选择路径增益较大的前 N_s 条传输极化方向)。相比 ML 算法，MWP-ML 算法更适合 GSSM 方案。MBF 方案选择传输极化方向比较单一，即选择路径增益最大的前 N_{RF} 条传输极化方向虽具有一定的信道增益优势保障，但在散射簇较丰富的前提下，各路径增益的差异较小，其优势得不到较好体现。RBF 方案选择传输极化方向则比较随机，具有不确定性，如选择了路径增益较大的传输极化方向，性能或好；如选择了路径增益极小的传输极化方向，性能或差。因此，上述两种方案在散射簇分量丰富时的 BER 性能总体弱于 GSSM_Ⅰ方案。

如图 6-14 所示，为了匹配系统数据传输速率 $R=8$ bpcu，GSSM_Ⅱ方案只需要4 阶符号调制，而 MBF、RBF 方案需要高达 256 阶符号调制。这是由于 GSSM 方案充分挖掘了另一维度信息——角度域信息，频谱利用率同时也间接得到了提升。图 6-14(a)显示，随着数据传输速率的提升，MBF、RBF 方案的 BER 性能明显变差，与 GSSM_Ⅱ曲线交点的横

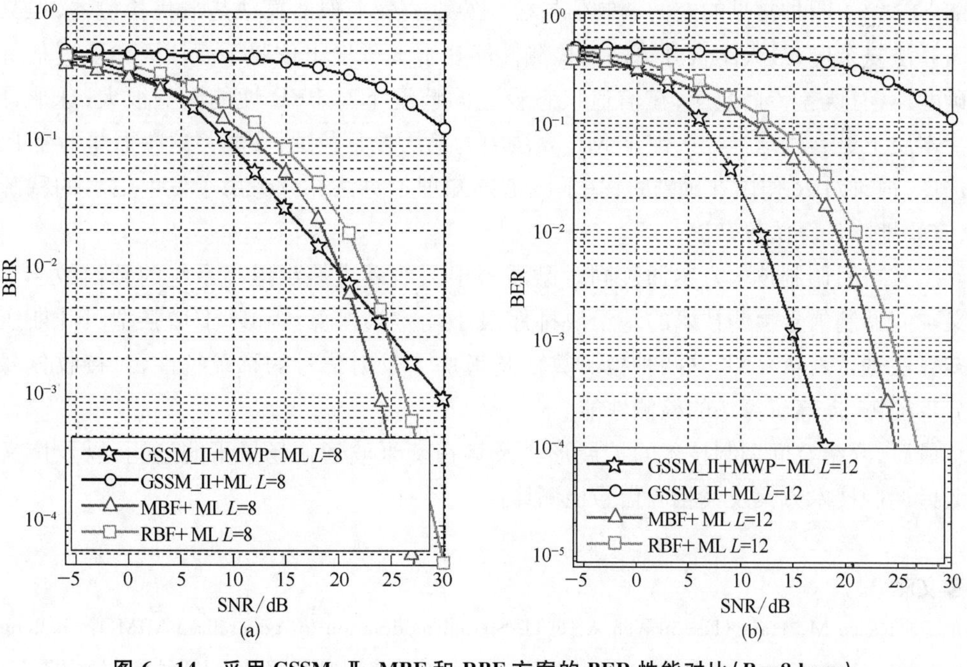

图 6-14　采用 GSSM_Ⅱ、MBF 和 RBF 方案的 BER 性能对比($R=8$ bpcu)

坐标由图 6 - 13(a)中约 10 dB 右移至约 20 dB。这正是高阶符号调制对收端符号能否正确判决的最大冲击影响。如图 6 - 14(b)所示,随着散射簇数量 L 的增加,GSSM_Ⅱ 方案更凸显出较 MBF、RBF 方案的 BER 性能优势。从图 6 - 14 中可知,GSSM_Ⅱ 方案中,MWP - ML 算法均比传统 ML 算法有明显的 BER 性能优势。

综上分析,GSSM 调制方案及 MWP - ML 检测算法有如下优势。

(1) 在 GSSM 调制方案中,采用分步检测的思想更适合检测信号。上述 MWP - ML 检测算法可实现较优的信号检测性能。

(2) GSSM 调制方案通过充分挖掘角度域信息,将其作为隐含信息进行传输,这避免了高阶符号调制并提高了频谱利用率。此外,在相同数据传输速率条件下,采用低阶符号调制更有利于接收信号的准确判决。

(3) 随着散射簇数量的增加,不同传输路径增益的差异变小。采用低阶符号调制的方案带来的性能增益将超过不指定最大路径增益的传输极化方向。在这种情况下,GSSM 方案比 MBF、RBF 方案更具性能优势,其验证结果见图 6 - 13 和图 6 - 14(a)。

§6.5 小结

空间调制技术能有效降低能耗、提升频谱利用率,是未来绿色通信的关键候选技术之一。本章首先从原理上讲述了空间调制在 MIMO 无线通信系统上的运行机理,并将其与传统 MIMO 调制技术进行性能仿真对比,结果表明空间调制技术具有良好的 BER 性能。介绍了四种常见的空间调制信号检测算法: 最大似然算法是最优检测器,但具有超高算法复杂度;最大比合并算法的检测性能在很大程度上依赖于激活天线位置估计的准确度,具有误差传播效应,在信道状态较差的情况下对 BER 性能影响很大;球形译码算法本质上是利用球半径来缩小 ML 算法中的遍历搜索范围,性能关键在于球半径 R 大小选择,很难对 R 作出准确判断;基于压缩感知理论算法充分考虑了发射信号的稀疏特性,有效地降低算法复杂度。

广义空间调制技术方案通过同时激活多根天线以进一步提高系统的频谱效率。对广义空间调制信号检测技术的基于块排序最小均方误差算法和基于增强型贝叶斯压缩感知算法进行着重介绍,这两种检测算法均考虑了发射信号的稀疏特性,对接收信号进行分步检测,提高了算法的检测性能。

最后,介绍空间调制技术的扩展形式及其在毫米波通信场景下的运用,以及广义空间散射调制技术方案及其相应信号检测算法。

参考文献

[1] Di Renzo M, Haas H, Ghrayeb A, et al. Spatial modulation for generalized MIMO: challenges, opportunities, and implementation[J]. Proceedings of the IEEE, 2014, 102(1): 56 - 103.

[2] Yang P, Di Renzo M, Xiao Y, et al. Design guidelines for spatial modulation [J]. IEEE Communications Surveys and Tutorials, 2015, 17(1): 6 - 26.

[3] Di Renzo M, Haas H. Bit error probability of SM - MIMO over generalized fading channels[J]. IEEE Transactions on Vehicular Technology, 2012, 61(3): 1124 - 1144.

[4] Meslsh R Y, Haas H, Sinanovic S, et al. Spatial modulation[J]. IEEE Transactions on Vehicular Technology, 2008, 57(4): 2228 - 2241.

[5] Younis A, Sinanovic S, Di Renzo M, et al. Generalized sphere decoding for spatial modulation [J]. IEEE Transactions on Communications, 2013, 61(7): 2805 - 2815.

[6] Lee K. Doubly ordered sphere decoding for spatial modulation[J]. IEEE Communications Letters, 2015, 19(5): 795 - 798.

[7] Barik S, Vikalo H. Sparsity-aware sphere decoding: algorithms and complexity analysis[J]. IEEE Transactions on Signal Processing, 2014, 62(9): 2212 - 2225.

[8] Duarte M F, Eldar Y C. Structured compressed sensing: from theory to applications[J]. IEEE Transactions on Signal Processing, 2011, 59(9): 4053 - 4085.

[9] Fu J, Hou C, Xiang W, et al. Generalised spatial modulation with multiple active transmit antennas[C]//IEEE. Proceedings of IEEE Globecom Workshops, December 6 - 10, 2010. New York: IEEE, 2010: 839 - 844.

[10] Xiao Y, Yang Z F, Dan L L, et al. Low-complexity signal detection for generalized spatial modulation[J]. IEEE Communications Letters, 2014, 18(3): 403 - 406.

[11] Wang C Y, Cheng P, Chen Z, et al. Near-ML low-complexity detection for generalized spatial modulation[J]. IEEE Communications Letters, 2016, 20(3): 618 - 621.

[12] 王春阳. MIMO无线通信空间调制技术研究[D]. 上海：上海交通大学,2017.

[13] Wipf D P, Rao B D. An empirical bayesian strategy for solving the simultaneous sparse approximation problem[J]. IEEE Transactions on Signal Processing, 2007, 55(7): 3704 - 3716.

[14] Sugiura S, Chen S, Hanzo L. Coherent and differential space-time shift keying: a dispersion matrix approach[J]. IEEE Transactions on Communications, 2010, 58(11): 3219 - 3230.

[15] Zheng J, Sun Y. Energy-efficient spatial modulation over MIMO frequency-selective fading channels[J]. IEEE Transactions on Vehicular Technology, 2015, 64(5): 2204 - 2209.

[16] Ngo H A, Xu C, Sugiura S, et al. Space-time-frequency shift keying for dispersive channels[J]. IEEE Signal Processing Letters, 2011, 18(3): 177 - 180.

[17] Xiao Y, Wang S, Dan L, et al. OFDM with interleaved subcarrier-index modulation[J]. IEEE Communications Letters, 2014, 18(8): 1447 - 1450.

[18] Yang P, Xiao Y, Yu Y, et al. Adaptive spatial modulation for wireless MIMO transmission systems[J]. IEEE Communications Letters, 2011, 15(6): 402 - 604.

[19] Cheng C C, Sari H, Sezginer S, et al. Enhanced spatial modulation with multiple signal constellations[J]. IEEE Transactions on Communications, 2015, 63(6): 2237 - 2248.

[20] Bian Y, Cheng X, Wen M, et al. Differential spatial modulation[J]. IEEE Transactions on Vehicular Technology, 2015, 64(7): 3262 - 3268.

[21] Mesleh R, Ikki S, Aggoune E H M. Quadrature spatial modulation system [J]. IEEE Transactions on Vehicular Technology, 2015, 64(6): 2738 - 2742.

[22] Lee M, Chung W H. Transmitter design for analog beamforming aided spatial modulation in millimeter wave MIMO systems [C] // IEEE. Proceedings of IEEE Annual International Symposium on Personal, Indoor, and Mobile Radio Communications (PIMRC), September 4 - 7, 2016. New York: IEEE, 2016: 1 - 6.

[23] Tu Y L, Gui L, Qin Q B, et al. Generalized spatial scattering modulation for uplink millimeter wave MIMO system [C] // IEEE. Proceedings of IEEE / CIC International Conference on Communications in China (ICCC), December 7 - 10, 2018. New York: IEEE, 2018: 22 - 27.

[24] 涂玉良.基于空间调制的信号检测技术研究[D].上海:上海交通大学,2019.

[25] Ayach O E, Rajagopal S, Abu-Surra S, et al. Spatially sparse precoding in millimeter wave MIMO systems[J]. IEEE Transactions on Wireless Communications, 2014, 13(3): 1499 - 1513.

[26] Ding Y, Kim K J, Koike-Akino T, et al. Millimeter wave adaptive transmission using spatial scattering modulation [C] // IEEE. Proceedings of IEEE International Conference on Communications, July 2 - 7, 2017. New York: IEEE, 2017: 1 - 6.

[27] Ding Y, Kim K J, Koike-Akino T, et al. Spatial scattering modulation for uplink millimeter-wave systems[J]. IEEE Communications Letter, 2017, 21(7): 1493 - 1496.

[28] Luo S, Tran X T, Teh K C, et al. Adaptive spatial modulation for uplink mmwave communication systems[J]. IEEE Communications Letter, 2017, 21(10): 2178 - 2181.

[29] Renzo M D, Haas H, Grant P M. Spatial modulation for multiple-antenna wireless systems: a survey[J]. IEEE Communications Magazine, 2011, 49(12): 182 - 191.

第7章 稀疏信号处理在混合预编码中的应用

实际通信过程中，在接收机进行信道估计后，系统通过均衡技术消除信道干扰。在MIMO系统中，为了有效简化接收机的设计，通过对发射信号进行某种预处理来消除无线通信环境下各种不良影响，这样的技术称为预编码技术。随着无线通信的不断发展，预编码技术在不同的应用场景下呈现出不同的作用形态[1-2]。除了传统的数字预编码和模拟预编码，3GPP 标准提案[3]中同时提到了混合预编码。目前，大量混合预编码设计方案在学术论文及公司提案中涌现。

§7.1 传统预编码方案

传统预编码方案包括数字预编码和模拟预编码，无论发射机采用何种结构的预编码，其设计的先决条件是获得全部或者部分信道状态信息。TDD 模式中，收发端可以利用上下行信道的互易性，下行信道状态信息直接通过上行信道估计得到，反之亦然；FDD 模式中，由于上下行信道处在不同频段，信道间不存在互易性，接收机进行信道估计之后需要将 CSI 反馈给发射机。目前，5G 标准指定了两个工作频域[4]，分别是 450～6 000 MHz以及 24 250～52 600 MHz。在低于 6 GHz 的频段上，TDD 和 FDD 两种双工机制均可应用，而在超过 24 GHz 的频段上只应用 TDD 模式。本章后续小节聚焦于毫米波系统，因此假设系统都采用 TDD 模式，发端可以利用信道互易性获得完整的信道状态信息，进行预编码设计[2]。

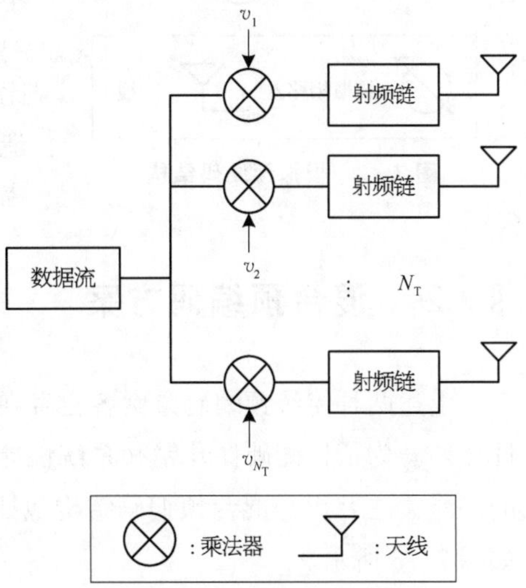

图 7-1　数字预编码结构

7.1.1　数字预编码

发端的每一个数据流的数字预编码结构如图 7-1 所示[5-6]。

数字预编码本质上是将每个数据流与 N_{T} 维的复权重向量 $\boldsymbol{v}=[\boldsymbol{v}_1, \boldsymbol{v}_2, \cdots, \boldsymbol{v}_{N_{\mathrm{T}}}]$ 相乘,再将其调制到通带并加载到各个天线上。其结构的主要特点是每个天线都会与一个射频链相连接。

MIMO 系统主要有三种数字预编码设计方案[7-8]: ZF 预编码、匹配滤波(matched-filter, MF)预编码,以及 MMSE 预编码。相应的预编码矩阵设计可以表达为

$$\begin{aligned} \boldsymbol{F}_{\mathrm{ZF}} &= \delta_{\mathrm{ZF}}\boldsymbol{H}^{\dagger} = \delta_{\mathrm{ZF}}\boldsymbol{H}^{\mathrm{H}}(\boldsymbol{H}\boldsymbol{H}^{\mathrm{H}})^{-1} \\ \boldsymbol{F}_{\mathrm{MF}} &= \delta_{\mathrm{MF}}\boldsymbol{H}^{\mathrm{H}} \\ \boldsymbol{F}_{\mathrm{MMSE}} &= \delta_{\mathrm{MMSE}}\boldsymbol{H}^{\mathrm{H}}(\boldsymbol{H}\boldsymbol{H}^{\mathrm{H}}+\alpha\boldsymbol{I})^{-1} \end{aligned} \tag{7-1}$$

式中, $\boldsymbol{H}$ 是信道矩阵。本章中, δ 均代表归一化能量系数,使预编码矩阵满足功率约束 $\|\boldsymbol{F}\|_F^2=P$, 例如针对 ZF 预编码,有 $\delta_{\mathrm{ZF}}=\sqrt{\dfrac{P}{\|\boldsymbol{H}^{\dagger}\|_F^2}}$ (本式在下文中均可同理得到,不再赘述)。这三种预编码设计方案有密切的联系: 在 Massive MIMO 系统中,随着发射机天线数量的增加, $\dfrac{\boldsymbol{H}\boldsymbol{H}^{\mathrm{H}}}{N_{\mathrm{T}}}$ 趋近于单位阵,因此 ZF 预编码与 MF 预编码的性能很接近。对 MMSE 预编码设计而言,当设置参数 $\alpha=0$ 时, MMSE 预编码退化为 ZF 预编码;当 α 趋向无穷大时,MMSE 预编码则会退化为 MF 预编码。

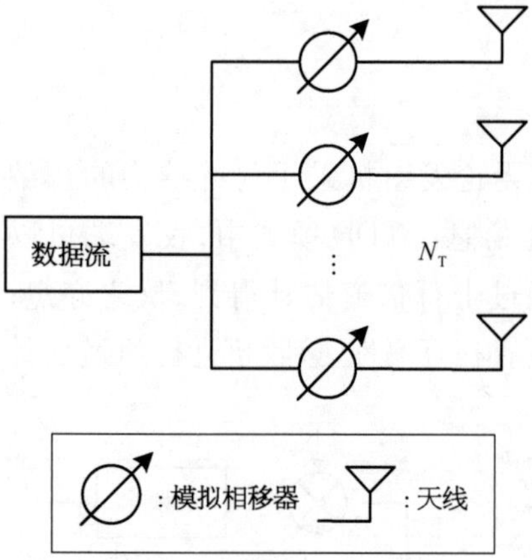

图 7-2 模拟预编码结构

7.1.2 模拟预编码

模拟预编码结构如图 7-2 所示[9-10]。它利用低成本的模拟相移器(analog phase shifter, APS)来控制每个发射天线的信号相位。

模拟相移器的使用令模拟预编码在硬件成本上比数字预编码的优越性更大。但是,模拟相移器会造成每个预编码矩阵系数幅值恒定,由于不能调节幅值,其系统性能比数字预编码差。

§7.2 混合预编码方案

上述两种传统预编码方案各自存在缺陷: 数字预编码硬件开销大,模拟预编码系统性能差。为了权衡硬件开销和系统性能,混合预编码方案被提出并受到学术界和工业界的广泛关注[11-14]。混合预编码结构包括基带的数字预编码器和射频带的模拟预编码器,如图 7-3 所示。

多个数据流在基带经过低维度的数字预编码器后加载到 N_{RF} 个射频链上,再经过低

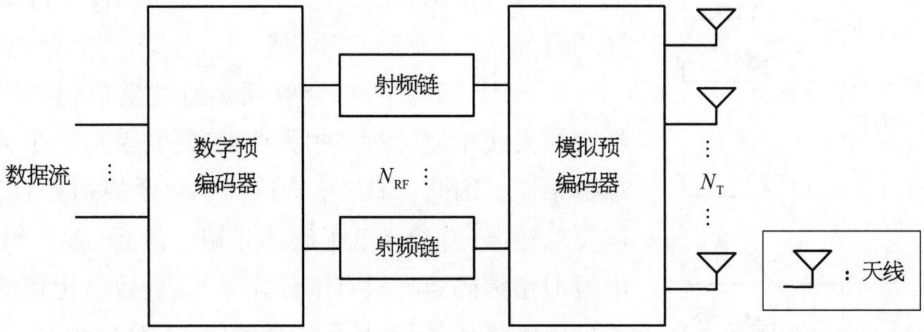

图 7－3　混合预编码结构

硬件开销的模拟预编码器后加载到天线阵上。这种混合结构在硬件开销和系统性能的权衡体现在以下两方面。

(1) 全数字预编码结构中射频链的数量与天线数相同,而混合预编码结构中射频链的数量可以远小于天线数量,因此混合结构具备更低的硬件开销。

(2) 全模拟预编码的波束赋形系数必须满足模长恒定的约束,而混合预编码通过低维度的数字预编码令整体的预编码矩阵的元素能够在一定程度上调整幅度,从而获得较好的系统性能。

7.2.1　经典混合预编码

混合预编码结构中,射频链和天线通过模拟相移器和射频加法器连接,根据射频链和天线的不同连接,经典混合预编码结构可以分为全连接混合预编码(fully-connected hybrid precoding, FHP)结构和子连接混合预编码(sub-connected hybrid precoding, SHP)结构。全连接混合预编码结构如图 7－4 所示[11]。

在 FHP 结构中,每个射频链通过 N_T 个模拟相移器与所有天线连接,每根天线通过一个加法器将 N_{RF} 个经过相移的射频信号进行线性组合并发射出去。由图 7－4 可知,每个模拟相移器与一对特定的射频链和天线对应,每个加法器与一根特定的天线对应,因此系统共需要 $N_{RF}N_T$ 个模拟相移器和 N_T 个加法器。在 Massive MIMO 场景下,由于天线数量达到数百根,因此 FHP 结构需要大量的模拟相移器,这会给系统带来巨大的硬件开销。此外,模拟相移器带来的插入损耗也是影响系统性能的不利因素。

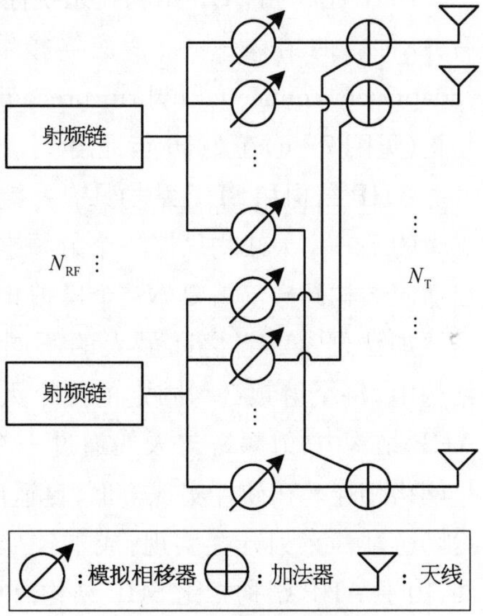

图 7－4　全连接混合预编码结构

为了解决 FHP 结构的硬件开销问题,子连接

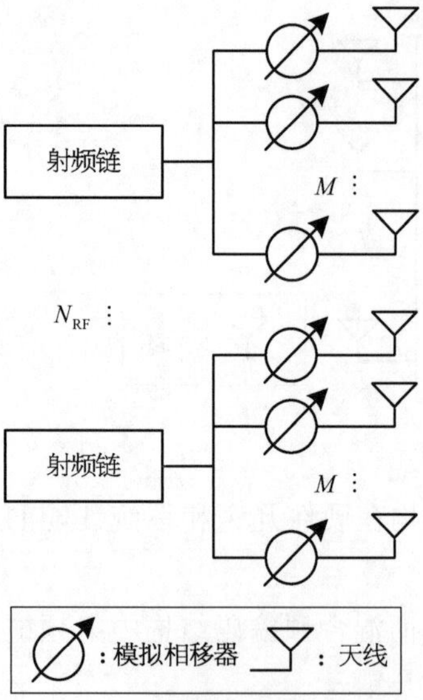

图 7-5 子连接混合预编码结构

混合预编码结构(见图 7-5[15-17])被提出,并得到广泛关注和研究。

在 SHP 结构中,每个射频链通过模拟相移器与一组特定的天线相连。对某根天线而言,它仅与一个特定的射频链相连。因此,SHP 结构只需 N_T 个模拟相移器,且不需要加法器,有效降低了硬件开销。然而,由于 SHP 结构中模拟预编码矩阵只有部分非零元,导致最优预编码设计的自由度降低,因此其系统性能比 FHP 结构差。

由于模拟预编码是由模拟相移器组成的,而模拟预编码矩阵的元素模长恒定,因此只有相位可以调整。FHP 结构的模拟预编码矩阵每个元素可以表示为[11]

$$\boldsymbol{F}_{RF}(i, n) = e^{j\theta_{i,n}} \tag{7-2}$$

SHP 结构的模拟预编码矩阵为一个块对角矩阵[15],表示为

$$\begin{aligned} \boldsymbol{F}_{RF} &= \text{diag}\{\boldsymbol{f}_1, \boldsymbol{f}_2, \cdots, \boldsymbol{f}_{N_{RF}}\} \\ \boldsymbol{f}_n(m) &= e^{j\theta_{n,m}}, \ n = 1, 2, \cdots, N_{RF} \end{aligned} \tag{7-3}$$

式中,$\boldsymbol{f}_n \in \mathbb{C}^{M\times 1}$,$M = \dfrac{N_T}{N_{RF}}$ 通常假定为整数。

7.2.2 自适应连接混合预编码

FHP 结构和 SHP 结构在系统性能和硬件开销上有各自的优势。在权衡二者的利弊后,一种新的结构——自适应连接混合预编码(adaptively-connected hybrid precoding, AHP)结构(见图 7-6)在 2016 年提出[18]。

AHP 结构和 SHP 结构具有一定的相似性,二者的每一个天线均只与一个射频链相连,因此自适应结构同样仅需要 N_T 个模拟相移器,且不需要加法器。二者之间最大的不同在于,SHP 结构中,每个射频链与固定的几个天线相连;而 AHP 结构中,射频链与天线通过一个自适应连接网络相连。在硬件实现方面,自适应连接网络可以通过一系列开关实现,成本较低;在性能方面,由于 AHP 结构相比 SHP 结构有更强的灵活性,因此前者的系统性能更优。

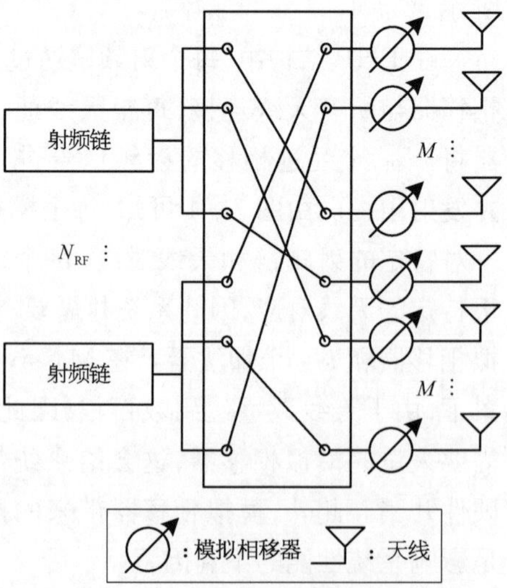

图 7-6 自适应连接混合预编码结构

AHP 结构[18]的模拟预编码矩阵服从约束式(7-4)。

$$\begin{aligned} & \boldsymbol{F}_{\mathrm{RF}}(i,\ n) \in \{0,\ \mathrm{e}^{\mathrm{j}\theta}\} \\ & \sum_{n=1}^{N_{\mathrm{RF}}} \mid \boldsymbol{F}_{\mathrm{RF}}(i,\ n) \mid = 1,\ \forall i \\ & \sum_{i=1}^{N_{\mathrm{T}}} \mid \boldsymbol{F}_{\mathrm{RF}}(i,\ n) \mid = M,\ \forall n \end{aligned} \tag{7-4}$$

式中,第一个约束表明模拟预编码矩阵的元素为 0 或者模为 1,元素非零表明该元素对应的天线与射频链相互连接;第二个约束表明模拟预编码矩阵的每一行只有一个非零元,这是每个天线仅与一个射频链相连所致;第三个约束表明模拟预编码矩阵的每一列只有 M 个非零元,这是由每个射频链能够同时连接 M 个天线造成的。这些约束与子连接最大的不同在于,AHP 结构的模拟预编码矩阵的非零元的位置不再固定。模拟预编码矩阵非零元位置的选择其实就是自适应连接网络的设计,自适应连接混合预编码的设计难点就在于此。

7.2.3　多相移器混合预编码

上述三种混合预编码结构存在一个共同点:模拟预编码矩阵的非零元具有固定的模长,只能调整其相位。这是由于模拟预编码在实现中仅通过一个模拟相移器将射频链与天线相连。模拟预编码矩阵的约束会导致混合预编码性能下降。

为了突破这种限制,文献[19]提出多相移器(multiple phase shifter, MPS)混合预编码结构(见图 7-7),它通过多个模拟相移器以及加法器连接一对射频链和天线。

信号在接入天线之前会分别经过两个模拟相移器并求和,使得模拟预编码中的每个非零元对应两个模为 1 的复数求和,即模拟预编码矩阵的非零元的模长不再被限制为 1,而是服从约束式(7-5)[19]。

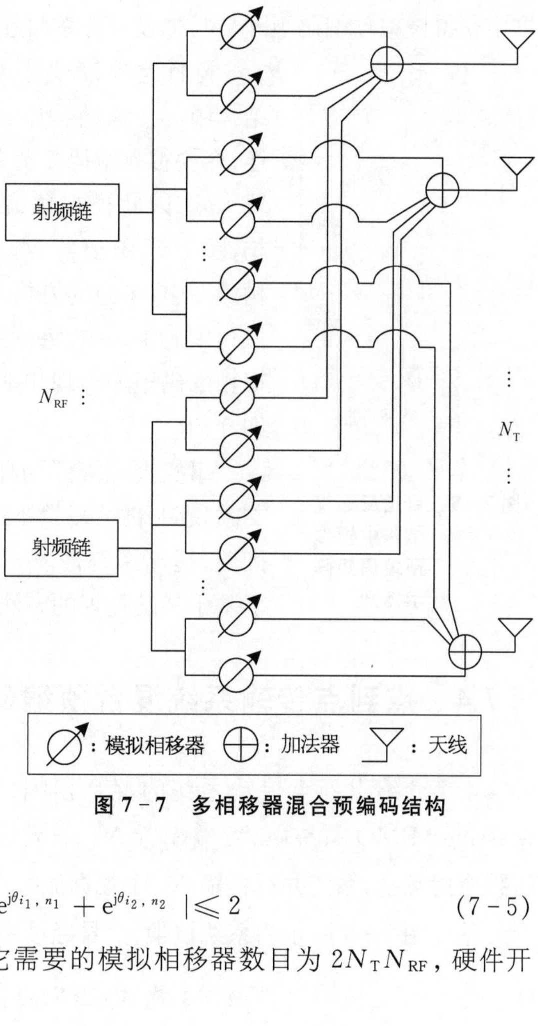

图 7-7　多相移器混合预编码结构

$$\mid \boldsymbol{F}_{\mathrm{RF}}(i,\ n) \mid = \mid \mathrm{e}^{\mathrm{j}\theta_{i_1,\ n_1}} + \mathrm{e}^{\mathrm{j}\theta_{i_2,\ n_2}} \mid \leqslant 2 \tag{7-5}$$

MPS 结构的系统性能优于 FHP 结构,但它需要的模拟相移器数目为 $2N_{\mathrm{T}}N_{\mathrm{RF}}$,硬件开销较大。

§7.3 预编码设计中的稀疏性

要在混合预编码设计问题中应用稀疏信号处理方法的首要条件是获得稀疏性。不同于毫米波信道的稀疏性、空间调制系统激活天线的稀疏性,混合预编码设计的稀疏性往往需要通过构造合适的模拟预编码码书来获得。

回顾一下,第 3 章介绍的稀疏表示理论通过过完备字典代替正交基函数,利用稀疏信号处理方法自适应从字典中选取变换基,从而将信号表示为少量向量的线性组合。类似地,混合预编码设计中,结合模拟预编码恒模等限制条件,通常基于信道导向矢量或者 DFT 矩阵构造合适的过完备码书[20],码书的每个列元素作为模拟预编码矩阵每列的可行解,数字预编码转换为待估计的稀疏矩阵,混合预编码设计问题从而转化为压缩感知问题。通过稀疏重构算法求解稀疏系数得到数字预编码矩阵,由非零元位置的索引从码书中获得模拟预编码矩阵。具体设计方案将在下节详细介绍。

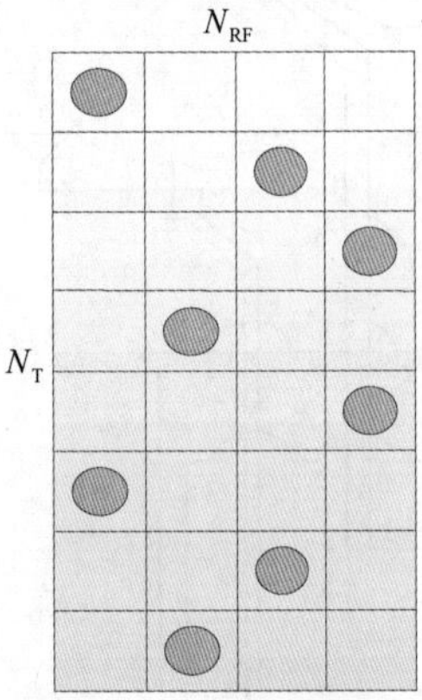

图 7-8 自适应连接结构中模拟预编码矩阵示意图

除此之外,较为直观的稀疏性出现在自适应连接混合预编码结构中。在该结构中,每一根天线均自适应地与某个射频链相连,令模拟预编码矩阵的每一行只有一个非零元,且其非零元位置未知,因此模拟预编码矩阵具备稀疏性。基于自适应连接结构,图 7-8 给出当 $N_{\mathrm{T}}=8$, $N_{\mathrm{RF}}=4$ 时模拟预编码一种可行的结构。图中,带点的方格表示非零元,空白方格表示零元。此时,模拟预编码矩阵中,每行只有一个非零元,每列只有两个非零元,模拟预编码矩阵表现出明显的稀疏性。具体设计方案将在下节详细介绍。

事实上,混合预编码设计中的稀疏性不具备普适性,但大量文献表明,部分场景下压缩感知确实能有效处理混合预编码设计问题,提高系统性能。针对混合预编码设计,后续小节不仅介绍了基于稀疏处理的方法,同时也补充介绍了非稀疏处理的方法。

§7.4 点到点传输系统混合预编码设计

本节介绍点到点传输系统的混合预编码设计,并聚焦全连接结构[14,21]。考虑在 Massive MIMO 系统中,发端配置 N_{T} 个天线、$N_{\mathrm{T}}^{\mathrm{RF}}$ 个射频链,收端配置 N_{R} 个天线、$N_{\mathrm{R}}^{\mathrm{RF}}$ 个射频链,系统并行传输 N_{s} 个数据流。点到点传输系统结构如图 7-9 所示[14]。

基于图 7-9 所示的系统框架,信号经过用户侧的合并器后可以表达为[14]

$$\boldsymbol{r}=\boldsymbol{W}_{\mathrm{BB}}^{\mathrm{H}}\boldsymbol{W}_{\mathrm{RF}}^{\mathrm{H}}\boldsymbol{H}\boldsymbol{F}_{\mathrm{RF}}\boldsymbol{F}_{\mathrm{BB}}\boldsymbol{x}+\boldsymbol{W}_{\mathrm{BB}}^{\mathrm{H}}\boldsymbol{W}_{\mathrm{RF}}^{\mathrm{H}}\boldsymbol{n} \tag{7-6}$$

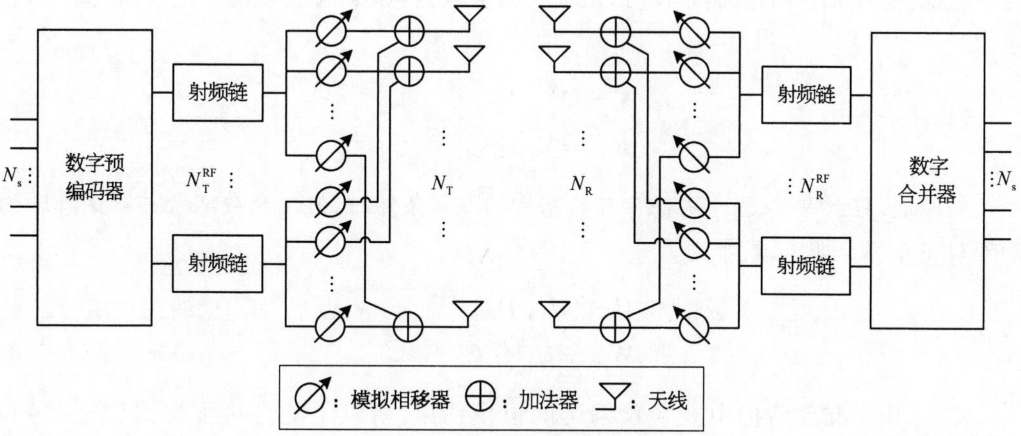

图7-9 点到点传输系统结构

式中，$\boldsymbol{F}_{RF} \in \mathbb{C}^{N_T \times N_T^{RF}}$ 和 $\boldsymbol{F}_{BB} \in \mathbb{C}^{N_T^{RF} \times N_s}$ 分别为模拟预编码矩阵和数字预编码矩阵，满足功率约束 $\|\boldsymbol{F}_{RF}\boldsymbol{F}_{BB}\|_F^2 = N_s$；$\boldsymbol{H} \in \mathbb{C}^{N_R \times N_T}$ 为信道矩阵；$\boldsymbol{W}_{RF} \in \mathbb{C}^{N_R \times N_R^{RF}}$ 和 $\boldsymbol{W}_{BB} \in \mathbb{C}^{N_R^{RF} \times N_s}$ 分别为模拟合并器矩阵和数字合并器矩阵；$\boldsymbol{n}$ 为零均值功率 σ_n^2 的复高斯噪声。根据式(7-6)，系统的可达速率为[14]

$$R = \log_2\left(\left|\boldsymbol{I} + \frac{1}{N_s}\boldsymbol{R}_n^{-1}\boldsymbol{W}_{BB}^H\boldsymbol{W}_{RF}^H\boldsymbol{H}\boldsymbol{F}_{RF}\boldsymbol{F}_{BB}\boldsymbol{F}_{BB}^H\boldsymbol{F}_{RF}^H\boldsymbol{H}^H\boldsymbol{W}_{RF}\boldsymbol{W}_{BB}\right|\right) \tag{7-7}$$

式中，$\boldsymbol{R}_n = \sigma_n^2\boldsymbol{W}_{BB}^H\boldsymbol{W}_{RF}^H\boldsymbol{W}_{RF}\boldsymbol{W}_{BB}$ 为经过合并器后的噪声方差矩阵。混合预编码设计从而可以转换为如下最优化问题。

$$\begin{aligned} &\max_{\boldsymbol{F}_{RF},\, \boldsymbol{F}_{BB},\, \boldsymbol{W}_{RF},\, \boldsymbol{W}_{BB}} R \\ &\text{s.t. } |\boldsymbol{F}_{RF}(i, n)| = 1,\ |\boldsymbol{W}_{RF}(i, n)| = 1, \\ &\|\boldsymbol{F}_{RF}\boldsymbol{F}_{BB}\|_F^2 = N_s \end{aligned} \tag{7-8}$$

在 $\boldsymbol{F}_{RF}$ 和 $\boldsymbol{W}_{RF}$ 的恒模约束下，式(7-8)需要联合优化四个矩阵，这是一个 NP 难问题[22]。为简化收发信机的设计，通常考虑对收发端进行解耦，即单独设计发端预编码矩阵和收端合并器矩阵。在发端，通过设计混合预编码，最大化式(7-9)所示的信道互信息[14]。

$$I(\boldsymbol{F}_{RF}, \boldsymbol{F}_{BB}) = \log_2\left(\left|\boldsymbol{I} + \frac{1}{N_s\sigma_n^2}\boldsymbol{H}\boldsymbol{F}_{RF}\boldsymbol{F}_{BB}\boldsymbol{F}_{BB}^H\boldsymbol{F}_{RF}^H\boldsymbol{H}^H\right|\right) \tag{7-9}$$

利用信道矩阵的 SVD 分解 $\boldsymbol{H} = \boldsymbol{U}\boldsymbol{\Sigma}\boldsymbol{V}^H$（$\boldsymbol{U}$, $\boldsymbol{V}$ 分别为左、右酉矩阵，对应的奇异值按降序排列在 $\boldsymbol{\Sigma}$ 的对角线上），式(7-9)可等价变换为[14]

$$I(\boldsymbol{F}_{RF}, \boldsymbol{F}_{BB}) = \log_2\left(\left|\boldsymbol{I} + \frac{1}{N_s\sigma_n^2}\boldsymbol{\Sigma}^2\boldsymbol{V}^H\boldsymbol{F}_{RF}\boldsymbol{F}_{BB}\boldsymbol{F}_{BB}^H\boldsymbol{F}_{RF}^H\boldsymbol{V}\right|\right) \tag{7-10}$$

当不考虑预编码结构的限制条件时，最优全数字预编码矩阵即为矩阵 $\boldsymbol{V}$ 的前 N_s 列[14]，表示为

$$\begin{aligned}\boldsymbol{V}&=[\boldsymbol{V}_1,\ \boldsymbol{V}_2]\\ \boldsymbol{F}_{\mathrm{opt}}&=\boldsymbol{V}_1\in\mathbb{C}^{N_{\mathrm{T}}\times N_{\mathrm{s}}}\end{aligned}\tag{7-11}$$

类似地，对于收端，当不考虑合并器结构的限制条件时，最优全数字合并器矩阵即为矩阵 $\boldsymbol{U}$ 的前 N_s 列[14]，表示为

$$\begin{aligned}\boldsymbol{U}&=[\boldsymbol{U}_1,\ \boldsymbol{U}_2]\\ \boldsymbol{W}_{\mathrm{opt}}&=\boldsymbol{U}_1\in\mathbb{C}^{N_{\mathrm{R}}\times N_{\mathrm{s}}}\end{aligned}\tag{7-12}$$

然而，由于混合结构中数字预编码的恒模约束，所以不能直接根据式(7－11)和式(7－12)得到预编码矩阵和合并器矩阵。接下来，将基于上述最优全数字预编码，给出混合预编码的设计方案。

7.4.1 基于波束控制的混合预编码设计

在低复杂度的基于波束控制的混合预编码设计方案[21]中，根据实际的波束方向设计模拟预编码矩阵 $\boldsymbol{F}_{\mathrm{RF}}$，射频信号经过模拟预编码后与 N_s 个强波束的方向匹配。

给出引理 7－1[21]。

引理 7－1：对 ULA 天线阵列而言，当发(收)端天线数趋向无穷时，对应于不同路径的发送(接收)导向矢量间彼此正交，即

$$\boldsymbol{a}_{\mathrm{ULA}}(\phi)=\frac{1}{\sqrt{N}}\left[1,\ \mathrm{e}^{\frac{\mathrm{j}2\pi d\sin(\phi)}{\lambda}},\ \cdots,\ \mathrm{e}^{\frac{\mathrm{j}(N-1)2\pi d\sin(\phi)}{\lambda}}\right]$$

$$\boldsymbol{a}_{\mathrm{ULA}}(\phi_m)\perp\boldsymbol{a}_{\mathrm{ULA}}(\phi_l),\ \forall m\neq l\tag{7-13}$$

式中，ϕ_m 为路径 m 的离开(到达)角，N 为发送(接收)天线数，d 为天线间距，λ 为信号波长。

证明：记 $k=\frac{2\pi}{\lambda}$，针对 ULA 天线阵列，导向矢量间的正交性推导如下[21]。

$$\begin{aligned}\lim_{N\to\infty}|\boldsymbol{a}_{\mathrm{ULA}}(\phi_m)^{\mathrm{H}}\boldsymbol{a}_{\mathrm{ULA}}(\phi_l)|&=\lim_{N\to\infty}\frac{1}{N}\left|\sum_{n=0}^{N-1}\mathrm{e}^{\mathrm{j}kdn(\sin(\phi_l)-\sin(\phi_m))}\right|\\&=\lim_{N\to\infty}\frac{1}{N}\frac{|1-\mathrm{e}^{\mathrm{j}kdN(\sin(\phi_l)-\sin(\phi_m))}|}{|1-\mathrm{e}^{\mathrm{j}kd(\sin(\phi_l)-\sin(\phi_m))}|}\\&\leqslant\lim_{N\to\infty}\frac{1}{N}\frac{2}{|1-\mathrm{e}^{\mathrm{j}kd(\sin(\phi_l)-\sin(\phi_m))}|}=0\end{aligned}\tag{7-14}$$

均匀平面阵列天线(uniform planar array, UPA)的导向矢量可以通过两个正交轴向(以下推导以 z 轴和 y 轴为例)的 ULA 导向矢量的克罗内克积表征,即 $\boldsymbol{a}_{\mathrm{UPA}}(\phi_m, \theta_m) = \boldsymbol{a}_{\mathrm{ULA},z}(\phi_m, \theta_m) \otimes \boldsymbol{a}_{\mathrm{ULA},y}(\phi_m, \theta_m)$。当发(收)端天线数趋向无穷时,在 UPA 结构下,也存在类似的结论,其导向矢量间的正交性证明如下[21]。

$$
\begin{aligned}
&\lim_{N\to\infty} \left| \boldsymbol{a}_{\mathrm{UPA}}(\phi_m, \theta_m)^{\mathrm{H}} \boldsymbol{a}_{\mathrm{UPA}}(\phi_l, \theta_l) \right| \\
&= \lim_{N\to\infty} \left| (\boldsymbol{a}_{\mathrm{ULA},z}(\phi_m, \theta_m) \otimes \boldsymbol{a}_{\mathrm{ULA},y}(\phi_m, \theta_m))^{\mathrm{H}} (\boldsymbol{a}_{\mathrm{ULA},z}(\phi_l, \theta_l) \otimes \boldsymbol{a}_{\mathrm{ULA},y}(\phi_l, \theta_l)) \right| \\
&= \lim_{N\to\infty} \left| (\boldsymbol{a}_{\mathrm{ULA},z}(\phi_m, \theta_m)^{\mathrm{H}} \boldsymbol{a}_{\mathrm{ULA},z}(\phi_l, \theta_l)) \otimes (\boldsymbol{a}_{\mathrm{ULA},y}(\phi_m, \theta_m)^{\mathrm{H}} \boldsymbol{a}_{\mathrm{ULA},y}(\phi_l, \theta_l)) \right| \\
&= 0
\end{aligned}
\tag{7-15}
$$

式(7-15)利用了式(7-14)的结论。

根据 Saleh-Valenzuela 毫米波信道模型,信道可以改写成矩阵分解形式。

$$
\begin{aligned}
\boldsymbol{H} &= \boldsymbol{A}_{\mathrm{R}} \boldsymbol{D} \boldsymbol{A}_{\mathrm{T}}^{\mathrm{H}} \\
&= \boldsymbol{A}_{\mathrm{R}} \widetilde{\boldsymbol{D}} \operatorname{diag}\{ \mathrm{e}^{\mathrm{j}\arg(\alpha_1)}, \cdots, \mathrm{e}^{\mathrm{j}\arg(\alpha_L)} \} \boldsymbol{A}_{\mathrm{T}}^{\mathrm{H}}
\end{aligned}
\tag{7-16}
$$

式中, $\widetilde{\boldsymbol{D}} = \operatorname{diag}\{|\alpha_1|, \cdots, |\alpha_L|\}$, $\arg(\alpha_1)$ 表示 α_1 的角度。当天线数量趋向无穷时,根据引理 7-1 可知,式(7-16)就是信道矩阵的 SVD 分解, $\boldsymbol{A}_{\mathrm{R}}$ 为左酉矩阵, $\widetilde{\boldsymbol{D}}$ 为奇异值矩阵, $\operatorname{diag}\{\mathrm{e}^{\mathrm{j}\arg(\alpha_1)}, \cdots, \mathrm{e}^{\mathrm{j}\arg(\alpha_L)}\}\boldsymbol{A}_{\mathrm{T}}^{\mathrm{H}}$ 为右酉矩阵。

根据上述结论,一种基于波束控制的混合预编码设计方案如下[21]。

$$
\begin{aligned}
\boldsymbol{F}_{\mathrm{RF}} &= [\boldsymbol{a}_{\mathrm{T}}(\phi_1), \cdots, \boldsymbol{a}_{\mathrm{T}}(\phi_{N_{\mathrm{s}}})] \\
\boldsymbol{F}_{\mathrm{BB}} &= \boldsymbol{\Gamma}^{\frac{1}{2}} = \operatorname{diag}\{\sqrt{P_1}, \cdots, \sqrt{P_{N_{\mathrm{s}}}}\}
\end{aligned}
\tag{7-17}
$$

式中, $\{\phi_1, \cdots, \phi_{N_{\mathrm{s}}}\}$ 是 N_{s} 个最大路径增益对应的离开角; $\boldsymbol{\Gamma}$ 为对角阵,根据注水定理对各波束方向分配功率。具体来说,第 m 个波束分配到的功率由注水功率与波束噪声信号比的差 $P_m = P_\lambda - \frac{\sigma_n^2}{|\alpha_m|^2}$ 决定,而注水功率 P_λ 可由总功率约束 $N_{\mathrm{s}} P_\lambda - \sum_{m=1}^{N_{\mathrm{s}}} \frac{\sigma_n^2}{|\alpha_m|^2} = N_{\mathrm{s}}$ 计算得到。

7.4.2　基于码本的稀疏预编码设计

在基于码本的稀疏预编码设计方案[14]中,通过构建过完备的模拟预编码样本,将混合预编码设计转化为稀疏重构问题,并利用压缩感知工具联合设计模拟预编码矩阵和数字预编码矩阵。

式(7-11)表明,酉矩阵 $\boldsymbol{V}$ 构成了信道矩阵行空间的一组正交基,而这组正交基的 N_{s} 列构成了最优全数字预编码矩阵。根据式(7-16),信道矩阵的各行也是由各条径的发送导向矢量 $\boldsymbol{a}_{\mathrm{T}}(\phi_l)^{\mathrm{H}}$ 线性组合得到的。也就是说,最优预编码矩阵 $\boldsymbol{F}_{\mathrm{opt}}$ 的列可以由向量集合 $\{\boldsymbol{a}_{\mathrm{T}}(\phi_l), \forall l\}$ 中的元素线性表征。为了逼近全数字预编码性能,混合预编码设计可以由式(7-18)所示的最优化问题解给出[14]。

$$\begin{aligned}&\min_{\boldsymbol{F}_{\mathrm{RF}},\,\boldsymbol{F}_{\mathrm{BB}}} \ \|\boldsymbol{F}_{\mathrm{opt}}-\boldsymbol{F}_{\mathrm{RF}}\boldsymbol{F}_{\mathrm{BB}}\|_F^2\\ &\mathrm{s.t.}\ \boldsymbol{F}_{\mathrm{RF}}(:,\,i)\in\{\boldsymbol{a}_{\mathrm{T}}(\phi_l),\ \forall l\}\\ &\qquad \|\boldsymbol{F}_{\mathrm{RF}}\boldsymbol{F}_{\mathrm{BB}}\|_F^2=N_{\mathrm{s}}\end{aligned} \tag{7-18}$$

在最优化问题中，$\boldsymbol{F}_{\mathrm{RF}}$ 的列成员从 $\{\boldsymbol{a}_{\mathrm{T}}(\phi_l),\ \forall l\}$ 直接选取，而基带预编码 $\boldsymbol{F}_{\mathrm{BB}}$ 对 $\boldsymbol{F}_{\mathrm{RF}}$ 的列进行线性组合。记码书 $\boldsymbol{A}_{\mathrm{T}}=[\boldsymbol{a}_{\mathrm{T}}(\phi_1),\ \cdots,\ \boldsymbol{a}_{\mathrm{T}}(\phi_L)]$，那么式(7-18)可以转化为[14]

$$\begin{aligned}&\min_{\widetilde{\boldsymbol{F}}_{\mathrm{BB}}} \ \|\boldsymbol{F}_{\mathrm{opt}}-\boldsymbol{A}_{\mathrm{T}}\widetilde{\boldsymbol{F}}_{\mathrm{BB}}\|_F^2\\ &\mathrm{s.t.}\ \|\mathrm{diag}\{\widetilde{\boldsymbol{F}}_{\mathrm{BB}}\widetilde{\boldsymbol{F}}_{\mathrm{BB}}^{\mathrm{H}}\}\|_0=N_{\mathrm{RF}}\\ &\qquad \|\boldsymbol{A}_{\mathrm{T}}\widetilde{\boldsymbol{F}}_{\mathrm{BB}}\|_F^2=N_{\mathrm{s}}\end{aligned} \tag{7-19}$$

式中，第一个约束表明 $\widetilde{\boldsymbol{F}}_{\mathrm{BB}}$ 中仅有 N_{RF} 行是非零的，这保证了码书 $\boldsymbol{A}_{\mathrm{T}}$ 中仅有 N_{RF} 列是有效的，将这些有效的列提取出来即可得到有效的 $\boldsymbol{F}_{\mathrm{RF}}$ 设计。相应地，$\boldsymbol{F}_{\mathrm{BB}}$ 的设计由 $\widetilde{\boldsymbol{F}}_{\mathrm{BB}}$ 中的非零行构成。式(7-19)将 $\boldsymbol{F}_{\mathrm{RF}}$ 和 $\boldsymbol{F}_{\mathrm{BB}}$ 的联合设计问题转化为稀疏矩阵重构问题，从而可以将压缩感知用于求解混合预编码的优化设计问题。

实际上，式(7-19)中测量矩阵 $\boldsymbol{A}_{\mathrm{T}}$ 的维度为 $N_{\mathrm{T}}\times L$，而 $\widetilde{\boldsymbol{F}}_{\mathrm{BB}}$ 中非零行数为 N_{RF}，因此当满足 $L\geqslant N_{\mathrm{RF}}$（即系统总路径数不小于基站射频链数）时，压缩感知算法才能正常运行。为了克服上述局限，在算法设计中，除了将全体导向矢量作为 $\boldsymbol{A}_{\mathrm{T}}$ 的列成员，还可以补充一些随机角度的导向矢量，以保证测量矩阵的列足够多。基于这样的想法，可以根据 OMP 算法进行改进设计，得到基于码本的稀疏预编码设计方案[14]，如表 7-1所示。

表 7-1 基于码本的稀疏预编码设计算法

输入：最优(目标)预编码矩阵 $\boldsymbol{F}_{\mathrm{opt}}$，导向矢量矩阵 $\boldsymbol{A}_{\mathrm{T}}$
输出：模拟预编码矩阵 $\boldsymbol{F}_{\mathrm{RF}}$，数字预编码矩阵 $\boldsymbol{F}_{\mathrm{BB}}$
步骤 1：初始化 $\boldsymbol{F}_{\mathrm{RF}}$ 为空矩阵
步骤 2：定义残差 $\boldsymbol{F}_{\mathrm{res}}=\boldsymbol{F}_{\mathrm{opt}}$
步骤 3：**for** $i=1$ to N_{RF} **do**
步骤 4：　　$\boldsymbol{\Psi}=\boldsymbol{A}_{\mathrm{T}}^{\mathrm{H}}\boldsymbol{F}_{\mathrm{res}}$
步骤 5：　　$k=\arg\max\limits_{l}\,(\boldsymbol{\Psi}\boldsymbol{\Psi}^{\mathrm{H}})_{l,\,l}$
步骤 6：　　$\boldsymbol{F}_{\mathrm{RF}}=[\boldsymbol{F}_{\mathrm{RF}},\ \boldsymbol{A}_{\mathrm{T}}(:,\,k)]$
步骤 7：　　$\boldsymbol{F}_{\mathrm{BB}}=(\boldsymbol{F}_{\mathrm{RF}}^{\mathrm{H}}\boldsymbol{F}_{\mathrm{RF}})^{-1}\boldsymbol{F}_{\mathrm{RF}}^{\mathrm{H}}\boldsymbol{F}_{\mathrm{opt}}$
步骤 8：　　$\boldsymbol{F}_{\mathrm{res}}=\dfrac{\boldsymbol{F}_{\mathrm{opt}}-\boldsymbol{F}_{\mathrm{RF}}\boldsymbol{F}_{\mathrm{BB}}}{\|\boldsymbol{F}_{\mathrm{opt}}-\boldsymbol{F}_{\mathrm{RF}}\boldsymbol{F}_{\mathrm{BB}}\|_F}$
步骤 9：**end for**
步骤 10：$\boldsymbol{F}_{\mathrm{BB}}=\delta\dfrac{\boldsymbol{F}_{\mathrm{BB}}}{\|\boldsymbol{F}_{\mathrm{RF}}\boldsymbol{F}_{\mathrm{BB}}\|_F}$

该算法在每个循环中寻找 $\boldsymbol{A}_{\mathrm{T}}$ 中的一列 $\boldsymbol{a}_{\mathrm{T}}(\phi_l)$，该列在预编码残差矩阵 $\boldsymbol{F}_{\mathrm{res}}$ 有最大的投影。这样的列会在每次循环中加入 $\boldsymbol{F}_{\mathrm{RF}}$，在更新 $\boldsymbol{F}_{\mathrm{BB}}$，$\boldsymbol{F}_{\mathrm{res}}$ 之后进入下一次循环，直到找到全部的 N_{RF} 列。

基于码本的稀疏预编码方案中，$\boldsymbol{F}_{\mathrm{RF}}$ 的最终形式也是波束控制，与上述基于波束控制的混合预编码方案相比，其主要优势在于贪婪算法中充分利用了 $\boldsymbol{F}_{\mathrm{BB}}$ 的模长和相位的可调性。为了检测算法的优越性，设定系统参数 $N_{\mathrm{R}}=N_{\mathrm{T}}=128$，$N_{\mathrm{R}}^{\mathrm{RF}}=N_{\mathrm{T}}^{\mathrm{RF}}=N_{\mathrm{s}}=4$，在总路径数为 16 的毫米波信道下进行仿真。图 7 - 10 中的系统性能曲线验证了前文的分析。

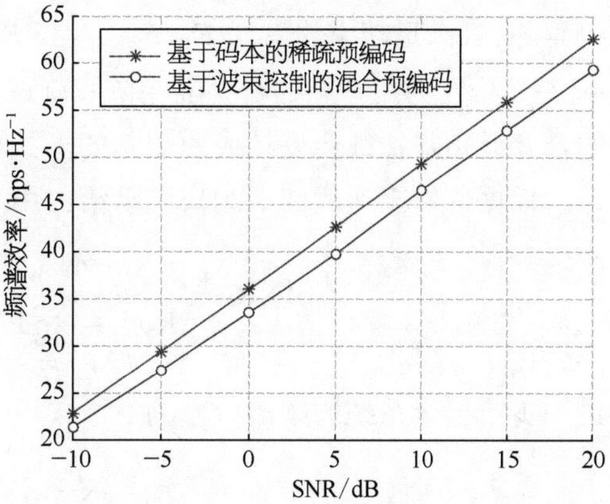

图 7 - 10　点到点传输系统预编码设计方案对比

§7.5　多用户系统混合预编码设计

进一步将讨论的场景推广到多用户 Massive MIMO 系统中，针对 § 7.2 介绍的四种混合预编码结构给出设计方案，并分析对比不同方案的系统性能。

在多用户 Massive MIMO 系统中，考虑基站侧配置 N_{T} 个天线以及 N_{RF} 个射频链，且同时有 K 个用户接入基站，每个用户配置 N_{R} 个天线。由于用户侧受功耗影响，一般采用模拟合并器，且只含有一个射频链。通常，假定基站仅发送单数据流给各个用户。多用户 Massive MIMO 整体系统框架如图 7 - 11 所示[23-24]。

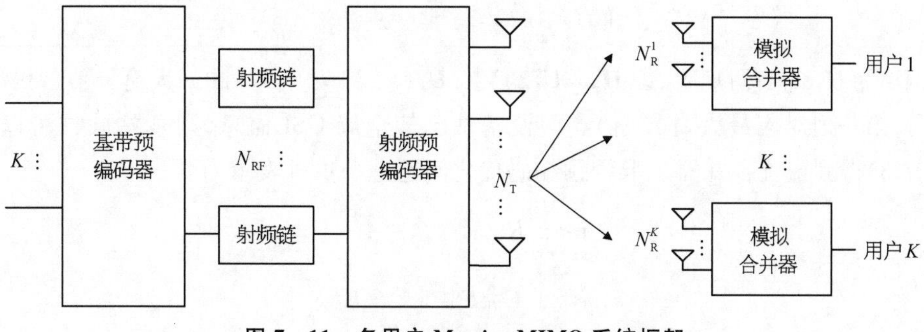

图 7 - 11　多用户 Massive MIMO 系统框架

在数据流总量的限制下，射频链的配置存在下界，即 $N_{\mathrm{RF}}\geqslant K$。在这样的系统框架下，用户 k 经过数字合并器得到的信号可以表达为

$$\boldsymbol{r}_k=\boldsymbol{w}_k^{\mathrm{H}}\boldsymbol{H}_k\boldsymbol{F}_{\mathrm{RF}}\boldsymbol{F}_{\mathrm{BB}}\boldsymbol{x}+\boldsymbol{w}_k^{\mathrm{H}}\boldsymbol{n}_k \tag{7-20}$$

式中，$\boldsymbol{x}\in\mathbb{C}^{K\times 1}$ 为基站的发送信号，假定基站总发射功率为 P，则发送信号满足功率约

束 $\mathrm{E}[\boldsymbol{x}\boldsymbol{x}^{\mathrm{H}}]=\frac{P\boldsymbol{I}_K}{K}$；$\boldsymbol{F}_{\mathrm{RF}}\in\mathbb{C}^{N_{\mathrm{T}}\times N_{\mathrm{RF}}}$ 和 $\boldsymbol{F}_{\mathrm{BB}}\in\mathbb{C}^{N_{\mathrm{RF}}\times K}$ 分别为模拟预编码矩阵和数字预编码矩阵，且满足功率约束 $\|\boldsymbol{F}_{\mathrm{RF}}\boldsymbol{F}_{\mathrm{BB}}\|_F^2=K$；$\boldsymbol{H}_k\in\mathbb{C}^{N_{\mathrm{R}}\times N_{\mathrm{T}}}$ 为基站到用户 k 的信道矩阵；$\boldsymbol{w}_k\in\mathbb{C}^{N_{\mathrm{R}}\times 1}$ 为用户 k 的合并器矩阵；$\boldsymbol{n}_k\in\mathbb{C}^{N_{\mathrm{R}}\times 1}$ 为零均值高斯噪声，其方差为 σ^2。最优的合并器矩阵往往会设计成酉矩阵的形式，因此经过合并器的噪声仍保持原有的统计特性。根据信号表达式(7-20)，可以给出用户 k 的信干噪比。

$$\mathrm{SINR}_k=\frac{P\mid\boldsymbol{w}_k^{\mathrm{H}}\boldsymbol{H}_k\boldsymbol{F}_{\mathrm{RF}}\boldsymbol{F}_{\mathrm{BB}}(:,k)\mid^2}{K\sigma^2+\sum_{l\neq k}P\mid\boldsymbol{w}_k^{\mathrm{H}}\boldsymbol{H}_k\boldsymbol{F}_{\mathrm{RF}}\boldsymbol{F}_{\mathrm{BB}}(:,l)\mid^2}\tag{7-21}$$

进一步给出全系统的频谱效率为

$$R=\sum_{k=1}^{K}\log_2(1+\mathrm{SINR}_k)\tag{7-22}$$

用户间的干扰可以选择在基站侧处理，也可以选择在用户侧处理。如果选择在用户侧消除多用户间的干扰，那么合并器的设计就至关重要。第一，要解决联合最优化设计 k 个合并器的复杂度问题。第二，由于用户之间是无法协作设计合并器矩阵的，要达到全局最优，必须由基站完成合并器设计并反馈给用户。当遇到新的用户接入或者某个用户的信道发生变化时，基站都需要重新设计合并器并反馈给用户，这样的反馈开销是无法接受的。因此，多用户间的干扰往往在基站侧解决，合并器则采用简单的设计方案。

用户根据各自的信道状态信息设计合并器，最优合并器的设计可以通过信道矩阵的 SVD 分解得到，而模拟合并器的设计则可以通过最优合并器的相角得到。

$$\begin{aligned}\boldsymbol{w}_{k,\mathrm{opt}}&=\boldsymbol{U}_k(:,1)\\ \boldsymbol{w}_k(i,n)&=\mathrm{e}^{\mathrm{jarg}(\boldsymbol{w}_{k,\mathrm{opt}}(i,n))}\end{aligned}\tag{7-23}$$

式中，$\boldsymbol{U}_k$ 为 $\boldsymbol{H}_k$ 的右酉矩阵，即 $\boldsymbol{H}_k=\boldsymbol{U}_k\boldsymbol{\Sigma}_k\boldsymbol{V}_k^{\mathrm{H}}$；$\boldsymbol{U}_k(:,1)$ 对应 $\boldsymbol{H}_k$ 的最大奇异值(奇异值降序排列，第一列对应最大奇异值)。假设基站已知全局 CSI 信息，则基站同样可以基于式(7-23)得到最优合并器。混合预编码优化问题进一步可表示为

$$\begin{aligned}&\max_{\boldsymbol{F}_{\mathrm{RF}},\boldsymbol{F}_{\mathrm{BB}}} R\\ &\text{s.t.}\ \|\boldsymbol{F}_{\mathrm{RF}}\boldsymbol{F}_{\mathrm{BB}}\|_F^2=K\end{aligned}\tag{7-24}$$

表达式(7-24)仍是联合优化问题，通常考虑用两种方案简化该问题：其一，将模拟预编码和数字预编码解耦，并基于不同的最优化原则分别设计；其二，选择一个理想的最优预编码矩阵，考虑最小化混合预编码矩阵和最优预编码矩阵的欧氏距离。

$$\min_{\boldsymbol{F}_{\mathrm{RF}},\boldsymbol{F}_{\mathrm{BB}}}\|\boldsymbol{F}_{\mathrm{opt}}-\boldsymbol{F}_{\mathrm{RF}}\boldsymbol{F}_{\mathrm{BB}}\|_F^2\tag{7-25}$$

与点到点传输系统不同的是，目前学术界没有给出多用户系统下的最优预编码的闭式表

达。通常的做法是，将经典的数字预编码设计方案作为最优预编码，即联合设计混合预编码，使其系统性能逼近纯数字预编码。

7.5.1　基于解耦的低复杂度设计方案

接下来，分别针对 FHP，SHP，AHP 三种混合预编码结构，给出基于解耦的低复杂度设计方案[16,18,25]。所谓解耦设计，即独立设计模拟预编码和数字预编码：首先，基于最大化信道阵列增益设计模拟预编码；然后，通过数字预编码设计消除用户间的干扰。

等效基带信道 $\boldsymbol{H}_{\text{eq}}=\text{diag}\{\boldsymbol{w}_1^{\text{H}}, \cdots, \boldsymbol{w}_K^{\text{H}}\}\boldsymbol{H}\boldsymbol{F}_{\text{RF}}$ 中，第 k 行对应第 k 个用户的等效信道增益。为了最大化各个用户的信道阵列增益，考虑式(7-26)所示的最优化问题。

$$\max_{\boldsymbol{F}_{\text{RF}}} \| \boldsymbol{w}_k^{\text{H}}\boldsymbol{H}_k\boldsymbol{F}_{\text{RF}} \|_F^2 \tag{7-26}$$

显然对于不同用户，都能得到一个最优的 $\boldsymbol{F}_{\text{RF}}$，而基站只能提供一个模拟预编码方案。

针对 FHP 结构，考虑模拟预编码矩阵的约束，其各个元素的设计可以表达为[25]

$$\boldsymbol{F}_{\text{RF}}(i, n)=\text{e}^{-\text{j}\arg\{\boldsymbol{H}(n, i)\}} \tag{7-27}$$

式中，$\boldsymbol{H}=[\boldsymbol{H}_1^{\text{H}}, \cdots, \boldsymbol{H}_k^{\text{H}}]^{\text{H}}$。进一步根据 ZF 预编码消除用户间的干扰。

$$\boldsymbol{F}_{\text{BB}}=\delta\boldsymbol{H}_{\text{eq}}^{\dagger} \tag{7-28}$$

SHP 结构的设计可以借鉴 FHP 结构的设计思路。二者的主要区别在于，SHP 模拟预编码矩阵 $\boldsymbol{F}_{\text{RF}}$ 部分固定位置是零元，而 FHP 预编码矩阵元素均为非零元。根据式(7-2)，可以类似式(7-27)，设计子向量 $\boldsymbol{f}_n$ 中的元素[16]为

$$\boldsymbol{f}_n(m)=\text{e}^{-\text{j}\arg\{\boldsymbol{H}(n, (n-1)M+m)\}} \tag{7-29}$$

数字预编码 $\boldsymbol{F}_{\text{BB}}$ 同样可以由 ZF 算法得到。

AHP 结构的设计方案为了保证用户间的公平性，考虑将模拟预编码矩阵分解为 K 列进行单独设计，即设计模拟预编码矩阵的第 k 列，使得用户 k 的等效信道增益最大化[18]。

$$\max_{\boldsymbol{F}_{\text{RF}}(:, k)} | \boldsymbol{w}_k^{\text{H}}\boldsymbol{H}_k\boldsymbol{F}_{\text{RF}}(:, k) | \tag{7-30}$$

定义 $\bar{\boldsymbol{h}}_k=\boldsymbol{w}_k^{\text{H}}\boldsymbol{H}_k$ 为用户 k 的等效信道，结合模拟预编码矩阵的约束，式(7-30)直观的解是选择 $\bar{\boldsymbol{h}}_k$ 的最大元素，将 $\boldsymbol{F}_{\text{RF}}(:, k)$ 中对应位置的元素设为非零元，其相位与 $\bar{\boldsymbol{h}}_k$ 最大元素的相位相反[18]。

$$\begin{aligned} i_0 &= \arg\max_i \{ | \bar{\boldsymbol{h}}_k(i) | \\ &\text{s.t.} \sum_{n=1}^{K} | \boldsymbol{F}_{\text{RF}}(i, n) | = 0\} \\ \boldsymbol{F}_{\text{RF}}(i_0, k) &= \text{e}^{-\text{j}\arg\{\bar{\boldsymbol{h}}_k(i_0)\}} \end{aligned} \tag{7-31}$$

对用户 k 而言，上述流程执行 M 次即可得到 $\boldsymbol{F}_{\mathrm{RF}}(:, k)$ 的设计。对所有用户而言，依次设计 $\boldsymbol{F}_{\mathrm{RF}}(:, k)$ 会导致用户间的不公平，随着 k 增大，$\boldsymbol{F}_{\mathrm{RF}}(:, k)$ 选择的自由度越来越低。到最后一个用户处，$\boldsymbol{F}_{\mathrm{RF}}(:, k)$ 的 M 个非零元位置已经完全固定，自由度降为 0。为了降低用户间的不公平性，可以在每次迭代中仅从 $\boldsymbol{F}_{\mathrm{RF}}$ 每列寻找一个非零元位置。具体算法如表 7-2 所示[18]。

表 7-2　低复杂度的 AHP 设计算法

输入：全局信道矩阵 $\boldsymbol{H}_k$，各用户合并器 $\boldsymbol{w}_k$

输出：模拟预编码矩阵 $\boldsymbol{F}_{\mathrm{RF}}$

步骤 1：初始化 $\boldsymbol{F}_{\mathrm{RF}} = \boldsymbol{0}_{N_{\mathrm{T}} \times K}$

步骤 2：**for** $m = 1$ to M **do**

步骤 3：　**for** $k = 1$ to K **do**

步骤 4：
$$i_0 = \arg\max_i \{ | \bar{\boldsymbol{h}}_k(i) | \quad \text{s.t.} \sum_{n=1}^{K} | \boldsymbol{F}_{\mathrm{RF}}(i, n) | = 0 \}$$

步骤 5：
$$\boldsymbol{F}_{\mathrm{RF}}(i_0, k) = \mathrm{e}^{-\mathrm{j}\arg\{\bar{\boldsymbol{h}}_k(i_0)\}}$$

步骤 6：　**end for**

步骤 7：**end for**

可以看到，算法在每个内部循环中会依次选择 $\boldsymbol{F}_{\mathrm{RF}}(:, k)$ 的一个非零元，外部循环迭代 M 次得到 $\boldsymbol{F}_{\mathrm{RF}}$。在 $\boldsymbol{F}_{\mathrm{RF}}$ 设计完成之后，可以通过经典的数字预编码设计算法消除用户间的干扰。

上述基于解耦的低复杂度设计方案的核心思想均基于最大化信道增益设计模拟预编码矩阵，进而通过数字编码消除用户间干扰，计算复杂度低。但是，这种设计方法存在明显的缺陷：模拟预编码矩阵的大小必须与信道矩阵的转置相同。这意味着基站在设定射频链数量时是极不灵活的，即便可以部署较多的射频链来满足多用户的场景，但当接入的用户数较少时，大部分射频链处在不工作的状态，导致硬件利用率低。

7.5.2　基于基带预编码的粗设计与再优化方案

基于解耦的低复杂度设计方案存在明显的缺陷：在配置的 N_{RF} 个射频链中仅有 K 个是激活的，当接入用户数较少时，系统由于无法利用其余的射频链导致性能较差。接下来，将介绍一种基于基带预编码的粗设计与再优化(rough design and revision, RDR)方案[24]，以解决硬件利用率低的问题。

首先，将 ZF 算法得到的纯数字预编码作为最优预编码，考虑最小化最优预编码和混合预编码矩阵的欧氏距离问题如下。

$$
\begin{aligned}
&\min_{\boldsymbol{F}_{\mathrm{RF}},\,\boldsymbol{F}_{\mathrm{BB}}} \|\boldsymbol{F}_{\mathrm{opt}}-\boldsymbol{F}_{\mathrm{RF}}\boldsymbol{F}_{\mathrm{BB}}\|_F^2\\
&\text{s.t.}\ \|\boldsymbol{F}_{\mathrm{RF}}\boldsymbol{F}_{\mathrm{BB}}\|_F^2=K,\\
&\qquad\sum_{n=1}^{N_{\mathrm{RF}}}|\boldsymbol{F}_{\mathrm{RF}}(i,\,n)|=1,\ \forall i,\\
&\qquad\sum_{i=1}^{N_{\mathrm{T}}}|\boldsymbol{F}_{\mathrm{RF}}(i,\,n)|=M,\ \forall n,\\
&\qquad\boldsymbol{F}_{\mathrm{RF}}(i,\,n)\in\{0,\,\mathrm{e}^{\mathrm{j}\theta}\}
\end{aligned}
\tag{7-32}
$$

式中，$\boldsymbol{F}_{\mathrm{opt}}=\delta\,(\mathrm{diag}\{\boldsymbol{w}_1^{\mathrm{H}},\,\cdots,\,\boldsymbol{w}_K^{\mathrm{H}}\}\boldsymbol{H})^{\dagger}$。尽管式中的目标函数较为简单，但仍需要解决多元联合优化的复杂问题。因此，考虑通过一系列问题的演化继续简化问题，以避免高计算复杂度。

注意到 $\boldsymbol{F}_{\mathrm{RF}}^{\mathrm{H}}\boldsymbol{F}_{\mathrm{RF}}=M\boldsymbol{I}$，射频预编码不会对整个混合预编码的奇异值造成影响，即混合预编码的奇异值主要取决于基带预编码的设计。因此，可以根据 SVD 分解 $\boldsymbol{F}_{\mathrm{opt}}=\boldsymbol{U}_{\mathrm{o}}\boldsymbol{\Sigma}_{\mathrm{o}}\boldsymbol{V}_{\mathrm{o}}^{\mathrm{H}}$，先给出基带预编码的部分设计为

$$
\begin{aligned}
\boldsymbol{\Sigma}_{\mathrm{BB}}&=\frac{\boldsymbol{\Sigma}_{\mathrm{o}}}{\sqrt{M}}\\
\boldsymbol{V}_{\mathrm{BB}}&=\boldsymbol{V}_{\mathrm{o}}
\end{aligned}
\tag{7-33}
$$

基于这种统一奇异值的设计，式(7-32)可以简化为

$$
\min_{\boldsymbol{F}_{\mathrm{RF}},\,\boldsymbol{U}_{\mathrm{BB}}} \|\sqrt{M}\boldsymbol{U}_{\mathrm{o}}^{[:K]}-\boldsymbol{F}_{\mathrm{RF}}\boldsymbol{U}_{\mathrm{BB}}^{[:K]}\|_F^2 \tag{7-34}
$$

由于 $\boldsymbol{F}_{\mathrm{opt}}$ 的奇异值数量不超过 K，因此在式(7-34)中仅考虑 K 列的逼近。可以看到，数字预编码的设计已经简化为酉矩阵的设计问题，但仍无法通过低复杂度的方法直接求解。注意到，$\boldsymbol{F}_{\mathrm{RF}}\boldsymbol{U}_{\mathrm{BB}}^{[:K]}$ 的每一行实际上是 $\boldsymbol{U}_{\mathrm{BB}}^{[:K]}$ 的行经过旋转得到的，因此，通过扩展优化问题中的矩阵列数为 N_{RF}，能够恢复酉矩阵行之间的正交性。

$$
\min_{\boldsymbol{F}_{\mathrm{RF}},\,\boldsymbol{U}_{\mathrm{BB}}} \|\sqrt{M}\boldsymbol{U}_{\mathrm{o}}^{[:N_{\mathrm{RF}}]}-\boldsymbol{F}_{\mathrm{RF}}\boldsymbol{U}_{\mathrm{BB}}\|_F^2 \tag{7-35}
$$

式(7-35)本质上是在式(7-34)的基础上增加了约束(矩阵维度)。在给出 $\boldsymbol{U}_{\mathrm{BB}}$ 的粗设计方案之前，首先给出并证明引理 7-2。

引理 7-2： 对于任意一对满足约束[见式(7-4)]的 $\boldsymbol{F}_{\mathrm{RF}}$ 和酉矩阵 $\boldsymbol{U}_{\mathrm{BB}}$，都可以找到一对新的 $\boldsymbol{F}_{\mathrm{RF}}^{*}$ 和 $\boldsymbol{U}_{\mathrm{BB}}^{*}$，使得整体性能不发生变化，且 $\boldsymbol{F}_{\mathrm{RF}}^{*}$ 的每一列中至少存在一个等于 1 的非零元。

证明： 通常假设存在酉矩阵 $\boldsymbol{U}_{\mathrm{BB}}$ 以及满足约束见式[(7-4)]的 $\boldsymbol{F}_{\mathrm{RF}}$，其第 n 列的某

一非零元为 $e^{j\theta_n}$。那么，显然存在 $\boldsymbol{F}_{RF}^{*}=\boldsymbol{F}_{RF}\mathrm{diag}\{e^{-j\theta_1},\cdots,e^{-j\theta_{N_{RF}}}\}$ 仍满足式(7-4)的约束，且存在新的酉矩阵 $\boldsymbol{U}_{BB}^{*}=\mathrm{diag}\{e^{j\theta_1},\cdots,e^{j\theta_{N_{RF}}}\}\boldsymbol{U}_{BB}$，使得 $\boldsymbol{F}_{RF}\boldsymbol{U}_{BB}=\boldsymbol{F}_{RF}^{*}\boldsymbol{U}_{BB}^{*}$。此外，$\boldsymbol{F}_{RF}^{*}$ 的每 n 列中必定存在一个非零元为 1，其位置与 $\boldsymbol{F}_{RF}$ 中的 $e^{j\theta_n}$ 对应。

根据引理 7-2，任意在 $\boldsymbol{F}_{RF}$ 的每一列中设定一个非零元为 1，不会影响最终的优化结果。由此，截取这些设定为 1 的非零元所在的行，并将这些行重新排列成一个单位阵，可以将 $\boldsymbol{U}_{BB}$ 的设计简化为

$$\min_{\boldsymbol{F}_{RF},\boldsymbol{U}_{BB}} \|\boldsymbol{U}_{cut}-\boldsymbol{I}_{N_{RF}}\boldsymbol{U}_{BB}\|_F^2 \tag{7-36}$$

式中，$\boldsymbol{U}_{cut}$ 是由 $\sqrt{M}\boldsymbol{U}_{o}^{[:N_{RF}]}$ 中的 N_{RF} 行重排组成的。然而，N_{RF} 行的选择与 $\boldsymbol{F}_{RF}$ 中非零元的位置密切相关，这些选中的行对应的非零元必须处在不同的列上。但是到目前为止，仍没有任何关于 $\boldsymbol{F}_{RF}$ 的非零元位置设计，这意味着必须寻求别的选择方案。注意到，$\boldsymbol{U}_{BB}$ 的行是相互正交的，这提供了另一个构造 $\boldsymbol{U}_{cut}$ 的思路：选择 $\sqrt{M}\boldsymbol{U}_{o}^{[:N_{RF}]}$ 中的 N_{RF} 行，且这些行之间具备最强的正交性。为了找到正交性最强的一组行，最直接的方法是采用穷举搜索法，遍历所有 $C_{N_T}^{N_{RF}}$ 种可能的组合，得到全局最优解。但是在 Massive MIMO 系统中，穷举搜索法显然会导致极高的算法复杂度，因此可以考虑采用贪婪算法降低计算复杂度。具体来说，首先将 $\sqrt{M}\boldsymbol{U}_{o}^{[:N_{RF}]}$ 的各行归一化得到 $\bar{\boldsymbol{U}}_{o}$，以便后续通过矢量投影的长度判断正交性的强弱；然后找到 $\bar{\boldsymbol{U}}_{o}$ 中正交性最强的两行作为 $\boldsymbol{U}_{cut}$ 的前两行；$\boldsymbol{U}_{cut}$ 的第 $c+1$ 行为 $\bar{\boldsymbol{U}}_{o}$ 中的某一行，该行满足在已有的中心向量张成的空间 $\mathrm{span}\{\boldsymbol{U}_{cut}(1,:),\cdots,\boldsymbol{U}_{cut}(c,:)\}$ 上投影最小。

$$\boldsymbol{U}_{cut}(c+1,:)=\arg\min_{\bar{\boldsymbol{U}}_{o}(i,:)} |\mathrm{Proj}_{\mathrm{span}\{\boldsymbol{U}_{cut}(1,:),\cdots,\boldsymbol{U}_{cut}(c,:)\}}\bar{\boldsymbol{U}}_{o}(i,:)| \tag{7-37}$$

在构造 $\boldsymbol{U}_{cut}$ 后，可以利用 SVD 分解得到 $\boldsymbol{U}_{BB}=\boldsymbol{U}_{L}\boldsymbol{V}_{R}^{H}$，其中 $\boldsymbol{U}_{L}\boldsymbol{\Sigma}\boldsymbol{V}_{R}^{H}=\boldsymbol{U}_{cut}$。至此，基带数字预编码的粗设计由三部分给出：$\boldsymbol{F}_{BB}=\boldsymbol{U}_{BB}\boldsymbol{\Sigma}_{BB}\boldsymbol{V}_{BB}^{H}$。

回到式(7-35)，在得到 $\boldsymbol{U}_{BB}$ 之后，可以通过酉变换得到 $\boldsymbol{F}_{RF}$ 的设计方案。

$$\begin{gathered}(i,n)=\arg\max_{i,n}|[\sqrt{M}\boldsymbol{U}_{o}^{[:N_{RF}]}\boldsymbol{U}_{BB}^{H}]_{i,n}| \\ \boldsymbol{F}_{RF}(i,n)=e^{j\arg\{\sqrt{M}\boldsymbol{U}_{o}^{[:N_{RF}]}(i,:)\boldsymbol{U}_{BB}^{H}(n,:)\}}\end{gathered} \tag{7-38}$$

由于 $\boldsymbol{U}_{BB}$ 的设计是经过一系列的最优化问题的演化以及贪婪算法得到的次优解，故导致数字预编码的粗设计遭受性能损失。因此，在算法最后，考虑利用 ZF 算法再设计数字预编码以消除用户间的干扰。基于 RDR 的 AHP(RDR-AHP)算法如表 7-3 所示。

值得注意的是，算法中类似地考虑了射频链之间的公平性：在每个小循环中依次得到 $\boldsymbol{F}_{RF}(:,k)$ 的一个非零元(即依次为每个射频链寻找一个与之相连的天线)，这样的小循环会重复 M 次，从而得到整体的模拟预编码设计。

表 7-3　RDR-AHP 算法

输入：目标预编码矩阵 $\boldsymbol{F}_{\text{opt}}$，射频链数量 N_{RF}，APS 量化比特数 Q
输出：模拟预编码矩阵 $\boldsymbol{F}_{\text{RF}}$，数字预编码矩阵 $\boldsymbol{F}_{\text{BB}}$
步骤 1：计算 $\boldsymbol{F}_{\text{opt}}=\boldsymbol{U}_{\text{o}}\boldsymbol{\Sigma}_{\text{o}}\boldsymbol{V}_{\text{o}}^{\text{H}}$，并根据式(7-33)得到 $\boldsymbol{\Sigma}_{\text{BB}}$ 和 $\boldsymbol{V}_{\text{BB}}$
步骤 2：初始化 $\boldsymbol{U}_{\text{cut}}=\boldsymbol{0}_{N_{\text{RF}}\times N_{\text{RF}}}$，归一化 $\sqrt{M}\boldsymbol{U}_{\text{o}}^{[:N_{\text{RF}}]}$ 的行，得到 $\bar{\boldsymbol{U}}_{\text{o}}$。
步骤 3：初始化 $\boldsymbol{U}_{\text{cut}}$ 的前两行为 $\bar{\boldsymbol{U}}_{\text{o}}(i,:)$ 和 $\bar{\boldsymbol{U}}_{\text{o}}(j,:)$，满足 $\lvert\bar{\boldsymbol{U}}_{\text{o}}(i,:)\bar{\boldsymbol{U}}_{\text{o}}^{\text{H}}(j,:)\rvert$ 最小
步骤 4：**for** $c=3$ to N_{RF} **do**
步骤 5：　　根据(7-37)计算 $\boldsymbol{U}_{\text{cut}}(c,:)$
步骤 6：**end for**
步骤 7：计算 $\boldsymbol{U}_{\text{BB}}=\boldsymbol{U}_{\text{L}}\boldsymbol{V}_{\text{R}}^{\text{H}}$，其中 $\boldsymbol{U}_{\text{L}}\boldsymbol{\Sigma}\boldsymbol{V}_{\text{R}}^{\text{H}}=\boldsymbol{U}_{\text{cut}}$
步骤 8：**for** $m=1$ to M **do**
步骤 9：　　**for** $n=1$ to N_{RF} **do**
步骤 10：　　　　根据式(7-38)得到 $\boldsymbol{F}_{\text{RF}}$ 的非零元位置以及取值
步骤 11：　　**end for**
步骤 12：**end for**
步骤 13：根据式(7-28)修正 $\boldsymbol{F}_{\text{BB}}$

7.5.3　基于压缩感知的自适应连接混合预编码设计方案

以下介绍利用自适应连接混合预编码结构中模拟预编码矩阵的稀疏性，将混合预编码设计建模为稀疏恢复问题，并设计贪婪算法联合求解模拟预编码和数字预编码[23]。

式(7-32)中，第二个约束条件表明矩阵 $\boldsymbol{F}_{\text{RF}}$ 中每一行有且仅有一个元素为非零元。根据公式 $\text{vec}\{\boldsymbol{ABC}\}=(\boldsymbol{C}^{\text{T}}\otimes\boldsymbol{A})\text{vec}\{\boldsymbol{B}\}$，式(7-32)的目标函数可以转化如下稀疏向量重构问题。

$$\min_{\boldsymbol{F}_{\text{RF}},\,\boldsymbol{F}_{\text{BB}}}\ \lVert\text{vec}(\boldsymbol{F}_{\text{opt}})-(\boldsymbol{F}_{\text{BB}}^{\text{T}}\otimes\boldsymbol{I})\text{vec}(\boldsymbol{F}_{\text{RF}})\rVert_2 \tag{7-39}$$

式中，$(\boldsymbol{F}_{\text{BB}}^{T}\otimes\boldsymbol{I})$ 表示测量矩阵，$\text{vec}(\boldsymbol{F}_{\text{RF}})$ 是待求解的稀疏向量。由于稀疏向量的非零元位置、模长存在额外的约束，需要对经典的 OMP 算法进行改进才可适用。基于压缩感知的自适应连接混合预编码算法如表 7-4 所示。

为了提升压缩感知的重构性能，测量矩阵的相关性至关重要，因此在算法伊始，$\boldsymbol{F}_{\text{BB}}$ 被初始化为由 N_{RF} 点 DFT 矩阵的随机 K 列构成的子矩阵。重构 $\text{vec}(\boldsymbol{F}_{\text{RF}})$ 时，由于 $\boldsymbol{F}_{\text{RF}}$ 的每一列有 M 个非零元，出于对射频链间公平性的考虑，因此算法在每个子循环中依次为 $\boldsymbol{F}_{\text{RF}}$ 各行确定一个非零元的位置。又由于不同列的非零元必然在不同行上，故在确定了某列一个非零元的位置之后，该非零元所在行的其他元素会从非零元候选集中被剔除。这样的子循环会重复 M 次以确定所有非零元的位置。$\boldsymbol{F}_{\text{RF}}$ 中的非零元以及 $\boldsymbol{F}_{\text{BB}}$ 的值分别通过 LS 算法和 ZF 算法得到。由于 $\boldsymbol{F}_{\text{BB}}$ 的初始化只是单方面考虑了测量矩阵的相关性，整个贪婪算法的流程会重复 K_{iter} 次以完善混合预编码的整体性能。

表 7-4　基于压缩感知的自适应连接混合预编码算法

输入：目标预编码矩阵 $\boldsymbol{F}_{\mathrm{opt}}$，贪婪算法循环次数 K_{iter}
输出：模拟预编码矩阵 $\boldsymbol{F}_{\mathrm{RF}}$，数字预编码矩阵 $\boldsymbol{F}_{\mathrm{BB}}$
步骤 1：初始化 $\boldsymbol{F}_{\mathrm{BB}}$ 为 N_{RF} 点 DFT 矩阵的前 K 列
步骤 2：初始化 $\boldsymbol{F}_{\mathrm{RF}}=\boldsymbol{0}_{N_{\mathrm{T}}\times N_{\mathrm{RF}}}$，$\boldsymbol{r}=\mathrm{vec}(\boldsymbol{F}_{\mathrm{opt}})$，$\boldsymbol{\Phi}=\boldsymbol{F}_{\mathrm{BB}}^{\mathrm{T}}\otimes\boldsymbol{I}_{N_{\mathrm{T}}}$，$\Gamma_{\mathrm{opt}}=\varnothing$，$\Upsilon=\varnothing$，$\boldsymbol{\Theta}=\varnothing$
步骤 3：**for** $m=1$ to M **do**
步骤 4：　　**for** $j=1$ to N_{RF} **do**
步骤 5：　　　　$\Omega\leftarrow\{(j-1)N_{\mathrm{T}}+1,\cdots,jN_{\mathrm{T}}\}\backslash\Upsilon$
步骤 6：　　　　$g^{*}\leftarrow\arg\max\limits_{g\in\Omega}\lvert\boldsymbol{r}^{\mathrm{H}}\boldsymbol{\Phi}(:,g)\rvert$
步骤 7：　　　　更新 $\Gamma_{\mathrm{opt}}\leftarrow\Gamma_{\mathrm{opt}}\cup\{g^{*}\}$，$\boldsymbol{\Theta}\leftarrow\boldsymbol{\Theta}\cup\boldsymbol{\Phi}(:,g^{*})$
步骤 8：　　　　$\boldsymbol{r}\leftarrow\mathrm{vec}(\boldsymbol{F}_{\mathrm{opt}})-\boldsymbol{\Theta}(\boldsymbol{\Theta}^{\mathrm{H}}\boldsymbol{\Theta})^{-1}\boldsymbol{\Theta}^{\mathrm{H}}\mathrm{vec}(\boldsymbol{F}_{\mathrm{opt}})$
步骤 9：　　**end for**
步骤 10：**end for**
步骤 11：$[\mathrm{vec}(\boldsymbol{F}_{\mathrm{RF}})]_{\Gamma_{\mathrm{opt}}}=(\boldsymbol{\Theta}^{\mathrm{H}}\boldsymbol{\Theta})^{-1}\boldsymbol{\Theta}^{\mathrm{H}}\mathrm{vec}(\boldsymbol{F}_{\mathrm{opt}})$
步骤 12：根据 APS 约束，量化 $\boldsymbol{F}_{\mathrm{RF}}$ 中各元素的相位
步骤 13：根据式(7-28)计算 $\boldsymbol{F}_{\mathrm{BB}}$
步骤 14：重复步骤 2 至 13，共 K_{iter} 次

7.5.4　基于交替优化的预编码设计方案

接下来，针对 MPS 结构，介绍其在 Massive MIMO 系统下的交替优化(alternating optimization)设计算法[19]。

在 MPS 结构下，预编码设计可以建模为[19]

$$\begin{aligned}\min_{\boldsymbol{F}_{\mathrm{RF}},\boldsymbol{F}_{\mathrm{BB}}}\quad&\lVert\boldsymbol{F}_{\mathrm{opt}}-\boldsymbol{F}_{\mathrm{RF}}\boldsymbol{F}_{\mathrm{BB}}\rVert_F^2\\ \text{s.t.}\quad&\lVert\boldsymbol{F}_{\mathrm{RF}}\boldsymbol{F}_{\mathrm{BB}}\rVert_F^2=K,\\ &\lvert\boldsymbol{F}_{\mathrm{RF}}(i,n)\rvert\leqslant 2\end{aligned}\tag{7-40}$$

通过采用两倍数量的模拟相移器，优化问题有了凸约束，可以通过交替优化算法求解。所谓交替优化算法，即在每一次循环中确定一个待优化变量，并优化另一个变量，如此循环。首先考虑在固定 $\boldsymbol{F}_{\mathrm{BB}}$ 的情况下，最优化 $\boldsymbol{F}_{\mathrm{RF}}$ 的问题为

$$\begin{aligned}\min_{\boldsymbol{F}_{\mathrm{RF}},\boldsymbol{F}_{\mathrm{BB}}}\quad&\lVert\boldsymbol{F}_{\mathrm{opt}}-\boldsymbol{F}_{\mathrm{RF}}\boldsymbol{F}_{\mathrm{BB}}\rVert_F^2\\ \text{s.t.}\quad&\lvert\boldsymbol{F}_{\mathrm{RF}}(i,n)\rvert\leqslant 2\end{aligned}\tag{7-41}$$

显然这个问题是一个凸优化问题。即便如此，求解最优 $\boldsymbol{F}_{\mathrm{RF}}$ 计算复杂度仍然很高。因此可以根据定理 7-1，考虑对偶问题[19]。

定理 7-1：式(7-41)的对偶问题是最小绝对值收敛和选择算子(least absolute shrinkage and selection operator, LASSO)问题。

$$\min_{x} \frac{1}{2} \| \boldsymbol{Ax} - \boldsymbol{b} \|_2^2 + 2 \| \boldsymbol{x} \|_1 \tag{7-42}$$

式中,矩阵 $\boldsymbol{A}$ 和向量 $\boldsymbol{b}$ 分别为

$$\boldsymbol{A} = \boldsymbol{S}^{\frac{1}{2}} \boldsymbol{U} \quad \boldsymbol{b} = \boldsymbol{AD}^{\mathrm{H}} \boldsymbol{f}_{\mathrm{opt}} \tag{7-43}$$

式中, $\boldsymbol{D} = \boldsymbol{F}_{\mathrm{BB}}^{T} \otimes \boldsymbol{I}_{N_{\mathrm{T}}}$, $\boldsymbol{S}$ 为 $(\boldsymbol{D}^{\mathrm{H}}\boldsymbol{D})^{-1}$ 的奇异值矩阵 $(\boldsymbol{D}^{\mathrm{H}}\boldsymbol{D})^{-1} = \boldsymbol{USU}^{\mathrm{H}}$。式(7-41)的最优解为: $\mathrm{vec}(\boldsymbol{F}_{\mathrm{RF}}^{\star}) = \boldsymbol{A}^{\mathrm{H}}(\boldsymbol{b} - \boldsymbol{Ax}^{\star})$, 其中 $\boldsymbol{x}^{\star}$ 为式(7-42)的最优解。

根据定理 7-1,模拟预编码设计能够转化为 LASSO 问题。为降低求解的复杂度,文献[19]指出,在半正交约束下进行数字预编码设计,其性能损失较小, $\boldsymbol{F}_{\mathrm{BB}} \boldsymbol{F}_{\mathrm{BB}}^{\mathrm{H}} = \boldsymbol{I}$。在这种特殊的约束下, LASSO 问题中的测量矩阵 $\boldsymbol{A}$ 也是半正交的: $\boldsymbol{A}^{\mathrm{H}}\boldsymbol{A} = \boldsymbol{I}$。而对半正交的测量矩阵 $\boldsymbol{A}$ 而言, LASSO 存在如下闭式解。

$$\boldsymbol{x}^{\star} = \exp\{\mathrm{j}\angle\{\boldsymbol{A}^{\mathrm{H}}\boldsymbol{b}\}\}(|\boldsymbol{Ab}| - 2)^{+} \tag{7-44}$$

式中, $\angle(\cdot)$ 为求复数相角的函数, $(x)^{+} = \max\{0, x\}$。那么与之对应的最优 $\boldsymbol{F}_{\mathrm{RF}}$ 为[19]

$$\boldsymbol{F}_{\mathrm{RF}}^{\star} = \boldsymbol{F}_{\mathrm{opt}} \boldsymbol{F}_{\mathrm{BB}}^{\mathrm{H}} - \exp\{\mathrm{j}\angle\{\boldsymbol{F}_{\mathrm{opt}} \boldsymbol{F}_{\mathrm{BB}}^{\mathrm{H}}\}\}(|\boldsymbol{F}_{\mathrm{opt}} \boldsymbol{F}_{\mathrm{BB}}^{\mathrm{H}}| - 2)^{+} \tag{7-45}$$

由于在 $\boldsymbol{F}_{\mathrm{RF}}$ 的设计中增加了 $\boldsymbol{F}_{\mathrm{BB}}$ 半正交的约束,在固定 $\boldsymbol{F}_{\mathrm{RF}}$ 的情况下,最优化 $\boldsymbol{F}_{\mathrm{BB}}$ 的问题就是典型的半正交 Procrustes 问题,其最优解为

$$\boldsymbol{F}_{\mathrm{BB}} = \boldsymbol{VU}_1^{\mathrm{H}} \tag{7-46}$$

式中, $\boldsymbol{U}_1$ 和 $\boldsymbol{V}$ 分别是 $\boldsymbol{F}_{\mathrm{opt}}^{\mathrm{H}} \boldsymbol{F}_{\mathrm{RF}}$ 经过 SVD 分解得到的左右酉矩阵,即 $\boldsymbol{F}_{\mathrm{opt}}^{\mathrm{H}} \boldsymbol{F}_{\mathrm{RF}} = \boldsymbol{U}_1 \boldsymbol{SV}^{\mathrm{H}}$。由于在交替最优化中没有考虑混合预编码的能量约束,在设计混合预编码的最后可以通过 ZF 算法优化 $\boldsymbol{F}_{\mathrm{BB}}$, 并使其满足能量约束。基于 LASSO 的交替最小化(LASSO-AltMin)算法如表 7-5 所示[19]。

表 7-5　基于 LASSO 的交替最小化算法

输入: 最优(目标)预编码矩阵 $\boldsymbol{F}_{\mathrm{opt}}$
输出: 模拟预编码矩阵 $\boldsymbol{F}_{\mathrm{RF}}$, 数字预编码矩阵 $\boldsymbol{F}_{\mathrm{BB}}$
步骤 1: 随机产生 $\boldsymbol{F}_{\mathrm{RF}}^{(0)}$ 满足约束 $|\boldsymbol{F}_{\mathrm{RF}}^{(0)}(i, n)| \leqslant 2$
步骤 2: **for** $k = 1$ to K_{iter} **do**
步骤 3: $\quad \boldsymbol{F}_{\mathrm{BB}}^{(k)} = \boldsymbol{VU}_1^{\mathrm{H}}$
步骤 4: $\quad \boldsymbol{F}_{\mathrm{RF}}^{(k)} = \boldsymbol{F}_{\mathrm{opt}} \boldsymbol{F}_{\mathrm{BB}}^{(k)\mathrm{H}} - \exp\{\mathrm{j}\angle\{\boldsymbol{F}_{\mathrm{opt}} \boldsymbol{F}_{\mathrm{BB}}^{(k)\mathrm{H}}\}\}(|\boldsymbol{F}_{\mathrm{opt}} \boldsymbol{F}_{\mathrm{BB}}^{(k)\mathrm{H}}| - 2)^{+}$
步骤 5: **end for**
步骤 6: $\boldsymbol{F}_{\mathrm{BB}} = \delta \boldsymbol{H}_{\mathrm{eq}}^{\dagger}$

7.5.5 性能分析

针对上述四种混合预编码方案，以下将通过蒙特卡罗仿真，对系统性能、算法复杂度、硬件开销三个方面展开分析。

实际中，模拟相移器的相位并不是连续可调的，模拟预编码矩阵的非零元相位会受到更严格的约束。通常，模拟相移器的可调相位会被假设为 B bit[24]。

$$\boldsymbol{F}_{\mathrm{RF}}(i,\ n) \in \{0,\ \mathrm{e}^{\mathrm{j}\frac{2\pi b}{B}}\},\ b=0,\ 1,\ \cdots,\ 2^{B}-1 \tag{7-47}$$

在这样的约束下，上述提到的算法均需要在完成 $\boldsymbol{F}_{\mathrm{RF}}$ 的设计之后，对其非零元的相位进行量化。针对量化比特的大小对混合预编码的性能影响，设定系统参数 $N_{\mathrm{T}}=64$，$N_{\mathrm{R}}=4$，用户数与射频数相同 $N_{\mathrm{RF}}=K=4$，在 SNR=5 dB 的三径毫米波信道下采用低复杂度的设计算法，分别设计 FHP，AHP 以及 SHP 结构，仿真结果如图 7-12 所示。

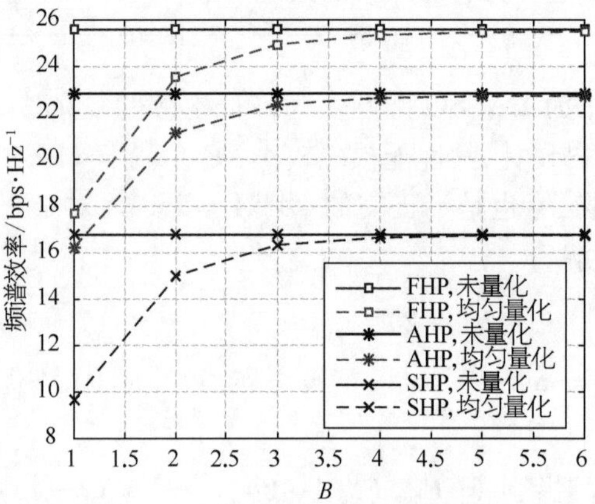

图 7-12 比特量化的模拟相移器对预编码的性能影响

显然，量化比特数量的上升能提升三种结构混合预编码的性能，提升的效率则会逐渐下降。具体来说，当 $B=3$ 时，量化的模拟相移器能够提供接近理想模拟相移器(指未量化)的性能，并且不需要过高的实现复杂度。图 7-12直观地对比了三种结构的性能优劣关系：FHP 需要 256 个模拟相移器和64 个加法器，并且能提供最优的预编码性能；SHP 只需要 64 个模拟相移器，但其系统性能最差；AHP 与 SHP 一样，只需要 64 个模拟相移器，但具有灵活性，能够相对提高约 6 bps · Hz^{-1}的性能增益。

为了对比 FHP 与 AHP，SHP 的系统性能以及不同设计算法的性能，设定量化比特 $B=3$，在三径毫米波信道的不同信噪比环境下进行仿真，如图 7-13 所示。

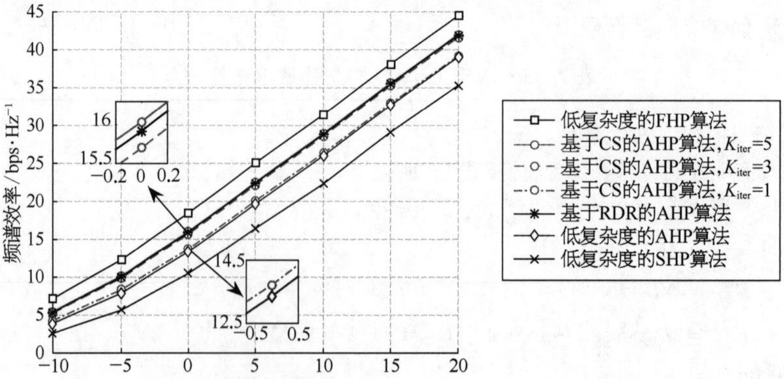

图 7-13 不同预编码设计方案的系统性能比较

仿真结果显示，FHP 结构和 SHP 结构分别为性能最优和最劣，AHP 结构的性能处在二者之间。此外，同样采用 AHP 结构，低复杂度的解耦算法、RDR－AHP 算法、基于 CS 的算法等三种方案会导致不同的预编码性能。低复杂度的解耦算法得到的系统性能是三者中最差的。基于 CS 的算法会随贪婪算法调用次数 K_{iter} 的不同产生性能差异：当 $K_{\text{iter}}=1$ 时，基于 CS 的算法性能接近低复杂度的解耦算法；当 $K_{\text{iter}}\geqslant 3$ 时，基于 CS 的算法比单次循环能得到明显的性能收益，且性能与 RDR－AHP 算法接近。

同样在三径毫米波信道的不同信噪比环境下，得益于大量模拟相移器的使用，高硬件开销的 MPS 结构的系统性能优于 FHP 结构，如图 7－14 所示。

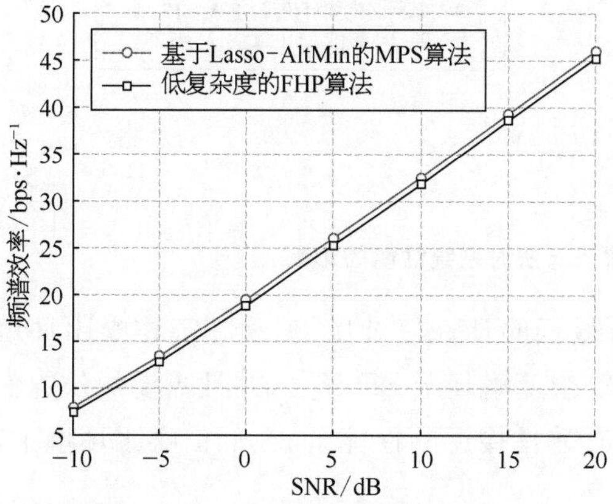

图 7－14　MPS 结构的系统性能

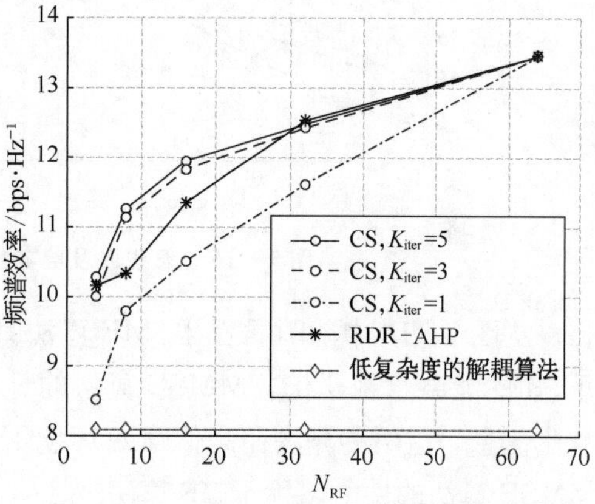

图 7－15　AHP 结构的三种设计方案比较

考虑在基站配置不同的射频链数量的情况下，进一步对比 AHP 结构的三种设计方案的性能以及计算复杂度。

从图 7－15 中可以看到，低复杂度的解耦算法只考虑了 $N_{\text{RF}}=K$ 的情况，即便基站配置了更多的射频链，这种设计方案仍无法有效利用多余的硬件资源，因此其性能曲线保持水平。随着贪婪算法调用次数 K_{iter} 的增加，基于 CS 的算法的预编码性能会逐步提升，提升效率则呈下降趋势。当调用次数 K_{iter} 从 3 增长到 5 时，系统频谱效率已经得不到显著提升，这一结果对实际应用中调用次数的设定有指导意义。

在算法复杂度方面，解耦算法的每个子循环本质上是在寻找最大模长元素，其消耗的计算时间最短，总体复杂度为 $O(N_{\text{T}})$。基于 CS 的算法主要由大规模矩阵的求逆产生，总体复杂度为 $O(K_{\text{iter}}N_{\text{T}}^3)$。RDR－AHP 算法的复杂度主要由两部分构成：一是矩阵的 SVD 分解，二是投影向量的计算。前者的复杂度为 $O(N_{\text{T}}^3)$，后者的复杂度为 $O(N_{\text{RF}}K^3)$。一般情况下，有效接入的用户数量远小于基站发射天线数，因此主要考虑 SVD 分解带来的计算时间。于是有以下结论：当 $K_{\text{iter}}=1$ 时，二者的算法复杂度接近，但 RDR－AHP 算法能够提供较好的系统性能；当 $K_{\text{iter}}\geqslant 3$ 时，基于 CS 的算法复杂度更高，在射频链配置较少时往往能够提供更好的系统性能。

最后,为了比较 MF,ZF、MMSE 三种经典数字预编码算法应用于混合预编码设计时的性能差异,在 $N_T=32$ 和 $N_T=128$ 两种情况下采用 AHP 结构进行仿真,如图 7-16 所示。

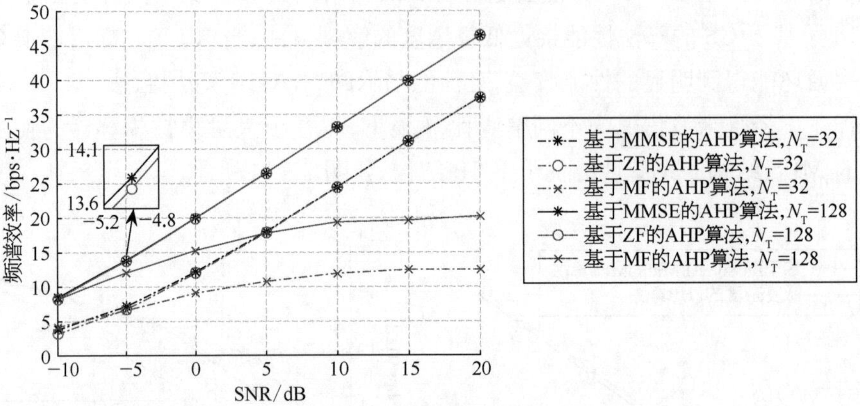

图 7-16　天线以及经典预编码算法对系统性能的影响

从图 7-16 中能明显看出,MF 算法具有最低的计算复杂度,但是在高信噪比环境下,其性能会急剧恶化。MMSE 算法的计算复杂度略高于 ZF 算法,并且需要额外的信噪比信息。这两种算法在高信噪比环境下具有非常接近的性能,而在低信噪比环境下,MMSE 算法的性能略优于 ZF 算法。

§7.6　小结

本章综述了混合预编码结构设计。传统数字预编码在高频段 Massive MIMO 系统中存在硬件开销过大的问题,传统模拟预编码则面临性能损失的问题,混合预编码结构通过模拟预编码与数字预编码结合,有效解决了传统预编码的问题。混合预编码结构主要包括全连接、子连接、自适应连接和多相移器等四种结构。其中,多相移器结构和全连接结构频谱效率较高,但需要过多的模拟相移器,硬件开销仍然较高;子连接结构由于缺乏灵活性,系统性能较差;自适应连接结构通过设计自适应连接网络,能实现系统性能和硬件开销的有效折中。本章在介绍混合预编码设计时,并没有局限于稀疏处理的方法,同时介绍了基于非稀疏处理的方法。从仿真结果可以看出,基于稀疏处理的方法能获得更好的系统性能。

参考文献

[1]　程鹏. 新一代无线通信系统中的预编码技术研究[D]. 上海: 上海交通大学,2012.

[2]　Yong S C, Kim J, Yang W Y, et al. MIMO-OFDM 无线通信技术及 MATLAB 实现[M]. 孙锴,黄威,译. 北京: 电子工业出版社,2013.

[3] 3rd Generation Partnership Project. Final report of 3GPP TSG RAN WG1 85bis v1.0.0[R]. Gothenburg: 3GPP TSG RAN WG1 Meeting, 2016.

[4] 3GPP TS 38.101-1 User equipment (UE) radio transmission and reception; Part 1: Range 1 Standalone (Release 15) [S/OL]. (2018-06) [2019-01]. http://3gpp.org/desktopmodules/Specifications/SpecificationDetails.aspx? specificationId=3283.

[5] Wiesel A, Eldar Y C, Shamai S. Zero-forcing precoding and generalized inverses[J]. IEEE Transactions on Signal Processing, 2008, 56(9): 4409-4418.

[6] Gershman A B, Sidiropoulos N D, Shahbazpanahi S, et al. Convex optimization-based beamforming[J]. IEEE Signal Processing Magazine, 2010, 27(3): 62-75.

[7] Hochwald B M, Peel C B, Swindlehurst A L. A vector-perturbation technique for near-capacity multiantenna multiuser communication-part i: channel inversion and regularization[J]. IEEE Transactions on Communications, 2005, 53(1): 195-202.

[8] Lu L, Li G Y, Swindlehurst A L, et al. An overview of massive MIMO: benefits and challenges[J]. IEEE Journal of Selected Topics in Signal Processing, 2014, 8(5): 742-758.

[9] Doan C H, Emami S, Sobel D A, et al. Design considerations for 60 GHz CMOS radios[J]. IEEE Communications Magazine, 2004, 42(12): 132-140.

[10] Roh W, Seol J Y, Park J, et al. Millimeter-wave beamforming as an enabling technology for 5G cellular communications: theoretical feasibility and prototype results[J]. IEEE Communications Magazine, 2014, 52(2): 106-113.

[11] Zhang X, Molisch A F, Kung S Y. Variable-phase-shift-based RF-baseband codesign for MIMO antenna selection[J]. IEEE Transactions on Signal Processing, 2005, 53(11): 4091-4103.

[12] Molisch A F, Ratnam V V, Han S, et al. Hybrid beamforming for massive MIMO: a survey[J]. IEEE Communications Magazine, 2017, 55(9): 134-141.

[13] Han S, Chih-Lin I, Xu Z, et al. Large-scale antenna systems with hybrid analog and digital beamforming for millimeter wave 5G[J]. IEEE Communications Magazine, 2015, 53(1): 186-194.

[14] Ayach O E, Rajagopal S, Abu-Surra S, et al. Spatially sparse precoding in millimeter wave MIMO systems[J]. IEEE Transactions on Wireless Communications, 2014, 13(3): 1499-1513.

[15] Li A, Masouros C. Hybrid analog-digital millimeter-wave MU-MIMO transmission with virtual path selection[J]. IEEE Communications Letters, 2017, 21(2): 438-441.

[16] Li A, Masouros C. Hybrid precoding and combining design for millimeter-wave multi-user MIMO based on SVD[C]// IEEE. Proceedings of IEEE International Conference on Communications, May 21-25, 2017. New York: IEEE, 2017.

[17] Alluhaibi O, Ahmed Q Z, Wang J, et al. Hybrid digital-to-analog precoding design for mm-wave systems[C]// IEEE. Proceedings of IEEE International Conference on Communications, May 21-25, 2017. New York: IEEE, 2017.

[18] Zhu X, Wang Z, Dai L, et al. Adaptive hybrid precoding for multiuser massive MIMO[J]. IEEE Communications Letters, 2016, 20(4): 776-779.

[19] Yu X, Zhang J, Letaief K B. Alternating minimization for hybrid precoding in multiuser OFDM mmWave systems[C]// IEEE. Proceedings of Asilomar Conference on Signals, Systems and Computers, November 6 - 9, 2016. New York: IEEE, 2017: 281 - 285.

[20] Yu X, Shen J C, Zhang J, et al. Alternating minimization algorithms for hybrid precoding in millimeter wave MIMO systems[J]. IEEE Journal of Selected Topics in Signal Processing, 2016, 10(3): 485 - 500.

[21] El Ayach O, Heath R W, Abu-Surra S, et al. The capacity optimality of beam steering in large millimeter wave MIMO systems[C]// IEEE. Proceedings of IEEE International Workshop on Signal Processing Advances in Wireless Communications, June 17 - 20, 2012. New York: IEEE, 2012: 100 - 104.

[22] Chen J C. Hybrid beamforming with discrete phase shifters for millimeter-wave massive MIMO systems[J]. IEEE Transactions on Vehicular Technology, 2017, 66(8): 7604 - 7608.

[23] Qin Q B, Gui L, Zhang L, et al. Compressive sensing based hybrid beamforming for adaptively-connected structure [C] // IEEE. Proceedings of IEEE /CIC International Conference on Communications in China, August 16 - 18, 2018. New York: IEEE, 2018: 309 - 314.

[24] Zhang L, Gui L, Qin Q B, et al. Adaptively-connected structure for hybrid precoding in multi-user massive MIMO systems [C]// IEEE. Proceedings of IEEE Annual International Symposium on Personal, Indoor and Mobile Radio Communications, September 9 - 12, 2018. New York: IEEE, 2018: 1 - 7.

[25] Liang L, Xu W, Dong X. Low-complexity hybrid precoding in massive multiuser MIMO systems[J]. IEEE Wireless Communications Letters, 2014, 3(6): 653 - 656.

第8章 稀疏信号处理在无线传感网中的应用

随着5G标准的提出以及物联网的推广,无线传感网技术得到越来越多的关注。由于存在传感节点能量受限、网络拓扑呈动态变化等特性,高能效与高鲁棒性的无线传感网数据聚合方案成为研究的热点。鉴于无线传感网测量的源数据通常呈现相关特性(在变换域呈现稀疏特性),因此基于压缩感知的方案常作为其数据聚合的重要选择。下文将对两类无线传感网中的压缩数据聚合方案进行介绍:一类是中心式的无线传感网,这类网络中设有固定的汇聚节点,用以收集传感节点的数据,适用于大多数场景的网络。另一类是分布式的无线传感网,这类网络中没有固定的汇聚节点,通过传感节点间的数据扩散和备份,以及移动汇聚节点的随机访问实现数据的采集,常用于不可靠、险要的环境中。

§8.1 无线传感网的常规数据聚合方案

在无线传感网中,当网络规模较小时,其数据聚合常常通过直接传输的方式完成。如图8-1所示,无线传感网中的数据经过 N 个节点传递,最终聚合到汇聚节点。

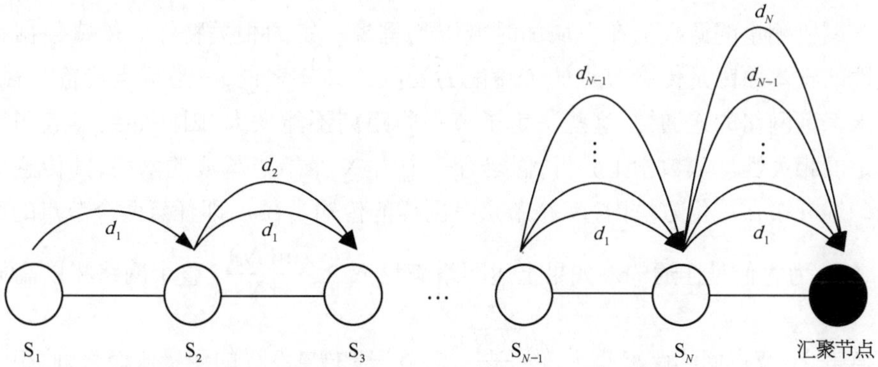

图8-1 无线传感网中的直接传输数据采集方案[1]

然而,近年来,随着万物互联愿景的提出与物联网(Internet of things, IoT)的蓬勃发展,无线传感网的网络规模越来越大,在数据聚合问题上,直接传输所带来的开销已经超过系统的负担极限。当前,可行的数据聚合方法有以下三类[2-5]。

第一类是对数据进行融合。融合方法通过计算网内的聚合函数,如 SUM(求和)、AVG(平均)、MAX(最大)、MIN(最小)等获得传感数据的某一特征。传感节点通过这种融合技术,只传输计算结果,大大减少需要传输的数据量。但是在很多应用场合,需要对测量数据进行分析与挖掘,而不仅仅是取得测量数据的平均值、最大值等几个有限的信息。

第二类是对数据进行时域编码。这类方法利用自适应编码[2]去除数据在时域上的相关性,即单节点采集的数据在相邻时刻的相似性。其基本思想是采用预测编码,即每个节点将预测器的残差信号进行编码,并传输到汇聚节点,汇聚节点再根据这些残差信号重构出原始数据。显然,这种方法与直接数据传输方案相比,能够获得较大的网络能效增益。但它并不能解决网络节点较多时,系统承受的数据传输压力过大的问题。

第三类是对数据进行空域编码。这类方法通过分布式源编码[3]来消除节点间数据的相关性,以此减少发送数据,提升网络能效。但是这种方法的实施需要两个条件,一是已知空间相关性的统计信息;二是节点间必须可靠传输信令信息。然而,在无线传感网中,空间相关性的统计信息不容易获得,即使假设这些信息可以通过增大某种开销得到,再加上无线传感网的数据统计特性时常变化,一旦变化发生,往往需要重新估计。此外,信令信息的可靠传输意味着消耗节点更多的能量。

经分析可知,上述三类数据聚合方法在无线传感网中的应用都受到不同限制。文献[4]利用传感数据的相关性,对传感数据进行稀疏变换,并在此基础上,提出了基于压缩感知的数据聚合方法,大大降低网络收发数据量,提升网络能效。学术界对此广泛认同。

§8.2 无线传感网的数据稀疏性分析

传感网所测量的源数据在空域和时域上均呈现一定的相关特性。传感数据存在空间相关性的根本原因是传感节点的传输能力受限。具体来说,一是节点传输半径较小,二是要求保证网络的连通性,这些决定了节点间距离不能太大,因此导致节点测量数据具备一定的相关性。从数学上分析,假定有一个由 N 个节点构成的网络,其传感节点随机而均匀地分布在单位方块内,N 个节点有同样的传输半径 r,即任意两个节点的距离若小于 r,则认为它们是连通的。如果上述网络满足 $r^2 < \dfrac{\ln(N)}{\pi N}$,整个网络将以高概率连通[6]。换言之,节点间的距离小于 $\sqrt{\dfrac{\ln(N)}{\pi N}}$,对一般的自然界的测量值而言,此距离的变化被认为是连续且相关的。时域相关性的物理意义与空域相关性类似。以温度、湿度等变量为例,通常需要得到各个时刻的采样值,鉴于其随时间变化常常是连续变化的,因此时域采样数据呈现一定的相关特性。

从信息冗余表达的角度不难理解,存在相关性的数据经过一定的处理,必然会在某一变换域表现为稀疏矢量。针对无线传感网测量的源数据的特点,常用的数据稀疏化方法可总结如下几点。

1. 离散余弦变换

令采集到的测量数据为 N 维矢量 $\boldsymbol{x}$,利用离散余弦变换(discrete cosine transform,DCT)正交基将 $\boldsymbol{x}$ 映射到变换域,则可以得到稀疏信号 $\boldsymbol{\Theta}$。

$$\boldsymbol{x} = \boldsymbol{\Phi\Theta} \tag{8-1}$$

式中,$\boldsymbol{\Phi}$ 是 DCT 正交基矩阵。

$$\boldsymbol{\Phi} = \frac{1}{\sqrt{N}}\begin{bmatrix} 1 & 1 & \cdots & 1 \\ \sqrt{2}\cos\frac{\pi}{2N} & \sqrt{2}\cos\frac{3\pi}{2N} & \cdots & \sqrt{2}\cos\frac{(2N-1)\pi}{2N} \\ \vdots & \vdots & \vdots & \vdots \\ \sqrt{2}\cos\frac{(N-1)\pi}{2N} & \sqrt{2}\cos\frac{3(N-1)\pi}{2N} & \cdots & \sqrt{2}\cos\frac{(2N-1)(N-1)\pi}{2N} \end{bmatrix} \tag{8-2}$$

2. 小波基变换

令采集到的测量数据为 N 维矢量 $\boldsymbol{x}$,$\boldsymbol{W}_1$ 为一层小波分解矩阵(为表达更直观,将矩阵放在方括号内,矩阵维度标在方括号的下角处)。

$$[\boldsymbol{W}_1]_{N\times N}\,[\boldsymbol{x}]_{N\times 1} = \begin{bmatrix} [\boldsymbol{A}_1]_{\frac{N}{2}\times 1} \\ [\boldsymbol{D}_1]_{\frac{N}{2}\times 1} \end{bmatrix} \tag{8-3}$$

$\boldsymbol{W}_2$ 为二层小波分解矩阵,表示为

$$[\boldsymbol{W}_2]_{\frac{N}{2}\times\frac{N}{2}}\,[\boldsymbol{A}_1]_{\frac{N}{2}\times 1} = \begin{bmatrix} [\boldsymbol{A}_2]_{\frac{N}{4}\times 1} \\ [\boldsymbol{D}_2]_{\frac{N}{4}\times 1} \end{bmatrix} \tag{8-4}$$

把第一层分解式(8-3)与第二层分解式(8-4)合在一起,即可得到 $\boldsymbol{x}$ 的稀疏分解。

$$\begin{bmatrix} [\boldsymbol{W}_2]_{\frac{N}{2}\times\frac{N}{2}} & [\boldsymbol{0}]_{\frac{N}{2}\times\frac{N}{2}} \\ [\boldsymbol{0}]_{\frac{N}{2}\times\frac{N}{2}} & [\boldsymbol{I}]_{\frac{N}{2}\times\frac{N}{2}} \end{bmatrix}[\boldsymbol{W}_1]_{N\times N}\,[\boldsymbol{x}]_{N\times 1} = \begin{bmatrix} [\boldsymbol{A}_2]_{\frac{N}{4}\times 1} \\ [\boldsymbol{D}_2]_{\frac{N}{4}\times 1} \\ [\boldsymbol{D}_1]_{\frac{N}{2}\times 1} \end{bmatrix} \tag{8-5}$$

3. K 奇异值分解算法

第 3 章给出了一种重要的信号稀疏化算法——K 奇异值分解(K-singular value decomposition, KSVD)。这种算法也常用于传感数据的稀疏化表征中,文献[7]采用 KSVD 对国际气象数据中心监测的海平面大气压数据进行了稀疏化处理,得到了理想效果。

§8.3 中心式网络的数据聚合方案

中心式网络中设有固定的汇聚节点,用以收集传感节点的数据。以下针对中心式无线传感网,首先详细介绍压缩数据采集(compressive data gathering, CDG)方案[1,8-9],接着简要介绍其他几种压缩聚合方案。

8.3.1 压缩数据采集方案

CDG 方案是基于压缩感知的数据聚合的首个完整设计,能够在不明显增加计算和控制开销的前提下获得显著的数据压缩效果,提升网络能效。此外,它还将通信代价平均分配到传输路径上的每个节点,以获得负载平衡。这两个特点将使得网络生存寿命得到明显延长。

1. 链状拓扑的 CDG 方案

链状拓扑的 CDG 方案的基本想法是,汇聚节点收到的并不是单独的传感数据,而是很多传感数据的加权和,汇聚节点再从多个不同权重的加权和中恢复出原始数据,如图 8-2所示。为将第 i 个加权和传输到汇聚节点,节点 S_1将它的数据 d_1乘上一个随机系数 Φ_{i1},然后将乘积发送给 S_2。收到这个消息后,节点 S_2也将它的数据 d_2乘上一个随机系数 Φ_{i2},然后将和 $\Phi_{i1}d_1+\Phi_{i2}d_2$传输给 S_3。类似地,每个节点 S_j 在转发消息的过程中将自己的加权数据累加上去。最终,汇聚节点收到了所有传感数据的加权和 $\sum_{j=1}^{N}\Phi_{ij}d_j$。将这个过程重复 M 次,于是汇聚节点就得到 M 个由不同系数生成的加权和。

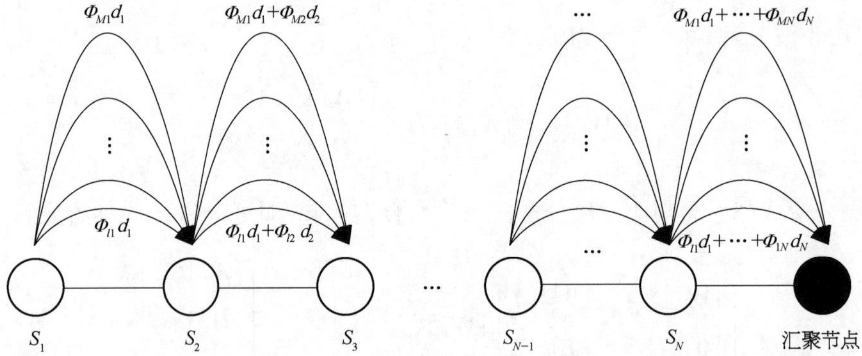

图 8-2 链状拓扑下的 CDG 方案[1]

当汇聚节点试图采集 M 个测量值(加权和)时,所有传感节点不论它们距离汇聚节点远近,都会发送同样的 $O(M)$个消息,所消耗的传输能量完全相同。在计算每个加权和的过程中,每个节点只进行一次乘和一次加的操作,因而它们的计算量也相同。从全局来看,整个网络共发送 $O(MN)$个消息。当 $M\ll N$ 时,CDG 方案将发送比原始数据更少的数据,后者最差情况的消息复杂度为 $O(N^2)$。更重要的是,在 CDG 方案中,传输负载是在节点间均匀分配的,这样多跳网络传输中原有的瓶颈节点的生存时间可以大大增加,相应地,整个网络的生存时间也会大大增加。链状拓扑 CDG 方案可行的关键在于,汇聚节点能否从 M 个测量值中成功恢复出 N 个传感读数。

接下来给出 CDG 的数学表示,第 i 个测量值可以表示为式(8-6)的形式。

$$y_i = \sum_{j=1}^{N} \Phi_{ij} d_j \tag{8-6}$$

汇聚节点获得了 M 个测量值 $\{y_i\}$, $i=1, 2, \cdots, M$。将这些测量值组成一个列向量,那么,这些测量值的构成可以写成如式(8-7)的矩阵形式。

$$\boldsymbol{y} = \begin{pmatrix} y_1 \\ y_2 \\ \vdots \\ y_M \end{pmatrix} = \begin{pmatrix} \Phi_{11} & \Phi_{12} & \cdots & \Phi_{1N} \\ \Phi_{21} & \Phi_{22} & \cdots & \Phi_{2N} \\ \vdots & \vdots & \vdots & \vdots \\ \Phi_{M1} & \Phi_{M2} & \cdots & \Phi_{MN} \end{pmatrix} \begin{pmatrix} d_1 \\ d_2 \\ \vdots \\ d_N \end{pmatrix} = \boldsymbol{\Phi d} \tag{8-7}$$

由 § 8.2 中的分析可知,无线传感网的测量数据 $\boldsymbol{d}$ 在变换域呈现稀疏特性,令

$$\boldsymbol{d} = \boldsymbol{\Psi r} \tag{8-8}$$

若 $\boldsymbol{\Psi}$ 是恰当的变换域的基向量,则 $\boldsymbol{r}$ 为稀疏信号。因此,可以知道

$$\boldsymbol{y} = \boldsymbol{\Phi \Psi r} \tag{8-9}$$

属于压缩感知问题。通过设计满足 RIP 条件(或者低 MCP)的测量矩阵 $\boldsymbol{\Phi}$, 以及符合测量数据特性的变换域基向量 $\boldsymbol{\Psi}$, 汇聚节点能够从 M 个测量值中以一定精确度恢复出 N 个传感读数。

2. 块状拓扑的 CDG 方案

现实中,传感节点通常分布于一个二维的区域,传感节点到汇聚节点的路由会形成一个树状结构,如图 8-3 所示。为了在数据转发的过程中合并传感读数,每个节点需要知道自己的父节点和子节点,先从子节点收集数据,再将收到的数据发给父节点。在一轮汇聚传输中,当所有传感节点获得读数后,叶节点首先发起数据传输。在这个例子中,节点 S_2 生成一个随机系数 Φ_{i2},计算出 $\Phi_{i2}d_2$ 并将它发送给节点 S_1。类似地,节点 S_4,S_5 和 S_6 将 $\Phi_{i4}d_4$,$\Phi_{i5}d_5$ 和 $\Phi_{i6}d_6$ 发送给节点 S_3。当节点 S_3 收到这三个消息后,计算出 $\Phi_{i3}d_3$,并且对所有的消息求和,然后将 $\sum_{j=3}^{6}\Phi_{ij}d_j$ 发送至 S_1。其中,索引 i 的取值在 1 到 M 之间,Φ_{ij} 代表第 j 个节点的

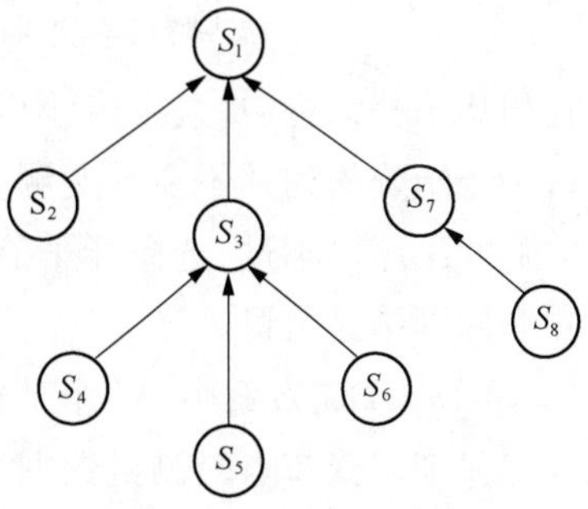

图 8-3　树状拓扑结构

数据在第 i 个测量值中的权重。同样，节点 S_1 计算出 $\sum_{j=1}^{8}\Phi_{ij}d_j$，并将其发送给父节点。最后，包含着一棵子树中所有读数的加权和被传送到汇聚节点。在树状拓扑中，汇聚节点对所有数据的恢复方式与链式拓扑相同，即当 $M \ll N$ 时，网络生存时间会明显增加。

3. IR－CDG 方案

在§8.1 介绍的直接传输方案中，N 节点网络的总传输数据量为$\frac{N(N-1)}{2}$。而在链式拓扑的 CDG 方案中，N 节点网络的总传输数据量为 MN。当汇聚节点要求获得的测量值的数目 M 增加时，如 $M>\frac{N-1}{2}$，CDG 方案的总通信代价将超过直接传输方案。为解决这个问题，研究者提出了 IR－CDG 方案。

在 IR－CDG 方案中，链式拓扑结构的前 M 个传感节点只需要简单地将它们的传感读数发送给节点 S_{M+1}。当节点 S_{M+1} 接收到来自节点 S_i 的传感读数后，计算出 $d_i+\Phi_{iM+1}d_{M+1}$，并将其发送给下一个节点。也就是说，前 M 个节点没有任何的计算负载，而其余节点与基本 CDG 方案中的节点有着相同的计算和通信负载。此时，相应的测量矩阵 $\boldsymbol{\Phi}$ 可以表示为［$\boldsymbol{IR}$］的形式。

$$\boldsymbol{\Phi}=\begin{pmatrix} 1 & 0 & \cdots & 0 & | & \Phi_{1M+1} & \cdots & \Phi_{1N} \\ 0 & 1 & \cdots & 0 & | & \Phi_{2M+1} & \cdots & \Phi_{2N} \\ & & \ddots & & | & \vdots & \vdots & \vdots \\ 0 & 0 & \cdots & 1 & | & \Phi_{MM+1} & \cdots & \Phi_{MN} \end{pmatrix} \tag{8-10}$$

对树状拓扑结构而言，以图 8－4 中的树为例，令最多有 M 个节点直接传输它们的传感读数，那么节点 S_2，S_6，S_7和 S_8就可以直接传输它们的传感读数，而不是加权和。汇聚节点接收到的测量值可以写成

$$\begin{pmatrix} y_1 \\ y_2 \\ y_3 \\ y_4 \end{pmatrix}=\begin{pmatrix} \Phi_{11} & 1 & \Phi_{13} & \Phi_{14} & \Phi_{15} & 0 & 0 & 0 \\ \Phi_{21} & 0 & \Phi_{23} & \Phi_{24} & \Phi_{25} & 1 & 0 & 0 \\ \Phi_{31} & 0 & \Phi_{33} & \Phi_{34} & \Phi_{35} & 0 & 1 & 0 \\ \Phi_{41} & 0 & \Phi_{43} & \Phi_{44} & \Phi_{45} & 0 & 0 & 1 \end{pmatrix}\begin{pmatrix} d_1 \\ d_2 \\ \vdots \\ d_8 \end{pmatrix} \tag{8-11}$$

在树状拓扑结构中，直接传输传感读数的节点不要求是网络中的前 M 个节点。由于对调一个矩阵的列并不会改变测量矩阵的性质，因此，可以随意选取 M 个节点并随意指定它们的次序。不过，选择叶子节点或靠近网络边缘的节点来直接传输传感读数，会削减更多的网络通信量。

IR－CDG 方案中，M 个节点可直接传输数据，网络通信量大幅下降，但这样传输还能够保证汇聚节点对测量数据的精确恢复吗？由定理 8－1 可知，IR－CDG 的测量矩阵同样满足 RIP 条件，可以保证数据的精确恢复。下面简要给出证明过程。

定理 8-1：设 $\boldsymbol{R}$ 为一个 $M\times(N-M)$ 的矩阵，且其所有元素都是独立同分布的符合 $\mathrm{N}\left(0,\ \frac{1}{M}\right)$ 的高斯随机变量；设 $\boldsymbol{I}$ 为一个 $M\times M$ 的单位阵，如果

$$M \geqslant C_1 K \ln \frac{N}{K} \tag{8-12}$$

那么，矩阵 $[\boldsymbol{IR}]$ 以大于 $1-3\mathrm{e}^{-C_2 M}$ 的概率满足 K 阶的 RIP 性质，其中 C_1 和 C_2 为常数，它们的值仅由所期望的有限等距常数 δ 决定。

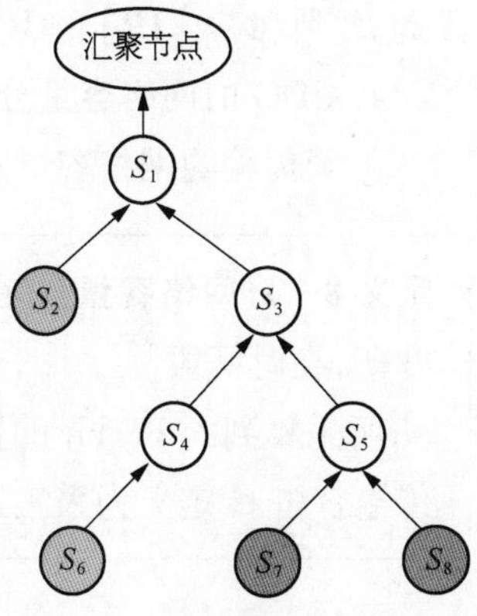

图 8-4　IR-CDG 中的树状拓扑结构

证明：设 $\boldsymbol{\Phi}$ 是一个满足 $[\boldsymbol{IR}]$ 形式的 $M\times N$ 的矩阵，其中 $\boldsymbol{R}$ 中的元素为符合分布 $\mathrm{N}\left(0,\ \frac{1}{M}\right)$ 的高斯随机变量。设 $\boldsymbol{f}$ 为一个 N 维的信号，将 $\boldsymbol{f}$ 写成 $\boldsymbol{f}=[\boldsymbol{f}_1^{\mathrm{T}}\ \boldsymbol{f}_2^{\mathrm{T}}]^{\mathrm{T}}$，其中 $\boldsymbol{f}_1$ 的维度为 M，$\boldsymbol{f}_2$ 的维度为 $N-M$。于是有

$$\|\boldsymbol{\Phi f}\|_{l_2}^2 = \|[\boldsymbol{IR}]\boldsymbol{f}\|_{l_2}^2 = \|\boldsymbol{f}_1\|_{l_2}^2 + \|\boldsymbol{Rf}_1\|_{l_2}^2 + 2\langle \boldsymbol{f}_1,\ \boldsymbol{Rf}_2\rangle \tag{8-13}$$

根据随机矩阵 RIP 性质，式(8-13)中的第二项以超过 $1-2\mathrm{e}^{-\frac{M\delta^2}{8}}$ 的概率被界定在范围内。

$$(1-\delta_{\mathrm{R}})\ \|\boldsymbol{f}\|_{l_2}^2 \leqslant \|\boldsymbol{Rf}_2\|_{l_2}^2 \leqslant (1+\delta_{\mathrm{R}})\ \|\boldsymbol{f}\|_{l_2}^2 \tag{8-14}$$

式(8-13)的第三项可以写成

$$2\langle \boldsymbol{f}_1,\ \boldsymbol{Rf}_2\rangle = 2\,\boldsymbol{f}_1^{\mathrm{T}}\boldsymbol{Rf}_2 \tag{8-15}$$

由于 $\boldsymbol{R}$ 中的元素符合分布 $\mathrm{N}\left(0,\ \frac{1}{M}\right)$，那么可以推出 $2\,\boldsymbol{f}_1^{\mathrm{T}}\boldsymbol{Rf}_2$ 中的元素符合分布 $\mathrm{N}\left(0,\ \frac{4\ \|\boldsymbol{f}_1\|_{l_2}^2\ \|\boldsymbol{f}_2\|_{l_2}^2}{M}\right)$。根据高斯变量的性质，该项的绝对值以高于 $1-\mathrm{e}^{-\frac{M\delta^2}{8}}$ 的概率满足式(8-16)所示的界。

$$|2\,\boldsymbol{f}_1^{\mathrm{T}}\boldsymbol{Rf}_2| \leqslant \delta\ \|\boldsymbol{f}_1\|_{l_2}^2\ \|\boldsymbol{f}_2\|_{l_2}^2 \leqslant \delta\ \|\boldsymbol{f}_1\|_{l_2}^2 \tag{8-16}$$

因此，$\|\boldsymbol{\Phi f}\|_{l_2}^2$ 以超过 $1-3\mathrm{e}^{-\frac{M\delta^2}{8}}$ 的概率被界定在以下范围内。

$$(1-2\delta)\ \|\boldsymbol{f}\|_{l_2}^2 \leqslant \|\boldsymbol{\Phi f}_2\|_{l_2}^2 \leqslant (1+2\delta)\ \|\boldsymbol{f}\|_{l_2}^2 \tag{8-17}$$

因此,矩阵 $\boldsymbol{\Phi}=[\boldsymbol{IR}]$ 的 RIP 性质得证。

4. CDG 的网络容量分析

汇聚传输的网络容量定义如下。

定义 8-1(网络容量): 在一个数据采集网络中,如果存在一个时刻 t_0 和一个时间长度 T,在时间段 $[t_0,\ t_0+T]$ 中,汇聚节点可以接收到每个传感节点 $S_i,\ i=1,\ 2,\ \cdots,\ N$ 所采集到的 λT bit 的数据,那么称这个网络可以达到采集速率 λ。该网络的汇聚传输容量 C 定义为采集速率的上确界 $C=\sup\{\lambda\}$。

在网络容量的计算过程中,传感节点间的干扰模型是其中一个重要因素,这里给出两种常用的干扰模型。

定义 8-2(协议干扰模型): 在协议干扰模型下,传感节点 X_i 到传感节点 X_j 的传输是成功的,当且仅当以下两个条件被满足。

$$\| X_i - X_j \|_2 \leqslant r \tag{8-18}$$

$\| X_k - X_j \|_2 > (1+\delta)r,\ \delta > 0$ 对任意 $k \in V\setminus\{i\}$, V 是所有传感节点的集合。

第一个条件要求,通信双方的欧氏距离小于等于 r。第二个条件要求,所有正在传输消息的节点距离和接收节点 X_j 的距离都大于 $(1+\delta)r$, δ 是一个大于 0 的常数。

定义 8-3 (物理干扰模型): 在物理干扰模型下,传感节点 X_i 到传感节点 X_j 的传输是成功的,当且仅当以下条件被满足。

$$\frac{\dfrac{P_i}{\| X_i - X_j \|_2^{\alpha}}}{N_G + \displaystyle\sum_{k\in V,\ k\neq i} \dfrac{P_i}{\| X_i - X_j \|_2^{\alpha}}} \geqslant \beta \tag{8-19}$$

式中, P_i 是传感节点 X_i 的传输能量, α 是衰减系数, N_G 是在传感节点 X_j 检测到的高斯噪声。

不等式(8-19)的左侧是传感节点 X_j 的信干噪比。传输成功要求信干噪比大于某个预先设定的阈值 β。

以下给出 CDG 方案在协议干扰模型和物理干扰模型下的网络容量,其证明过程见文献[8]和[9]。

定理 8-2: 在协议干扰模型下,一个由 N 个随机均匀分布的传感节点构成的无线传感网中,当 $N \to \infty$, CDG 方案以接近 1 的概率达到网络容量。

$$\lambda \geqslant \frac{W}{M} \cdot \frac{\pi r^2 - \sqrt{\varepsilon}}{\pi(2+\delta)r^2 + \sqrt{\varepsilon}} \tag{8-20}$$

式中,ε 是一个无限接近于 0 的正数;M 是随机测量值的个数,通常, $M = c_1 K$, c_1 是一个介于 1 到 4 之间的常数;W 是数据包长度。

定理 8-3: 在物理干扰模型下,一个由 N 个随机均匀分布的传感节点构成的无线传感网中,当 $N \to \infty$, CDG 方案以接近 1 的概率达到网络容量。

$$\lambda \geqslant \frac{W}{M} \cdot \frac{\pi r_0^2 - \sqrt{\varepsilon}}{\pi\,(2+\delta_0)^2 r_0^2 + \sqrt{\varepsilon}} \tag{8-21}$$

式中, $r_0 < \sqrt[\alpha]{\frac{P_0}{\beta N_0}}$, 而 $\delta_0 > \sqrt[\alpha-1]{\frac{2\pi\beta c_2}{1-\frac{\beta r^\alpha N_0}{P_0}}} - 1$。$P_0$表示节点的有限能量,$N_0$表示噪声水平,$\alpha$ 和 β 是给定值,c_2是常数。

简单分析可知,在一个由 N 个随机均匀分布的传感节点构成的无线传感网中,若传感数据是 K-稀疏的,并且可以从 $M = c_1 K$ 个测量值中重构,那么在两种传输干扰模型下,CDG 方案与直接数据传输方案的网络容量比可达$\frac{N}{M}$。

5. 仿真验证

为比较链状拓扑的 CDG 方案与直接传输方案的网络容量,仿真参数设置如表 8-1 所示。

表 8-1　仿 真 参 数

媒体访问控制协议	802.11	最大重传数(次)	7
物理层数据传输速率(Mbps)	2	IFQ 长度	200
传输半径(m)	15	K(数据稀疏度)	50
干扰半径(m)	25	N(总节点数)(个)	1 000
有效负载大小(Byte)	20	$c_1 = \frac{M}{K}$	4
RTS/CTS 状态	关闭		

在仿真过程中，先改变数据的输入间隔(input interval)，然后测量相应的输出间隔(output interval)。通常情况下，当输入间隔缩小时，输出间隔也会缩小。然而，当网络容量无法承受某个输入速率时，输出间隔将无法继续缩小，甚至会因网络拥塞而稍有增加。因此，可以从最小的输出间隔来估计网络容量。图 8-5 中给出了链状拓扑的直接传输方案与 CDG 方案的输入输出间隔比较。从图 8-5(a)中可以发现，直接传输方案在输入间隔为 10.2 s 时有 10.6 s 的最小输出间隔。图 8-5(b)显示了 CDG 方案的性能。当输入间隔为 1.92 s 时，有 2.11 s 的最小输出间隔。比较两种方法发现，CDG 方案的网络容量是直接传输方案的 5 倍。

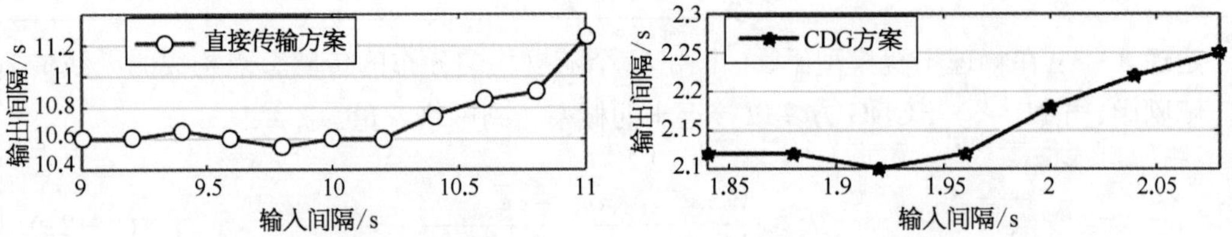

(a) 直接传输方案的输入输出间隔　　(b) CDG方案的输入输出间隔

图 8-5　链状拓扑的两种方案的输入输出间隔

8.3.2　其他压缩聚合方案

以下简要介绍分析其他几种典型的压缩聚合方案。

1. 树形聚合

树形聚合协议是一种基于压缩感知技术的集中式计算协议[5,10-11]。图 8-6 中给出了该协议下网络生成树的结构示意图。

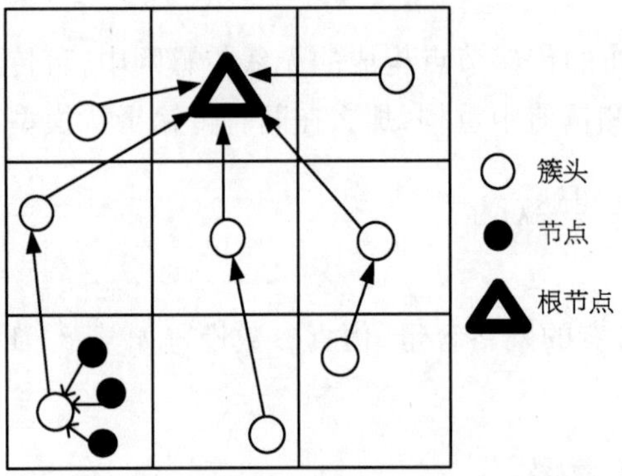

图 8-6　树形聚合网络生成树的结构示意图

树形聚合协议将整个网络看作是面积为 1 的正方形区域，并将其划分为 M_n 个小格子，每个小格子中含有多个节点。在每个小格子中随机选择一个节点作为簇头，小格子中的其他节点将数据汇聚到对应的簇头，簇头与相邻的簇头连接，汇聚节点作为根节点，从而形成一棵生成树。

树形聚合协议主要分为网格内协议和网格间协议两部分。网格内协议里，在每个小格子中随机选择一个节点作为簇头，并从小格子内的其他邻居节点收集传感数据；网格间协议里，簇头负责节点的函数计算，计算结果在相邻簇头间作进一步计算，并最终传输到根节点。计算协议具体如下。

(1) 网格内协议：在每一个小格子中，随机选择一个节点作为簇头。此处用 H_j 表示第 j 个小格子 C_j 中的簇头，n_j 表示第 j 个小格子中的节点数，其中 $j=1, \cdots, M_n$。在每一个时隙内,在第 j 个小格子中的节点轮流将自己的数据传输到簇头 H_j。由于每个小格子包含有 n_j 个节点,因此每个簇头 H_j 有包括自己数据在内的 n_j 个传感数据。

(2) 网格间协议: 以下具体描述节点间如何计算第 t 个多轮随机线性函数 F_t,即第 t 个随机投影,并将计算结果沿着生成树传递到汇聚节点。令 d_j^k 为小格子 C_j 中的簇头在网格内协议下收集到的数据,其中 k 为节点数的索引值 ($k=1, \cdots, n_j$)。假设簇头 H_j 位于生成树的第 l ($1 \leqslant l \leqslant L$) 层,当簇头 H_j 收到从 ($l-1$) 层的子节点(簇头)数据 $y_{t,i}$ 后,产生 n_j 随机系数 $\Phi_{d,j}^k$, 计算 $y' = \sum_{k=1}^{nj} \Phi_{t,j}^k d_j^k$, 并通过式(8-22)更新自己的数据。

$$y_{t,j} = y' + \sum_{i \in CH(j)} y_{t,i} \tag{8-22}$$

最后将数据 $y_{t,j}$ 发送到父节点,其中 $CH(j)$ 表示 H_j 的子节点(簇头)。通过这种方式,多轮随机线性函数 F_t 沿着生成树计算并将最后结果传递到汇聚节点。上述过程重复 m 次之后,汇聚节点将收到 m 个随机投影,从而完成一次完整的目标函数计算。其数据恢复方案与 8.3.1 小节中的 CDG 方案相同。

直观而言,树形聚合协议的簇头先以 TDMA 的方式采集网格内的数据,然后对采集到的数据进行压缩,再沿着树状拓扑,按照 CDG 的方式对压缩后的数据进行聚合。相比于 8.3.1 小节中的 CDG 方案,树形聚合有一点明显不同,即随机测量矩阵 $\boldsymbol{\Phi}$ 是由簇头产生,而不是由网络中的节点产生。此外,在树形聚合协议中,每个节点的数据只需向相应的簇头发送一次,因此与 CDG 相比可节省节点的传输能耗。然而,基于树形聚合的计算协议有以下几个缺点: 首先,它需要维护网络的拓扑结构,因此会消耗额外的能量。其次,它对节点或无线链路失效较为敏感,任何一个节点或一条链路失效都会导致拓扑结构变化,网络中的树结构需重新建立,从而导致节点能耗的增加。最后,计算的结果对节点或无线链路失效也较为敏感,特别是靠近汇聚节点的传感节点或链路失效,会导致所有计算结果丢失。

2. 流言聚合

流言聚合是一种基于压缩感知的数据聚合协议[5,10-11]。它采用了无线广播模型与网格调度相结合的方法,其网格如图 8-6 所示。通过 m 个随机投影,令每个节点均获得全网的原始信号。以下介绍用流言算法来计算第 t 个多轮随机线性函数 F_t($t=1, \cdots, m$),即第 t 个随机投影。先设每个节点 i 在某一时刻采集数据 x_i。在每个时隙,算法激活图 8-6 中不相邻的 Q 个小格子,并随机选择一个节点作为簇头。之后,簇头向传输半径为 $r(n)$ 范围内的邻居节点广播信息。一旦邻居节点收到广播信息,所有邻居节点及簇头就形成一个组,其中邻居节点为组的成员,簇头为该组的组头。邻居节点计算 $\omega_i = n\Phi_{t,i}x_i$, 并将结果传输给组头,其中 $\Phi_{i,t}$ 为伯努利随机变量。组头从所有邻居节点收到计算值之后,计算平均值 $v = \sum_i \frac{\omega_i}{J}$, 并将该值广播给邻居节点,其中 J 为该组中的节点数。邻居节点收到计算结果 v 之后更新自己的数据。在整个网络中,每个小格子轮流被激活,执行相同的流言算法;通过网格调度策略,不相邻的小格子可同时执行流言算法,从而加快计算速度。当计算误差在允许的精度范围内,流言算法停止并继续下一个的目标子函数的计算。当一轮计算完成之后,每个节点即可重构出原始信号。

与树形聚合相比,流言聚合消耗了更多能量,但是获得了更好的鲁棒性。可以认为,流言聚合的鲁棒性是以额外的传输能耗为代价提升的。

3. 随机游走聚合

上述几种密集投影方法的传输能耗虽然比直接传输低,但网络传输代价仍较大。随机游走聚合作为一种稀疏随机投影方案,能够有效降低能耗[5,12]。

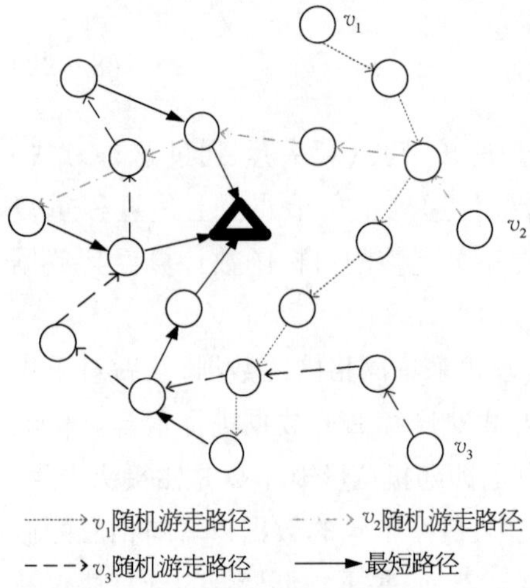

图 8-7 随机游走数据采集方式

随机游走聚合方案采用标准随机游走来实现传感数据的采集。如图 8-7 所示,首先,随机选择 m 个传感节点,并由这 m 个传感节点发起 m 条独立的随机游走路径。在每一条游走路径中,当前节点随机选择邻居节点中的任一个节点作为下一个传输目标,并将当前节点的计算结果传输至下一个节点进行线性叠加运算。于是,每一条游走路径的最后一个目标节点将得到一个随机投影。该随机投影通过最短路径路由策略发送至汇聚节点。最后,汇聚节点利用 1-范数最小化算法从 m 个投影数据中恢复出原始数据。每一条游走算法的具体操作如下。

(1) 在算法开始时刻,随机均匀选择一个节点 v_i $(v_i \in V)$, 发起一条固定步长为 t 的随机游走路径。

(2) 一旦节点 v_i 被选中,它会随机均匀地从其邻居节点集合 $N(v_i)=\{v_j \in V:(v_i, v_j) \in E\}$ 中选择任一节点 v_j 作为下一个传输目标。之后,节点 v_i 将自己的传感数据 $x_i(0)$ 传输至节点 v_j。节点 v_j 收到 $x_i(0)$ 后,按式(8-23)更新自己的数据。

$$x_j(1)=x_i(0)+x_j(1) \tag{8-23}$$

同时,节点 v_j 将该条随机游走路径的步长减 1。

(3) 对该条随机游走路径的任一步 t',重复上一个步骤。即当前节点 v_k 将自己的更新结果传输至邻居节点 $v_p(v_p \in N(v_k)=\{v_p \in V:(v_k, v_p) \in E\})$, 节点 v_p 根据式(8-24)更新自己的测量值。

$$x_p(t')=x_k(t'-1)+x_p(t'-1) \tag{8-24}$$

(4) 当步长 t 为零时,当前节点将获得一个随机投影。该随机投影通过最短路径路由策略传输至汇聚节点。

与 8.3.1 小节中的 CDG 方案相同，汇聚节点收到的投影矢量将作为测量数据，而全网测量数据将作为未知的相关(稀疏)矢量。二者不同的是，这里的测量矩阵是一个 0-1 稀疏矩阵。举例而言，假设 $\boldsymbol{A}$ 是得到的测量矩阵，表示为

$$\boldsymbol{A}=\begin{pmatrix}0&1&0&1&1&0\\1&0&1&1&0&0\\1&1&1&0&0&1\\1&0&0&0&1&1\end{pmatrix} \tag{8-25}$$

式(8-25)代表共有 4 条随机游走路径，每条长度为 6，第一条路径(第一行)经过节点 2，4，5。随机游走聚合同样可以依赖压缩感知算法恢复全网测量数据，并且它的能耗比前几种密集投影方法有较大幅度的降低。

§8.4　分布式网络的数据聚合方案

前一节介绍了典型的基于压缩感知的中心式网络数据聚合方案。中心式无线传感网主要用于常规的监控场景下，通过设立固定的汇聚节点来收集网络的测量数据。然而，在不可靠环境下，比如战争、灾难等，设立固定的汇聚节点是不现实的，它会成为网络的瓶颈，因为其一旦遭到摧毁，将导致整个网络瘫痪。因此，许多学者采用分布式存储[13-16]来实现不可靠环境下的无线传感网的数据传输。具体而言，在分布式数据存储(distributed date storage, DDS)方案中，传感器获得一定冗余性数据并被存储在整个网络中，然后让一个移动的信宿节点随机或就近访问部分传感节点的数据，并从中恢复整个无线传感网的数据。从本质上讲，DDS 的核心是研究如何在一个擦除信道中实现可靠通信的问题。因此，擦除编码是解决 DDS 问题的有效方式之一，常见的擦除编码包括分布式喷泉码和分布式洛贝编码等。然而，上述编码并没有考虑无线传感器网络中最关键且直接关系到网络寿命的能效问题。为提升网络能效，基于压缩感知的方案仍被视为数据聚合的有效途径。接下来，将介绍两种典型的基于压缩感知的分布式无线传感网的数据聚合方案。

8.4.1　基于压缩网络编码的分布式数据存储方案

基于压缩网络编码的分布式数据存储(compressed network coding based distributed data storage, CNCDDS)方案[6,17-18]，通过压缩感知与网络编码的结合，降低无线传感网中分布式存储所需要的发送和接收的数据量，提升网络能效，延长网络寿命。

1. 基本步骤

先假设整个无线传感网中的每个传感节点之间的通信是同步的，CNCDS 方案包括以下四个阶段。

(1) 初始化阶段。每个传感节点(如第 i 个节点)将自身的数据 x_i 乘以一个随机系数 $\Phi_{i,i}$,且 $\Phi_{i,i}$ 以等概率随机取值 $+1$ 或 -1。每个节点形成了最初的一个数据包,用结构体 $\boldsymbol{r}(i)$ 表示,$\boldsymbol{r}(i)$ 包含以下三个部分: 系数集 $\boldsymbol{r}(i).\boldsymbol{a}_1=[\Phi_{i,i}]$; 节点 ID 集 $\boldsymbol{r}(i).\boldsymbol{a}_2=[i]$; 数据 $\boldsymbol{r}(i).\boldsymbol{a}_3=\Phi_{i,i}*x_i$。

(2) 信源节点广播数据阶段。如图 8-8(a)所示,每个传感节点以概率 P_1 随机选择自身作为信源节点。然后,信源节点开始将自己的初始数据广播给周围的邻居节点,如果节点 i 在发送节点 j 的传输范围之内,且节点 i 与节点 j 的 ID 集之间的交集为空,即

$$(\boldsymbol{r}(i).\boldsymbol{a}_2)\cap(\boldsymbol{r}(j).\boldsymbol{a}_2)=\varnothing\ (\text{判决条件}) \tag{8-26}$$

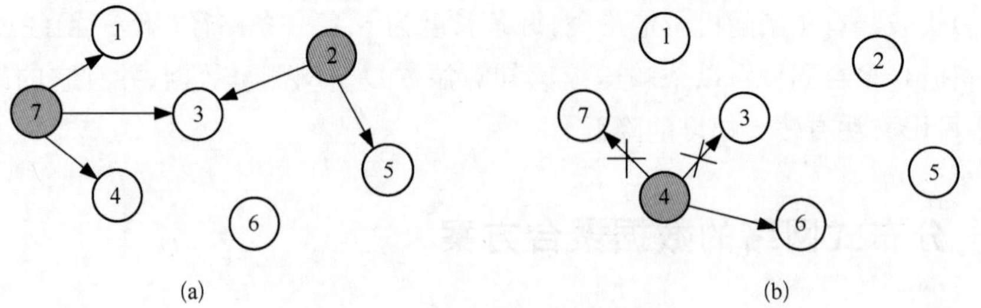

图 8-8 CNCDS 方案的示例

(a) 信源节点广播数据;(b) 中间节点转发数据。

则发送节点 j 的数据将被合并到节点 i 中,相应的操作为

$$\begin{aligned}\boldsymbol{r}(i).\boldsymbol{a}_1&=[\boldsymbol{r}(i).\boldsymbol{a}_1]\cup[\boldsymbol{r}(j).\boldsymbol{a}_1]\\\boldsymbol{r}(i).\boldsymbol{a}_2&=[\boldsymbol{r}(i).\boldsymbol{a}_2]\cup[\boldsymbol{r}(j).\boldsymbol{a}_2]\\\boldsymbol{r}(i).\boldsymbol{a}_3&=\boldsymbol{r}(i).\boldsymbol{a}_3+\boldsymbol{r}(j).\boldsymbol{a}_3\end{aligned} \tag{8-27}$$

因此,可以采用图 8-9 所示的数据包结构来表示 CNCDS 方案中的数据包结构,数据包包含包头与数据两个部分。包头中包含了一个系数集合与一个 ID 集合,其中每个系数占用 1 bit,每个节点 ID 占用 $\lceil\log_2 N\rceil$ bit。数据大小可以是 32 bit,也可以是 64 bit,根据精度的需求来决定。

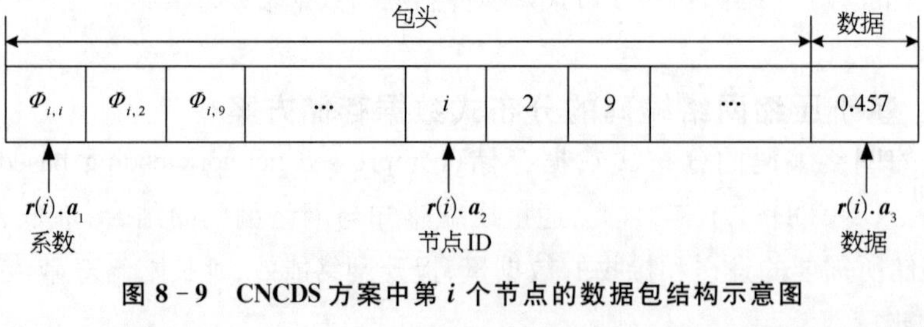

图 8-9 CNCDS 方案中第 i 个节点的数据包结构示意图

(3) 中间节点转发数据阶段。如图 8-8(b)所示,接收节点以概率 P_0 合并转发接收到的数据包。与第二阶段类似,在发送节点 j 接收范围内的邻居节点 i 首先判断是否满足第

二阶段中的判决条件。若满足条件，数据包 $\boldsymbol{r}(j)$将按照相应的操作被合并到数据包 $\boldsymbol{r}(i)$中；否则，节点 i 将不接收来自节点 j 的数据。由于转发概率 $P_0<1$，并且仅当接收判决条件被满足时，节点才接收数据，因此，数据的转发过程在经过几次转发之后就结束了。

(4) 移动汇聚节点收集并恢复数据阶段。当所有转发结束之后，移动汇聚节点随机或就近访问 M 个传感节点，以获得测量向量 $\boldsymbol{y}$ 及相应的测量矩阵 $\boldsymbol{\Phi}$。 最后，可以采用 BP 或者 OMP 等算法，从 $\boldsymbol{y}=\boldsymbol{\Phi x}$ 中恢复出无线传感网的数据 $\boldsymbol{x}$。

为更清楚地说明 CNCDS 方案的步骤，表 8-2 给出了 CNCDS 方案的伪代码。

表 8-2　CNCDS 方案的伪代码

```
第一阶段：初始化
  for i = 1 to i = N
    第 i 个节点的系数 Φ_{i,i} 以等概率取值为+1 或-1
    第 i 个节点的数据包
    r(i).a_1 = [Φ_{i,i}]; r(i).a_2 = [i]; r(i).a_3 = Φ_{i,i} * x_i
  end
第二阶段：信源节点广播数据
    N_s个节点被随机地选取为信源节点，并向邻居节点广播数据
    for j = 1 to j = N_s
        for i = 1 to i = N
            if (节点 i 在节点 j 的传输范围内)&& ((r(i).a_2) ∩ (r(j).a_2) = ∅)
              r(i).a_1 = [r(i).a_1] ∪ [r(j).a_1], r(i).a_2 = [r(i).a_2] ∪ [r(j).a_2],
              r(i).a_3 = r(i).a_3 + r(j).a_3
            else 继续下一循环
            end
        end
    end
第三阶段：中间节点转发数据
    第二阶段中的接收节点以概率 P_0 转发收到的数据包
    while 网络中存在节点 j 转发其数据包 r(j)
        for l = 1 to i^N
            if (节点 i 在节点 j 的传输范围内)&& ((r(i).a_2) ∩ (r(j).a_2) = ∅)
              r(i).a_1 = [r(i).a_1] ∪ [r(j).a_1], r(i).a_2 = [r(i).a_2] ∪ [r(j).a_2],
              r(i).a_3 = r(i).a_3 + r(j).a_3
            else 继续下一循环
            end
        end
        上一轮转发过程中的接收节点以概率 P_0 转发收到与合并的数据包
    end
第四阶段：移动汇聚节点收集并恢复数据
    移动汇聚节点随机或就近访问 M 个节点以收集数据，并得到测量向量 y 与相应的测量矩阵
Φ。用 OMP 等算法从 y = Φx 中恢复出无线传感网的数据 x
```

2. 信号模型

CNCDS 信号模型需要结合 CNCDS 的传输过程进行分析。如图 8-8(a)所示,考虑一个包含 $N=7$ 个节点的无线传感网,其中节点 2 和节点 7 被随机选为信源节点。测量矩阵的形成过程如下所述。

(1) 初始化阶段。N 个节点的总测量矩阵 $\boldsymbol{\Phi}_t$ 的表达式为

$$\boldsymbol{\Phi}_t^{\mathrm{I}}=\begin{bmatrix}\varphi_{1,1} & 0 & 0 & 0 & 0 & 0 & 0\\ 0 & \varphi_{2,2} & 0 & 0 & 0 & 0 & 0\\ 0 & 0 & \varphi_{3,3} & 0 & 0 & 0 & 0\\ 0 & 0 & 0 & \varphi_{4,4} & 0 & 0 & 0\\ 0 & 0 & 0 & 0 & \varphi_{5,5} & 0 & 0\\ 0 & 0 & 0 & 0 & 0 & \varphi_{6,6} & 0\\ 0 & 0 & 0 & 0 & 0 & 0 & \varphi_{7,7}\end{bmatrix} \tag{8-28}$$

(2) 信源节点广播数据阶段。如图 8-8(a)所示,节点 7 将数据包 $\boldsymbol{r}(7)$ 广播给节点 1、节点 3 和节点 4;节点 2 将数据包 $\boldsymbol{r}(2)$ 广播给节点 3 和节点 5。该阶段结束后,总的测量矩阵变为

$$\boldsymbol{\Phi}_t^{\mathrm{II}}=\begin{bmatrix}\varphi_{1,1} & 0 & 0 & 0 & 0 & 0 & \varphi_{1,7}\\ 0 & \varphi_{2,2} & 0 & 0 & 0 & 0 & 0\\ 0 & \varphi_{3,2} & \varphi_{3,3} & 0 & 0 & 0 & \varphi_{3,7}\\ 0 & 0 & 0 & \varphi_{4,4} & 0 & 0 & \varphi_{4,7}\\ 0 & \varphi_{5,2} & 0 & 0 & \varphi_{5,5} & 0 & 0\\ 0 & 0 & 0 & 0 & 0 & \varphi_{6,6} & 0\\ 0 & 0 & 0 & 0 & 0 & 0 & \varphi_{7,7}\end{bmatrix} \tag{8-29}$$

式中,$\varphi_{i,j}$ 表示节点 i 从节点 j 收到的随机系数,因此有 $\varphi_{1,7}=\varphi_{3,7}=\varphi_{4,7}=\varphi_{7,7}$,以及 $\varphi_{3,2}=\varphi_{5,2}=\varphi_{2,2}$。

(3) 中间节点转发数据阶段。如图 8-8(b)所示,节点 4 被以概率 P_0 选择为转发节点,并将数据包 $\boldsymbol{r}(4)$ 转发给其邻居节点。由于节点 4、节点 3 与节点 7 之间共享节点 7 的信息,因此节点 4 的数据包不能被节点 3 与节点 7 合并,只有节点 6 可以将此数据包合并,总的测量矩阵则变为

$$\boldsymbol{\Phi}_t^{\mathrm{III}}=\begin{bmatrix}\varphi_{1,1} & 0 & 0 & 0 & 0 & 0 & \varphi_{1,7}\\ 0 & \varphi_{2,2} & 0 & 0 & 0 & 0 & 0\\ 0 & \varphi_{3,2} & \varphi_{3,3} & 0 & 0 & 0 & \varphi_{3,7}\\ 0 & 0 & 0 & \varphi_{4,4} & 0 & 0 & \varphi_{4,7}\\ 0 & \varphi_{5,2} & 0 & 0 & \varphi_{5,5} & 0 & 0\\ 0 & 0 & 0 & \varphi_{6,4} & 0 & \varphi_{6,6} & \varphi_{6,7}\\ 0 & 0 & 0 & 0 & 0 & 0 & \varphi_{7,7}\end{bmatrix} \tag{8-30}$$

式中，$\varphi_{6,4}=\varphi_{4,4}$，$\varphi_{6,7}=\varphi_{4,7}=\varphi_{7,7}$。这里假设节点 6 不再转发数据，数据转发阶段至此结束。

(4) 移动汇聚节点收集并恢复数据阶段。假设移动汇聚节点访问的是节点 2、节点 5 与节点 6，则测量矩阵 $\boldsymbol{\Phi}$ 由 $\boldsymbol{\Phi}_t^{\text{III}}$ 矩阵的第 2 行、第 5 行以及第 6 行构成，即

$$\boldsymbol{\Phi}=\begin{bmatrix} 0 & \varphi_{2,2} & 0 & 0 & 0 & 0 & 0 \\ 0 & \varphi_{5,2} & 0 & 0 & \varphi_{5,5} & 0 & 0 \\ 0 & 0 & 0 & \varphi_{6,4} & 0 & \varphi_{6,6} & \varphi_{6,7} \end{bmatrix} \tag{8-31}$$

测量向量 $\boldsymbol{y}$ 的表达式为 $\boldsymbol{y}=[\boldsymbol{r}(2).\boldsymbol{a}_3,\ \boldsymbol{r}(5).\boldsymbol{a}_3,\ \boldsymbol{r}(6).\boldsymbol{a}_3]$，然后可以用 BP 或 OMP 等算法，从 $\boldsymbol{y}=\boldsymbol{\Phi x}$ 中恢复出无线传感网的数据 $\boldsymbol{x}$。

3. 仿真验证

将此 CNCDS 方案与现有方案进行对比，仿真参数设置如下：设无线传感网部署在一个归一化的 $S=1\times 1$ 区域内，区域 S 内随机均匀地分布了 $N=1\,000$ 个传感节点；传感器数据 $\boldsymbol{x}$ 在 DCT 正交基上是可压缩的。文献[18]提出，CNCDS 方案中的转发概率设为 $P_0=0.24$；根据压缩感知理论，移动汇聚节点访问的节点数目 M 设为从 70 到 150；相应地，为使得 $\mathrm{P}\{N_s\geqslant M\}\geqslant 0.99$，每个节点选择自己作为信源节点的概率 P_1 的取值范围是 0.09 到 0.18。为衡量所提方案的能效与恢复性能，采用的性能指标为：总的数据发送次数 $N_{T_{tot}}$；总的数据接收次数 $N_{R_{tot}}$；恢复信号 $\hat{\boldsymbol{x}}$ 与原始信号 $\boldsymbol{x}$ 之间的均方误差(mean squared error, MSE)。

为验证此 CNCDS 方案的有效性，现将其与改进的 CStorage (improved cstorage, ICStorage)方案进行对比。在 CStorage 方案中，当节点第一次接收到信源节点的信息时，先将此信息乘以一个随机系数并存储起来，然后将接收到的信息转发出去。CStorage 方案是一个有效的分布式数据存储方案，但是其总的数据发送次数依然很大，如当无线传感网中包含 10^4 个传感节点时，数据发送次数达 1.545×10^6 次。因此，接下来考虑 ICStorage 方案：每个接收节点转播的是自身节点的信息，而非接收到的信源节点信息。

(1) 恢复信号的 MSE。图 8-10 描述了 CNCDS 方案与现有 ICStorage 方案恢复信号的 MSE 随移动汇聚节点访问节点数目 M 的变化情况。

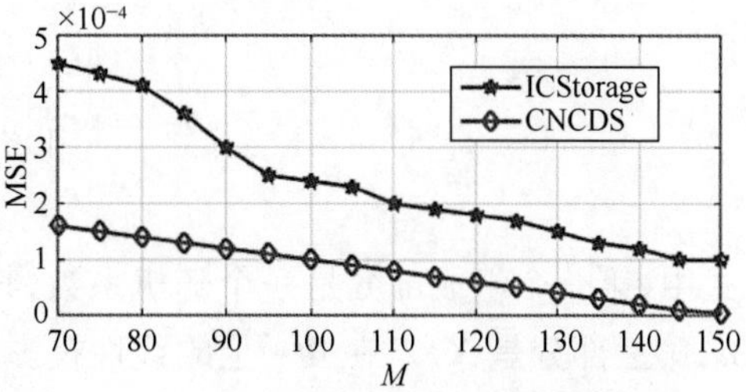

图 8-10　恢复信号的 MSE 随移动汇聚节点访问节点数目 M 的变化

从图 8-10 中可见，CNCDS 方案的 MSE 比 ICStorage 方案小，这说明 CNCDS 的数据恢复更精确。其原因在于，与 ICStorage 方案相比，CNCDS 方案通过更加严格的判决条件提高了测量矩阵的秩。

(2) 总的数据接收次数 $N_{R_{tot}}$。从图 8-11 中可以看出,CNCDS 方案的数据接收次数比 ICStorage 方案降低了 74%,原因同样在于更加严格的判决条件降低了数据的接收次数。

(3) 总的数据发送次数 $N_{T_{tot}}$。从图 8-12 中可以看出,CNCDS 方案与 ICStorage 方案相比,$N_{T_{tot}}$ 降低了 55%。其原因包括两个方面,一是 CNCDS 结合了网络编码;二是在转发过程中,CNCDS 方案考虑了判决条件。

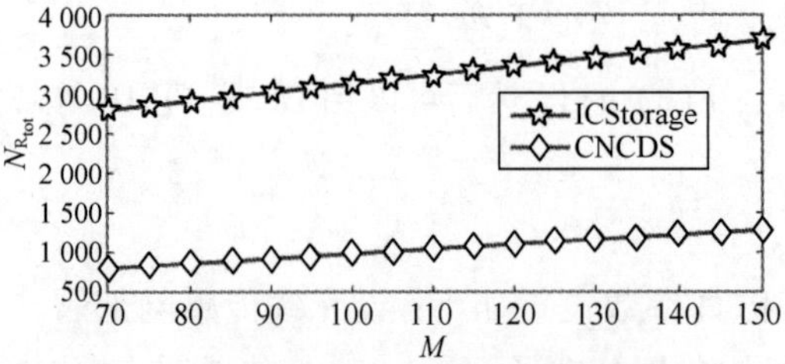

图 8-11　总的数据接收次数 $N_{R_{tot}}$ 随移动信宿节点访问节点数目 M 的变化

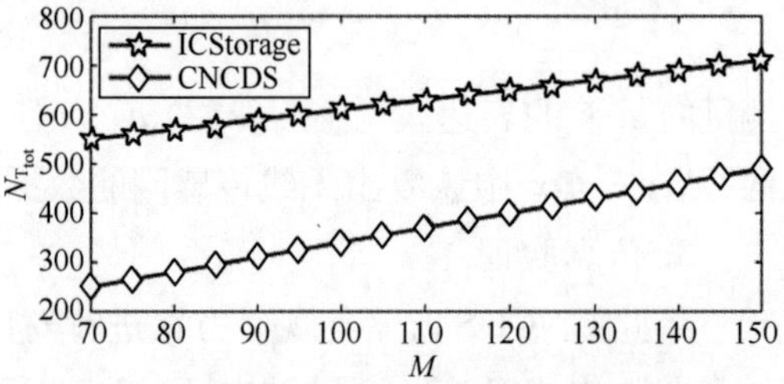

图 8-12　总的数据发送次数 $N_{T_{tot}}$ 随移动信宿节点访问节点数目 M 的变化

8.4.2　空时压缩网络编码方案

CNCDS 方案利用测量数据的空间相关性,结合压缩感知与网络编码,降低了数据聚合所需要的收发数据量,提升了网络能效。然而,它仅考虑了测量数据的空间相关性,文献[19]和[20]在此基础上考虑了数据的时间相关性,提出了空时压缩网络编码(spatial temporal compressive network coding, STCNC)方案,进一步压缩数据,提升网络能效。

1. 基本步骤

STCNC 方案首先对每个节点进行初始化,进行时域数据的压缩,接着对数据进行扩散和编码,最后形成了基于张量压缩感知的数学模型来完成数据的恢复。接下来,详细描述每个阶段的操作。

(1) 初始化阶段。令每个节点形成它的初始传输包。具体来讲,第 n 个节点的包 $(n \in [1, N])$ 可表示为 $\boldsymbol{r}_n$,由三个独立的部分组成。

$$\boldsymbol{r}_n = \begin{cases} \boldsymbol{r}_n\{1\} = [\phi_{n,n}] \\ \boldsymbol{r}_n\{2\} = [n] \\ \boldsymbol{r}_n\{3\} = \phi_{n,n}\boldsymbol{\Phi}_{\mathrm{T}}\boldsymbol{X}_{n,:}^{\mathrm{T}} \end{cases} \tag{8-32}$$

式中,第一个组成部分是一个随机系数,其值为等概率的+1 或−1;第二部分是节点下标 n,第三部分是 $\boldsymbol{X}_{n,:}^{\mathrm{T}}$ 在 $\boldsymbol{\Phi}_{\mathrm{T}}$ 上的线性投影,$\boldsymbol{\Phi}_{\mathrm{T}} \in \mathbb{R}^{G\times L}$ $(G < L)$ 是一个时域测量矩阵。

(2) 信源节点广播数据阶段。在数据传输过程中,每个传感节点以概率 P_0 随机决定自己是否成为源节点。假设存在 $N_s(N_s < N)$ 个信源节点且它们的数据包被广播至邻居节点,如果节点 $p \in [1, N]$ 收到来自邻居节点 $q \in [1, N]$ 的包,那么它会检查收到

包的节点下标部分 $\boldsymbol{r}_q\{2\}$ 是否与存储包的节点下标部分 $\boldsymbol{r}_p\{2\}$ 有共同元素;如果没有,即

$$\boldsymbol{r}_p\{2\} \cap \boldsymbol{r}_q\{2\} = \varnothing \text{(判决条件)} \tag{8-33}$$

节点 p 将按照如下规则进行包更新。

$$\boldsymbol{r}_p = \begin{cases} \boldsymbol{r}_p\{1\} = [\boldsymbol{r}_p\{1\},\ \beta \boldsymbol{r}_q\{1\}] \\ \boldsymbol{r}_p\{2\} = [\boldsymbol{r}_p\{2\},\ \boldsymbol{r}_q\{2\}] \\ \boldsymbol{r}_p\{3\} = \boldsymbol{r}_p\{3\} + \beta \boldsymbol{r}_q\{3\} \end{cases} \tag{8-34}$$

引入加权因子 β 的目的是为提供更大的自由度,以进一步优化性能,其具体值是通过仿真来确定的。需要注意的是,$\boldsymbol{r}_p$ 中第三部分的更新按照线性网络编码的方式进行。

(3) 中间节点转发数据阶段。接下来,第二阶段中已经完成数据更新操作的接收节点,以概率 P_f 继续向其邻居节点广播更新过的接收包。如果一个节点再次接收到来自邻居节点的数据包,且同时满足判决条件,这个节点将按照第二阶段中的方式更新数据包。广播过程将持续到没有需要更新的接收节点为止(由于转发概率 P_f 很小,且节点总数有限,实际中转发过程只持续几次)。

(4) 节点访问阶段。当广播过程完成时,移动汇聚节点将访问任意 M $(M \ll N)$ 个节点的数据包并提取其第三个部分的相应信息。如果 M 个被访问节点中的第 s 个包 $r_{v_s}(s \in [1,\ M],\ v_s \in [1,\ N])$ 读取为

$$\begin{aligned} &\boldsymbol{r}_{v_s}\{1\} = [\phi_{v_s,\,v_s},\ \beta^a \phi_{i,\,i},\ \beta^b \phi_{j,\,j},\ \beta^c \phi_{k,\,k}] \\ &\boldsymbol{r}_{v_s}\{2\} = [v_s,\ i,\ j,\ \cdots,\ k] \\ &\boldsymbol{r}_{v_s}\{3\} = \phi_{v_s,\,v_s} \boldsymbol{\Phi}_{\mathrm{T}} \boldsymbol{X}^{\mathrm{T}}_{v_s,\,:} + \beta^a \phi_{i,\,i} \boldsymbol{\Phi}_{\mathrm{T}} \boldsymbol{X}^{\mathrm{T}}_{i,\,:} + \beta^b \phi_{j,\,j} \boldsymbol{\Phi}_{\mathrm{T}} \boldsymbol{X}^{\mathrm{T}}_{j,\,:} + \beta^c \phi_{k,\,k} \boldsymbol{\Phi}_{\mathrm{T}} \boldsymbol{X}^{\mathrm{T}}_{k,\,:} + \cdots \end{aligned} \tag{8-35}$$

那么从式(8-35)可以看出,节点 $i,\ j,\cdots,k$ $(i,\ j,\cdots,\ k \in [1,\ N])$ 的初始包促成最终包 v_s 的形成。式中,$a,\ b,\ c$ 表示涉及的相应迭代次数。$\boldsymbol{\Phi}_s$ 第 s 行的形式为

$$(\cdots \phi_{v_s,\,v_s},\ \cdots \phi_{v_s,\,i},\ \cdots \phi_{v_s,\,j},\ \cdots \phi_{v_s,\,k},\ \cdots) \tag{8-36}$$

式中,非零值是 $\phi_{v_s,\,v_s}$,此处有

$$\begin{aligned} \phi_{v_s,\,i} &= \beta^a \phi_{i,\,i} \\ \phi_{v_s,\,j} &= \beta^b \phi_{j,\,j} \\ \phi_{v_s,\,k} &= \beta^c \phi_{k,\,k} \\ &\vdots \end{aligned} \tag{8-37}$$

2. 信号模型

利用 M 个被访问节点的数据包的第三部分构造线性投影矩阵 $\boldsymbol{Y} \in \mathbb{R}^{G \times M}$,$\boldsymbol{Y}$ 的各元素可以表示为

$$
\begin{aligned}
\boldsymbol{Y} &= (\boldsymbol{r}_{v_1}\{3\},\ \boldsymbol{r}_{v_2}\{3\},\ \boldsymbol{r}_{v_M}\{3\}) \\
&= \begin{bmatrix} (\phi_{v_1,1}\boldsymbol{\Phi}_{\mathrm{T}}\boldsymbol{X}_{1,:}^{\mathrm{T}} + \cdots + \phi_{v_1,N}\boldsymbol{\Phi}_{\mathrm{T}}\boldsymbol{X}_{N,:}^{\mathrm{T}})^{\mathrm{T}} \\ \vdots \\ (\phi_{v_M,1}\boldsymbol{\Phi}_{\mathrm{T}}\boldsymbol{X}_{1,:}^{\mathrm{T}} + \cdots + \phi_{v_M,N}\boldsymbol{\Phi}_{\mathrm{T}}\boldsymbol{X}_{N,:}^{\mathrm{T}})^{\mathrm{T}} \end{bmatrix}^{\mathrm{T}} \\
&= \boldsymbol{\Phi}_{\mathrm{T}}(\boldsymbol{X}_{1,:}^{\mathrm{T}},\ \cdots,\ \boldsymbol{X}_{N,:}^{\mathrm{T}}) \begin{bmatrix} \phi_{v_1,1} & \cdots & \phi_{v_M,1} \\ \vdots & \ddots & \vdots \\ \phi_{v_1,N} & \cdots & \phi_{v_M,N} \end{bmatrix} \\
&= \boldsymbol{\Phi}_{\mathrm{T}}\boldsymbol{X}^{\mathrm{T}}\boldsymbol{\Phi}_s^{\mathrm{T}}
\end{aligned} \tag{8-38}
$$

式中,空域测量矩阵 $\boldsymbol{\Phi}_s$ 为

$$
\boldsymbol{\Phi}_s = \begin{bmatrix} \phi_{v_1,1} & \cdots & \phi_{v_1,N} \\ \vdots & \ddots & \vdots \\ \phi_{v_M,1} & \cdots & \phi_{v_M,N} \end{bmatrix} \tag{8-39}
$$

通常在无线传感网中, $\boldsymbol{X}$ 可压缩且相应的促稀疏基是二维可分离的[21]。因此, $\boldsymbol{X}$ 可表示为

$$
\boldsymbol{X} = \boldsymbol{\Psi}_s\boldsymbol{\Theta}\boldsymbol{\Psi}_{\mathrm{T}}^{\mathrm{T}} \tag{8-40}
$$

式中, $\boldsymbol{\Psi}_s \in \mathbb{R}^{N\times N_1}\ (N \leqslant N_1)$ 与 $\boldsymbol{\Psi}_{\mathrm{T}} \in \mathbb{R}^{L\times L_1}\ (L \leqslant L_1)$ 是空域和时域的促稀疏基, $\boldsymbol{\Theta} \in \mathbb{R}^{N_1\times L_1}$ 是稀疏度为 K 的稀疏矩阵。由此可得到

$$
\boldsymbol{Y} = \boldsymbol{\Phi}_{\mathrm{T}}\ (\boldsymbol{\Psi}_s\boldsymbol{\Theta}\boldsymbol{\Psi}_{\mathrm{T}}^{\mathrm{T}})^{\mathrm{T}}\boldsymbol{\Phi}_s^{\mathrm{T}} \tag{8-41}
$$

基于矩阵张量特性,式(8-41)可向量化为

$$
\begin{aligned}
\boldsymbol{y} &= (\boldsymbol{\Phi}_s \otimes \boldsymbol{\Phi}_{\mathrm{T}})(\boldsymbol{\Psi}_s \otimes \boldsymbol{\Psi}_{\mathrm{T}})\boldsymbol{\theta} \\
&= (\boldsymbol{\Phi}_s\boldsymbol{\Psi}_s \otimes \boldsymbol{\Phi}_{\mathrm{T}}\boldsymbol{\Psi}_{\mathrm{T}})\boldsymbol{\theta} \\
&= (\boldsymbol{A}_s \otimes \boldsymbol{A}_{\mathrm{T}})\boldsymbol{\theta} \\
&= \boldsymbol{A}\boldsymbol{\theta}
\end{aligned} \tag{8-42}
$$

式中, $\boldsymbol{y} = \mathrm{vec}(\boldsymbol{Y})$, $\boldsymbol{\theta} = \mathrm{vec}(\boldsymbol{\Theta}^{\mathrm{T}})$。这里,分别定义 $\boldsymbol{A}_s = \boldsymbol{\Phi}_s\boldsymbol{\Psi}_s$, $\boldsymbol{A}_{\mathrm{T}} = \boldsymbol{\Phi}_{\mathrm{T}}\boldsymbol{\Psi}_{\mathrm{T}}$ 和 $\boldsymbol{A} = \boldsymbol{A}_s \otimes \boldsymbol{A}_{\mathrm{T}}$ 为空域测量矩阵,时域测量矩阵和张量连接的测量矩阵。考虑到时域上每个传感节点只传输 G 个采样值,且在传输结束时仅有 M 个传感节点被随机访问,从发送和接收的数据量上可以知道网络能量效率得到显著提升。然而, $\boldsymbol{\Phi}_s$ 的稀疏结构促使研究者考虑如何对 $\boldsymbol{y} = \boldsymbol{A}\boldsymbol{\theta}$ 进行求解以恢复全网的数据。

由上述分析可知,STCNC 的数据恢复问题可推导为张量压缩感知模型,其测量矩阵 $\boldsymbol{A} = \boldsymbol{A}_s \otimes \boldsymbol{A}_{\mathrm{T}}$ 中, $\boldsymbol{A}_s = \boldsymbol{\Phi}_s\boldsymbol{\Psi}_s$, $\boldsymbol{A}_{\mathrm{T}} = \boldsymbol{\Phi}_{\mathrm{T}}\boldsymbol{\Psi}_{\mathrm{T}}$。 $\boldsymbol{\Phi}_s$ 是具备多个零元的稀疏矩阵, $\boldsymbol{A}_s$ 并不满足 RIP 条件,由文献[22]可知, $\boldsymbol{A}$ 不一定满足 RIP 条件,需要进一步寻找 $\boldsymbol{y} = \boldsymbol{A}\boldsymbol{\theta}$ 的精确求

解方法。根据文献[22]提出的结论，$\mu(\boldsymbol{A})$ 的值越小，$\boldsymbol{\theta}$ 和 $\boldsymbol{x}$ 的恢复精确度越高。考虑 $\boldsymbol{y}=\boldsymbol{A\theta}$ 中的张量结构，并结合定理 8-1 可知，降低 $\mu(\boldsymbol{A}_s \otimes \boldsymbol{A}_{\mathrm{T}})$ 的过程可通过分别降低 $\mu(\boldsymbol{A}_s)$ 和 $\mu(\boldsymbol{A}_{\mathrm{T}})$ 来完成。为降低 $\mu(\boldsymbol{A})$，考虑对 $\boldsymbol{A}_s$ 和 $\boldsymbol{A}_{\mathrm{T}}$ 分别进行优化。由传输协议可知，$\boldsymbol{\Phi}_s$ 形成于传输过程，因此可通过对其加权因子 β 在区间[0, 1]内进行数值搜索来降低 $\mu(\boldsymbol{A}_s)$。同时，采用文献[23]中提出的算法来降低 $\mu(\boldsymbol{A}_{\mathrm{T}})$，所得到的时域测量矩阵 $\boldsymbol{\Phi}_{\mathrm{T}}$ 为一个重新设计的高斯矩阵。

定理 8-4[24]：假设两个矩阵 $\boldsymbol{A}_s$ 与 $\boldsymbol{A}_{\mathrm{T}}$，有

$$\mu(\boldsymbol{A}_s \otimes \boldsymbol{A}_{\mathrm{T}}) = \max\{\mu(\boldsymbol{A}_s),\ \mu(\boldsymbol{A}_{\mathrm{T}})\}。$$

3. 仿真验证

对 STCNC 方案、ICStorage 方案[18]和 CNCDS 方案进行仿真比较，仿真参数设置如下：无线传感网由 $N=100$ 个节点随机分布在单位方块内构成；测量的时隙数 $L=10$；中间节点的转发概率为 $P_f=0.24$。此外，设 $N_s=M$。在 $\mu(\boldsymbol{A}_s)$ 的优化过程中发现，在上述参数条件下，$\beta=0.1$ 可以保证 $\mu(\boldsymbol{A}_s)$ 的值较小。对 CNCDS 方案和 ICStorage 方案而言，设每个时隙的原始数据稀疏度 $K_c=2$，因此，$L=10$ 个时隙的稀疏度为 $K=20$。为公平比较，也设 STCNC 方案中的空时传感数据块的稀疏度 $K=20$。为与 CNCDS 方案作比较，$\boldsymbol{\Psi}_{\mathrm{T}}$ 和 $\boldsymbol{\Psi}_s$ 设为 DCT 矩阵，其中 $N=N_1$，$L=L_1$。源数据 $\boldsymbol{X}$ 由 $\boldsymbol{\Psi}_{\mathrm{T}}$，$\boldsymbol{\Psi}_s$ 以及随机系数矩阵 $\boldsymbol{\Theta}$ 生成。在仿真中，通过如下指标评估仿真性能：用 NMSE 衡量数据恢复精确度；用发送和接收的数据总量衡量能效水平，其数学表达为 $N_{\mathrm{T_{tot}}}=L_{\mathrm{T}}\times \mathrm{Num_T}$，$N_{\mathrm{R_{tot}}}=L_{\mathrm{R}}\times \mathrm{Num_R}$，其中，$L_{\mathrm{T}}$表示发送数据包的长度，$\mathrm{Num_T}$表示 L 个时隙内发送的数据包总数，L_{R}表示接收数据包的长度，$\mathrm{Num_R}$表示 L 个时隙内接收的数据包总数。

图 8-13 给出 STCNC 方案与常规方案的 NMSE 性能比较。CNCDS 方案和 ICStorage 方案，有 $L_{\mathrm{T}}=L_{\mathrm{R}}=1$；而 STCNC 方案，有 $L_{\mathrm{T}}=L_{\mathrm{R}}=G=8$。接入节点的总数 $M=40$。采用 BP 算法恢复原始数据。图中可见，STCNC 方案与 CNCDS 方案呈现相同的 NMSE 性能，且它们的 NMSE 略微优于 ICStorage 方案。

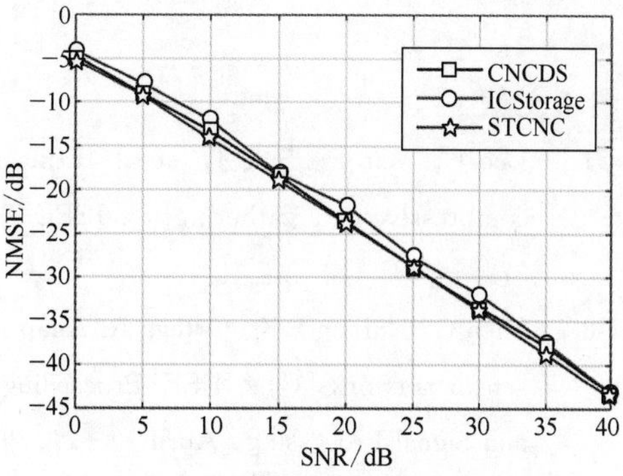

图 8-13　数据恢复 NMSE 性能比较

图 8-14 和图 8-15 比较了 STCNC 方案、ICStorage 方案与 CNCDS 方案发送和接收的总数据量。需要注意的是，ICStorage 方案和 CNCDS 方案只考虑了数据的空域相关性，并没有考虑时隙之间的相关性。因此在处理多时隙的传感数据时，需要在每个时隙重复编码和采集操作。相比之下，STCNC 方案具

备同时利用传感数据空时相关性的能力。从图 8 - 14 和图 8 - 15 中可以知道,相比 ICStorage 方案, STCNC 方案的 $N_{T_{tot}}$ 和 $N_{R_{tot}}$ 分别降低了 30%和 40%;相比 CNCDS 方案, STCNC 方案的 $N_{T_{tot}}$ 和 $N_{R_{tot}}$ 降低了 20%。减少的发送和接收数据量体现了 STCNC 方案的能效优势。此外,可以观察到 $N_{T_{tot}}$ 和 $N_{R_{tot}}$ 都随着 M 的增加而增长,$N_{R_{tot}}$ 的变化比 $N_{T_{tot}}$ 更为明显,其原因是 STCNC 方案中,一次发送通常对应多次接收。从图 8 - 14 和图 8 - 15 的仿真结果可以得出结论:当传感数据呈现空时相关性,在不牺牲数据恢复精确度的条件下,STCNC 方案比 CNCDS 方案呈现更高能效。

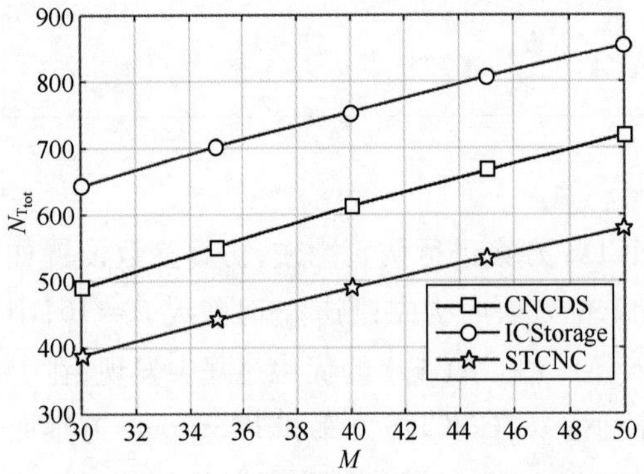

图 8 - 14　三种方案的 STCNC 方案与传统方案接收数据总量 $N_{T_{tot}}$ 比较

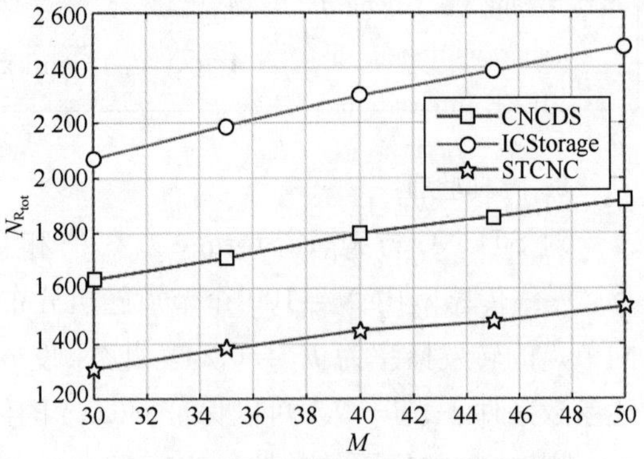

图 8 - 15　三种方案的 STCNC 方案与传统方案发送数据总量 $N_{R_{tot}}$ 比较

§ 8.5　小结

本章主要介绍了典型的基于压缩感知的数据聚合方案,阐明了此类方案能够显著提升无线传感网网络能效的优势。首先对无线传感网测量数据的稀疏性进行了分析,在此基础上,介绍了中心式网络的数据聚合方案。又考虑不可靠场景下的数据采集情况,随后介绍了分布式网络的数据聚合方案。通过仿真的实验数据对比可知,在多种场景下,压缩感知的引入能够降低网络数据聚合过程中的收发数据量,从而提升网络能效。

参考文献

[1] Luo C, Wu F, Sun J, et al. Efficient measurement generation and pervasive sparsity for compressive data gathering[J]. IEEE Transactions on Wireless Communications, 2010, 9(12): 3728 - 3738.

[2] Shen G, Narang S K, Ortega A. Adaptive distributed transforms for irregularly sampled wireless sensor networks[C]//IEEE. Proceedings of IEEE International Conference on Acoustics, Speech and Signal Processing, April 19 - 24, 2009. New Nork: IEEE, 2009: 2225 - 2228.

[3] Cristescu R, Beferull-Lozano B, Vetterli M. Networked Slepian-Wolf: theory, algorithms, and

scaling laws[J]. IEEE Transactions on Information Theory, 2005, 51(12): 4057 - 4073.

[4] Gastpar M, Dragotti P L, Vetterli M. The distributed karhunen-loève transform[J]. IEEE Transactions on Information Theory, 2006, 52(12): 5177 - 5196.

[5] 郑海峰. 基于压缩感知的无线传感器网络信息处理与传输机制研究[D]. 上海：上海交通大学,2014.

[6] Yang X, Tao X, Dutkiewicz E, et al. Energy-efficient distributed data storage for wireless sensor networks based on compressed sensing and network coding[J]. IEEE Transactions on Wireless Communications, 2013, 12(10): 5087 - 5099.

[7] Wang C, Cheng P, Chen Z, et al. Practical spatiotemporal compressive network coding for energy-efficient distributed data storage in wireless sensor networks[C]// IEEE. Proceedings of IEEE International Conference on Vehicular Technology Conference. May 11 - 14, 2015. New York: IEEE, 2015: 1 - 6.

[8] Luo C, Wu F, Sun J, et al. Compressive data gathering for large-scale wireless sensor networks[C]// ACM. Proceedings of ACM International Conference on Mobile Computing and Networking, September 20 - 25, 2009. Texas: ACM, 2009: 145 - 156.

[9] 罗翀. 无线传感器网络中高能效鲁棒的汇聚传输技术[D]. 上海：上海交通大学,2012.

[10] Zheng H, Guo W, Feng X, et al. Design and analysis of in-network computation protocols with compressive sensing in wireless sensor networks[J]. IEEE Access, 2017, 5: 11015 - 11029.

[11] Zheng H, Xiao S, Wang X, et al. Energy and latency analysis for in-network computation with compressive sensing in wireless sensor networks[C]// IEEE. Proceedings of IEEE International Conference on Computer Communications, March 25 - 30, 2012. New York: IEEE, 2012: 2811 - 2815.

[12] Zheng H, Yang F, Tian X, et al. Data gathering with compressive sensing in wireless sensor networks: a random walk based approach[J]. IEEE Transactions on Parallel & Distributed Systems, 2014, 26(1): 35 - 44.

[13] Kong Z, Aly S, Soljanin E. Decentralized coding algorithms for distributed storage in wireless sensor networks [J]. IEEE Journal on Selected Areas in Communications, 2010, 28(2): 261 -267.

[14] Lin Y, Liang B, Li B. Data persistence in large-scale sensor networks with decentralized fountain codes[C]// IEEE. Proceedings of IEEE International Conference on Computer Communications, May 6 - 12, 2007. New York: IEEE, 2007: 1658 - 1666.

[15] Zeng R, Jiang Y, Lin C, et al. A distributed fault/ intrusion-tolerant sensor data storage scheme based on network coding and homomorphic fingerprinting[J]. IEEE Transactions on Parallel and Distributed Systems, 2012, 23 (10): 1819 - 1830.

[16] Ren Y, Oleshchuk V, Li F Y. A scheme for secure and reliable distributed data storage in unattended WSNs[C]// IEEE. Proceedings of IEEE Global Telecommunications Conference, December 6 - 10, 2010. New York: IEEE, 2010: 1 - 6.

[17] 杨现俊.结构压缩感知的研究[D].北京：北京邮电大学,2013.

[18] Yang X, Dutkiewicz E, Cui Q, et al. Compressed network coding for distributed storage in wireless sensor networks [C] // IEEE. Proceedings of IEEE International Symposium on Communications and Information Technologies, October 2 - 5, 2012. New York: IEEE, 2012: 816 - 821.

[19] Gong B, Cheng P, Chen Z, et al. Spatiotemporal compressive network coding for energy-efficient distributed data storage in wireless sensor networks[J]. IEEE Communications Letters, 2015, 19(5): 803 - 806.

[20] 宫博.基于压缩感知的无线通信关键技术研究[D].上海：上海交通大学,2018.

[21] Rivenson Y, Stern A. Compressed imaging with a separable sensing operator[J]. IEEE Signal Processing Letters, 2009, 16(6): 449 - 452.

[22] Duarte M F, Eldar Y C. Structured compressed sensing: from theory to applications[J]. IEEE Transactions on Signal Processing, 2011, 59(9): 4053 - 4085.

[23] Abolghasemi V, Ferdowsi S, Sanei S. A gradient-based alternating minimization approach for optimization of the measurement matrix in compressive sensing[J]. Elsevier Signal Processing, 2012, 92(4): 999 - 1009.

[24] Jokar S, Mehrmann V. Sparse solutions to underdetermined Kronecker product systems [J]. Elsevier Linear Algebra & Its Applications, 2009, 431(12): 2437 - 2447.

第9章 稀疏信号处理在其他领域的应用

前几章节主要聚焦于稀疏信号处理在陆地无线通信中的应用。由于军事及民用方面的需求,人们将科学、文化、生产活动逐渐拓展至空间、远洋乃至深空,出现了远洋航行、海洋开发及环境保护、航空运输、航天测控等新场景。面对新场景的业务需求,海洋、空间通信研究已成为全球范围的研究热点[1]。

§9.1 水声通信

通常用于无线通信的传播介质有电磁波、光波、声波等,其中电磁波和光波在水中衰减很快,而声波在水中衰减相对较慢,表 9-1 给出了各传播介质在海水中的传输衰减值。

表 9-1 各传播介质在 10 km 的海水中的传输衰减[2]

传播介质	电磁波	光波	声波
衰减(dB)	约 33 000	约 28 953	约 92
说明	频率 10 kHz,衰减系数为 3.3 dB/m	浅海域以沿岸水衰减长度为 1.5 m 计算,约为 2.9 dB/m	海水吸收损失以 10 kHz 计算,约为 1.2 dB/km

利用声波进行水下通信是目前唯一可以大规模应用的水下无线信息传输方式。水声通信技术最早是应军事需求发展起来的,为解决水雷遥控,潜艇与潜艇、母舰与潜艇或其他水下无人作战平台之间传输获取图像、战场态势、情报等战场信息的难题。随着经济建设对海洋资源开发的需求,水声通信技术也逐步向商业和民用领域延伸,如海上石油工业的遥控、海洋环境的监测、海洋资源的开发、海底平台科研数据的获取、海底地形地貌的测绘等。随着对海洋探索的不断深入,无论在军事还是在民用领域,利用水声通信系统传送信息的需求大幅增加[3]。

9.1.1 水声信道特点

不同于陆地无线信道,由于受到边界条件(海底和海面)、水中声速分布不均匀、水声传播速度慢等影响,水声信道具有传输衰减大、通信带宽严重受限、多普勒频偏严重、多径时延扩展严重等特点[4-5]。以下介绍大多普勒扩展和大时延扩展。

1. 大多普勒扩展

大多普勒扩展主要由两方面导致：一是发射机和接收机间的相对运动造成收端信号频率偏移和扩展;二是海面波浪运动和海水流动造成声速变化和传播方向变化,海面波浪的起伏导致水面高度发生变化,以及水面反射路径的角度和长度改变,从而导致多普勒频移和扩展。多普勒频移和扩展的程度正比于多普勒因子。

$$a=\frac{v}{c} \tag{9-1}$$

式中, v 是发射机和接收机间的径向运动速度, c 是声速,海水中声音的平均传播速度约为 1 500 m/s。自主水下航行器(autonomous underwater vehicle, AUV)的运动速度的量级在每秒几米。即便不依靠自身动力,水下设备在受到波浪、洋流作用时会产生漂移,其速度可达到这一量级。假设海水中节点的移动速度为 1 m/s,所对应的多普勒因子达 6.67×10^{-4}。与此对比,如果陆地移动通信系统中高速节点以 350 km/h 的速度运动,所对应的多普勒因子则为 3.24×10^{-7}。由此可见,水声通信系统中运动引起的声信号的多普勒效应显著,会产生较严重的载波间干扰。

2. 大时延扩展

海洋中,声波多径信道是由海面、海底的反射以及水中物体的散射形成的,如图 9-1 所示。

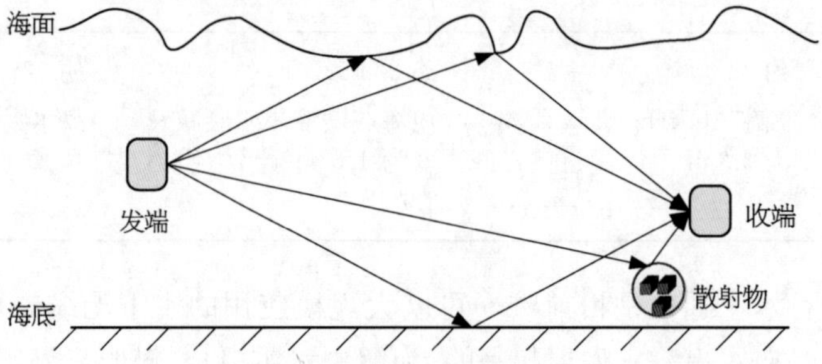

图 9-1　水声通信示意图

设第 p 条传播路径的长度为 l_p,声速为 c,则对应的路径时延为

$$\tau_p=\frac{l_p}{c} \tag{9-2}$$

路径相差 50 m 的两条多径信道,对应的时延扩展将达 33.3 ms。在 10 kHz 的系统带宽下,信道抽头系数将达 333,远大于陆地移动通信。

目前水声通信的研究领域中,多径瑞利衰落信道通常用来作为对水声信道的近似。尽管该模型不能完全反映水声信道的全部特性,但能部分预测水声试验的结果,在实际

水声通信应用中具有较好的指导意义。水声信道冲激响应的数学表达为[6]

$$h(t,\ \tau)=\sum_{l=0}^{L-1}A_l(t)\delta(t-\tau_l(t)) \tag{9-3}$$

式中，L 为水声通信系统多径数量；$\delta(\cdot)$ 是狄拉克 δ 函数；$A_l(t)$ 和 $\tau_l(t)$ 分别表示第 l 条径的复增益和时延；增益 $A_l(t)$ 是时变函数，将其进行泰勒展开，保留其零次项作为近似表达，即在一个 OFDM 符号内幅度保持不变，$A_l(t)\approx A_l$；时延 $\tau_l(t)$ 在一个 OFDM 符号块内可以被粗略建模为一阶线性变化[7]，即

$$\tau_l(t)=\tau_l-a_lt \tag{9-4}$$

式中，τ_l 是初始时延，a_l 是多普勒因子。因此，式(9-3)可以重写为

$$h(t,\ \tau)=\sum_{l=0}^{L-1}A_l\delta(t-(\tau_l-a_lt)) \tag{9-5}$$

在实际水声试验中，这种近似能取得较好的性能。

9.1.2　水声通信系统模型

水声通信系统是功率受限的系统，为节约功率，B. Li 和 M. Stojanovic 等人将补零(zero-padded, ZP)的 OFDM 系统应用于水声通信中，试验中取得很好的性能[8]。接下来介绍基于 ZP-OFDM 的水声通信系统的信道模型。假设 OFDM 符号子载波数为 K，持续时间为 T_u，保护间隔为 T_g，整个 OFDM 块的持续时间为 $T=T_u+T_g$，子载波间隔为 $\frac{1}{T_u}$。第 k 个子载波的频率是

$$f_k=f_c+\frac{k}{T_u},\quad k=-\frac{K}{2},\ \cdots,\ \frac{K}{2}-1 \tag{9-6}$$

式中，f_c 为载波频率。

设 $s[k]$ 是第 k 个子载波上要传输的信息符号，发端的发送信号表示为

$$x(t)=2\mathrm{Re}\{[\sum_{k\in\Omega_d\cup\Omega_p}s[k]\mathrm{e}^{\mathrm{j}2\pi\frac{k}{T_u}t}g(t)]\mathrm{e}^{\mathrm{j}2\pi f_ct}\} \tag{9-7}$$

式中，Ω_d 表示数据子载波集合，Ω_p 表示导频子载波集合，$g(t)$ 为

$$g(t)=\begin{cases}1, & t\in[0,\ T_s]\\ 0, & \text{其他时刻}\end{cases} \tag{9-8}$$

信号 $x(t)$ 经过时变水声信道 $h(t,\ \tau)$ 后，接收信号 $y(t)$ 为

$$y(t)=\sum_{l=0}^{L-1}A_lx((1+a_l)t-\tau_l)+n(t) \tag{9-9}$$

考虑到水声通信系统显著的多普勒效应,在收端分两步对接收信号进行预处理[4],以减小大多普勒扩展带来的影响。

第一步通过同步信号粗略估计多普勒频移,并对接收信号进行重采样,减小水声信道对信号的伸缩效应,重采样后,信号变为

$$z(t)=y\left(\frac{t}{1+\hat{a}}\right) \tag{9-10}$$

式中, $\hat{a}$ 是重采样因子,其估计方法参见文献[9]。

第二步对残留的载波频偏进行补偿,即 $z(t)\mathrm{e}^{-\mathrm{j}2\pi\hat{\varepsilon}t}$,其中 $\hat{\varepsilon}$ 为平均残留多普勒频移的估计值,残留多普勒频移估计算法参见文献[10]。

目前,水声接收机中均有上述估计和补偿手段,并且相应的技术已经成熟。为了简化表述,引入参数 q_l 和 $\hat{\tau}_l$,分别满足

$$q_l=\frac{1+a_l}{1+\hat{a}}-1 \tag{9-11}$$

$$\hat{\tau}_l=\frac{\tau_l}{1+q_l} \tag{9-12}$$

将式(9-10)至式(9-12)代入式(9-9),得到

$$z(t)=\sum_{l=0}^{L-1}A_l x((1+q_l)(t-\hat{\tau}_l))+n\left(\frac{t}{1+\hat{a}}\right) \tag{9-13}$$

对比式(9-9)和式(9-13),发现重采样后,多普勒因子变为 q_l 。经过重采样和残留频偏补偿后,多普勒频偏在以 0 为中心的附近分布。

对经过重采样和频偏补偿后的信号进行下变频和 OFDM 解调,得到第 m 个子信道上的输出信号 z_m 。

$$z_m=\frac{1}{T_\mathrm{u}}\int_0^{T_\mathrm{u}+T_\mathrm{g}} z(t)\mathrm{e}^{-\mathrm{j}2\pi\hat{\varepsilon}t}\mathrm{e}^{-\mathrm{j}2\pi\frac{m}{T_\mathrm{u}}t}\mathrm{d}t \tag{9-14}$$

将式(9-13)代入式(9-14)并进行积分,可以将 z_m 简化为[11]

$$z_m=\sum_{l=0}^{L-1}\frac{A_l}{1+q_l}\mathrm{e}^{-\mathrm{j}2\pi(f_m+\hat{\varepsilon})\hat{\tau}_l}\sum_{k\in\Omega_\mathrm{d}\cup\Omega_\mathrm{p}}\rho_{m,k}^l s[k]+n_m \tag{9-15}$$

式中, $f_m=f_\mathrm{c}+\dfrac{m}{T_\mathrm{u}}$, 且

$$\rho_{m,k}^l=\frac{\sin(\pi\beta_{m,k}^l T_\mathrm{u})}{\pi\beta_{m,k}^l T_\mathrm{u}}\mathrm{e}^{\mathrm{j}\pi\beta_{m,k}^l T_\mathrm{u}} \tag{9-16}$$

$$\beta_{m,k}^{l}=(k-m)\frac{1}{T_{\mathrm{u}}}+\frac{q_{l}f_{m}-\hat{\varepsilon}}{1+q_{l}} \tag{9-17}$$

若考虑所有的子载波,定义接收向量 $\boldsymbol{z}$、发送向量 $\boldsymbol{s}$、噪声向量 $\boldsymbol{n}$,则系统输入输出关系可以表示为

$$\boldsymbol{z}=\boldsymbol{H}\boldsymbol{s}+\boldsymbol{n} \tag{9-18}$$

式中,$\boldsymbol{H}$ 为信道混合矩阵,其第 m 行、第 k 列元素可以表示为

$$H_{m,k}=\sum_{l=0}^{L-1}\frac{A_{l}}{1+q_{l}}\mathrm{e}^{-\mathrm{j}2\pi(f_{\mathrm{c}}+\hat{\varepsilon})\hat{\tau}_{l}}\rho_{m,k}^{l} \tag{9-19}$$

信道混合矩阵还可以分解为

$$\boldsymbol{H}=\sum_{l=0}^{L-1}\varepsilon_{l}\boldsymbol{\Lambda}_{l}\boldsymbol{G}_{l} \tag{9-20}$$

式中,$\varepsilon_{l}=\dfrac{A_{l}\mathrm{e}^{-\mathrm{j}2\pi(f_{m}+\hat{\varepsilon})\hat{\tau}_{l}}}{1+q_{l}}$,矩阵 $\boldsymbol{G}_{l}$ 的第 m 行、第 k 列元素为 $\rho_{m,k}^{l}$,$\boldsymbol{\Lambda}_{l}$ 为对角矩阵,其对角线上第 m 个元素表示为

$$[\boldsymbol{\Lambda}_{l}]_{m,m}=\mathrm{e}^{-\mathrm{j}2\pi\frac{m}{T_{\mathrm{u}}}\hat{\tau}_{l}} \tag{9-21}$$

9.1.3　水声通信稀疏信道估计

虽然水声信道具有很大的时延扩展,但信道的大部分能量都集中在几个很小的区域,各种水声试验已经验证水声信道是稀疏信道,即大部分抽头系数为零或低于噪声门限[12-14]。图 9-2 给出了 2008 年意大利厄尔巴岛 GLINT'08 实验测得的水声信道冲激响应的两个例子,可以看出,总时延扩展为 20 ms,信道仅有 4 个显著的抽头,其幅值远大于其他时刻,在时延域表现出明显的稀疏性。因此可以利用信道的稀疏性,将压缩感知方法应用到信道估计中。

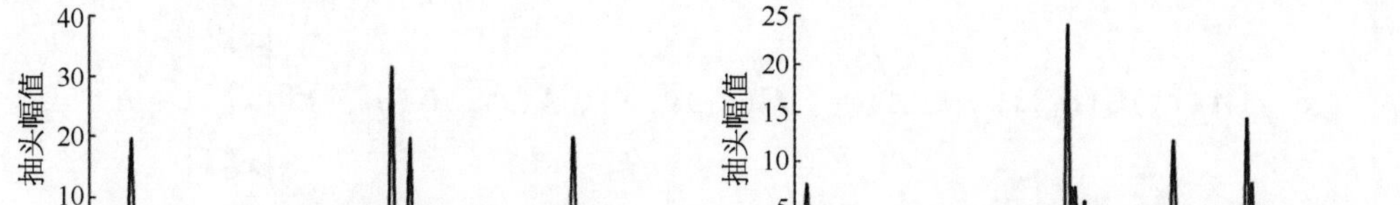

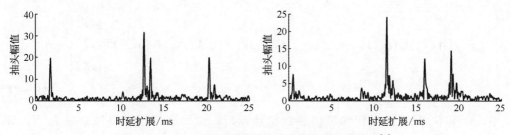

图 9-2　GLINT'08 实验测得的水声信道冲激响应[4]

式(9-18)中,待估计的信道矩阵 $\boldsymbol{H}$ 虽然有 K^2 个元素,但可由 L 个参数组 $(\varepsilon_{l},\ q_{l},\ \hat{\tau}_{l})$ 完全表达。因此,$\boldsymbol{H}$ 中每个元素的估计问题可以转换为对参数组 $(\varepsilon_{l},\ q_{l},\ \hat{\tau}_{l})$ 的估

计问题。式(9-18)可以改写为

$$z = [\boldsymbol{\Lambda}_0 \boldsymbol{G}_0 \boldsymbol{s}, \cdots, \boldsymbol{\Lambda}_{L-1} \boldsymbol{G}_{L-1} \boldsymbol{s}] \begin{bmatrix} \varepsilon_0 \\ \vdots \\ \varepsilon_{L-1} \end{bmatrix} + \boldsymbol{n} \tag{9-22}$$

如果参数 $(q_l, \hat{\tau}_l)$ 已知,即 $\boldsymbol{\Lambda}_0 \boldsymbol{G}_0 \boldsymbol{s}$ 已知,那么信道估计问题就可以简化为估计向量 $(\varepsilon_0, \cdots, \varepsilon_{L-1})^{\mathrm{T}}$ 的问题。通过构建 $K \times L$ 维的测量矩阵并用 LS 方法,即可恢复出 ε_l。然而在实际中,参数集 $(q_l, \hat{\tau}_l)$ 并不是显性已知量。为解决这个问题,基于压缩感知理论,选择 $(q, \hat{\tau})$ 中具有代表性的集合

$$\hat{\tau} \in \left\{ \frac{T_{\mathrm{u}}}{\lambda K}, \frac{2T_{\mathrm{u}}}{\lambda K}, \cdots, T_{\mathrm{g}} \right\} \tag{9-23}$$

$$q \in \{-q_{\max}, -q_{\max} + \Delta q, \cdots, q_{\max}\} \tag{9-24}$$

式中,$\hat{\tau}$ 的量化值是基于所有径到达时间均在保护时间间隔内的假设,时延分辨率为 $\frac{T_{\mathrm{u}}}{\lambda K}$,量化时延总数为 $L_\tau = \frac{\lambda K T_{\mathrm{g}}}{T_{\mathrm{u}}}$。多普勒因子 q_l 的量化值以零为中心,均匀分布在重采样后最大多普勒扩展 $q_{\max}$ 的范围内,分辨率为 Δq,量化总数为 $L_q = \frac{2q_{\max}}{\Delta q} + 1$。因此,共需要寻找 $L_\tau L_q$ 条备选路径。由于水声通信系统中信道具有稀疏性,往往满足 $L \ll L_\tau L_q$。

通过上述分析,所有时延在量化参数 $q_i (1 \leqslant i \leqslant L_q)$ 下,相应的未知向量 $\boldsymbol{x}_A^{(i)}$ 表示为

$$\boldsymbol{x}_A^{(i)} = [\varepsilon_1^{(i)}, \cdots, \varepsilon_{L_\tau}^{(i)}] \tag{9-25}$$

对于所有量化参数 $q_i (1 \leqslant i \leqslant L_q)$,未知向量

$$\boldsymbol{x} = [(\boldsymbol{x}_A^{(1)})^{\mathrm{T}}, \cdots, (\boldsymbol{x}_A^{(L_q)})^{\mathrm{T}}]^{\mathrm{T}} \tag{9-26}$$

通过参数量化处理后,式(9-22)可以改写为

$$\boldsymbol{z} = [\boldsymbol{\Lambda}(\hat{\tau}_1)\boldsymbol{G}(q_1)\boldsymbol{s}, \cdots, \boldsymbol{\Lambda}(\hat{\tau}_{L_\tau})\boldsymbol{G}(q_1)\boldsymbol{s}, \cdots, \boldsymbol{\Lambda}(\hat{\tau}_{L_\tau})\boldsymbol{G}(q_{L_q})\boldsymbol{s}] \begin{bmatrix} \boldsymbol{x}_A^{(1)} \\ \vdots \\ \boldsymbol{x}_A^{(1)} \end{bmatrix} + \boldsymbol{n} \tag{9-27}$$

式中,$\boldsymbol{\Lambda}_i$ 和 $\boldsymbol{G}_i$ 分别由对应的量化参数构建而成。设一个符号中导频数量为 N_{p},从式(9-27)中抽取出导频对应的接收信号 $\boldsymbol{z}_{\mathrm{p}}$,得到

$$\begin{aligned} \boldsymbol{z}_{\mathrm{p}} &= [\boldsymbol{\Theta}(q_1), \cdots, \boldsymbol{\Theta}(q_{L_q})]\boldsymbol{x} + \boldsymbol{n} \\ &= \boldsymbol{\Phi}\boldsymbol{x} + \boldsymbol{n} \end{aligned} \tag{9-28}$$

式中，$\boldsymbol{\Theta}(q_m)=[\widetilde{\boldsymbol{\Lambda}}(\hat{\tau}_1)\widetilde{\boldsymbol{G}}(q_m)\boldsymbol{s},\ \cdots,\ \widetilde{\boldsymbol{\Lambda}}(\hat{\tau}_{L_\tau})\widetilde{\boldsymbol{G}}(q_m)\boldsymbol{s}]$，矩阵 $\widetilde{\boldsymbol{\Lambda}}$ 和 $\widetilde{\boldsymbol{G}}$ 分别来自通过导频序列对矩阵 $\boldsymbol{\Lambda}$ 和 $\boldsymbol{G}$ 的抽取；$\boldsymbol{\Phi}$ 为 $N_\mathrm{p}\times L_\tau L_q$ 维的测量矩阵。由于信道是稀疏的，$\boldsymbol{x}$ 中只有少量元素不为0，其余大部分元素为0。针对式(9-28)，可以用第3章中介绍的压缩感知典型重构算法，如BP，OMP等算法求解。OMP等贪婪算法重构速度快，其性能在水声通信试验中已得到充分验证。

文献[15]通过仿真和海试给出了单载波体制下利用信道在时延域的稀疏性，结合基追踪算法对信道进行估计，试验结果表明，其估计性能远远好于LS方法。但是文献[15]仅仅考虑了时延域的稀疏性，并未考虑多普勒域的稀疏特性。文献[16]对OFDM系统稀疏信道估计技术进行了研究，提出在系统中，首先进行载波频偏补偿，然后利用时延域的稀疏性进行信道估计。实际上，该方法假设经过载波频偏补偿后，信道近似变为时不变信道，然而在浅海水声信道中，各个径的多普勒因子均不相同，采用简单的频偏补偿算法无法完全去掉信道的时变性，因此文献[16]提出的方法仅适合浅海环境比较平静的时段。文献[4]中，利用时延-多普勒域的稀疏特性，并采用OMP算法对稀疏信道进行估计，并在温亚德(Vineyard)海岸进行了SPACE '08实验，对比分析了OMP算法和LS算法性能。结果表明，压缩信道估计算法能取得更好的性能，在运动的条件下，其性能优势更大[17]。

在水声稀疏信道的先验条件下，压缩信道估计已经被验证能取得相对更好的性能。然而，水声信道具有极大的时延扩展和多普勒扩展，测量矩阵的列数与时延扩展和多普勒扩展成正比，过大的时延扩展和多普勒扩展将导致测量矩阵的列数过大。OMP算法的每次迭代过程均要计算 $L_\tau L_q$ 次内积。

$$f(n,\ m)=|\ \boldsymbol{r}^\mathrm{H}\widetilde{\boldsymbol{\Lambda}}(\hat{\tau}_n)\widetilde{\boldsymbol{G}}(q_m)\boldsymbol{s}\ |,\ 1\leqslant n\leqslant L_\tau,\ 1\leqslant m\leqslant L_q \tag{9-29}$$

式中，$\boldsymbol{r}$ 为残余量。当 $L_\tau L_q$ 很大时，OMP算法的复杂度将变得极高。考虑到水下通信系统能量受限，因此需要设计适合于水声通信的低复杂度压缩信道恢复算法。

为降低计算复杂度，文献[18]针对OMP算法的内积求解过程，提出分组FFT内积快速计算算法。设导频呈等距离成簇分布，导频分布的数学表达式为

$$g(p)=\frac{K}{N_\mathrm{p}}(p-\mathrm{mod}(p,\ d))+\mathrm{mod}(p,\ d) \tag{9-30}$$

式中，d 为导频子载波的数量。将式(9-29)改写为

$$f(n,\ m)=|\ \mathrm{vec}(\widetilde{\boldsymbol{\Lambda}}(\hat{\tau}_n))\boldsymbol{E}(q_m)\ | \tag{9-31}$$

式中，$\boldsymbol{E}(q_m)=\mathrm{diag}(\boldsymbol{r}^\mathrm{H})\widetilde{\boldsymbol{G}}(q_m)\boldsymbol{s}$，记 $\boldsymbol{E}(q_m)$ 的下标集合为 $C=\{0,\ \cdots,\ N_\mathrm{p}-1\}$，定义量化时延下标集 $A=\{0,\ \cdots,\ L_\tau-1\}$，分组FFT内积快速计算算法具体流程如表9-2所示。

表 9-2 分组 FFT 内积快速计算算法

输入：测量矩阵 $\boldsymbol{\Phi}$，接收向量 $\boldsymbol{z}_{\mathrm{p}}$，发送向量 $\boldsymbol{s}$，量化阶数 L_τ 和 L_q
输出：$f(n, m)$
步骤 1：**for** $m=1$ to L_q do
步骤 2：　计算 $\boldsymbol{E}(q_m)=\mathrm{diag}(\boldsymbol{r}^{\mathrm{H}})\widetilde{\boldsymbol{G}}(q_m)\boldsymbol{s}$
步骤 3：　分解列下标集合 $A=\bigcup_{i=0}^{\lambda-1}B(i)$，$B(i)=\{n \mid \mathrm{mod}(n, \lambda)=i, n\in A\}$
步骤 4：　**for** $i=0$ to $\lambda-1$ do
步骤 5：　分解下标元素集合 $C=\bigcup_{r=0}^{d-1}D(r)$，$D(r)=\{p \mid \mathrm{mod}(p, d)=r, p\in C\}$
步骤 6：　利用 FFT，计算 $\gamma(r, n)=\sum_{p_0=0}^{\frac{N_{\mathrm{p}}}{d}-1}E(q_m, p_0 d+r)\exp\left[-\frac{\mathrm{j}2\pi p_0}{\frac{N_{\mathrm{p}}}{d}}\times\frac{nd}{\lambda}\right]$，$r=0, \cdots, d-1$，
$f(n, m)=\sum_{r=0}^{d-1}\exp\left(-\frac{\mathrm{j}2\pi rn}{\lambda K}\right)\gamma(r, n)$
步骤 7：　**end for**
步骤 8：**end for**

该算法充分利用测量矩阵的内部结构和导频的结构将运算分组，在每组运算中采用 FFT 来省略重复运算的步骤，从而减小 OMP 算法内积计算过程的复杂度。表 9-3 给出 OMP 算法和分组 FFT 内积快速计算算法的复杂度比较。

表 9-3 OMP 算法和分组 FFT 内积快速计算算法的复杂度比较[18]

类　型	OMP 算法	分组 FFT 内积快速计算算法
复乘数	$N_{\mathrm{p}}L_\tau L_q$	$\left(0.5\lambda N_{\mathrm{p}}\log_2\frac{N_{\mathrm{p}}}{d}+dL_\tau+N_{\mathrm{p}}\right)L_q$
复加数	$(N_{\mathrm{p}}-1)L_\tau L_q$	$\left(\lambda N_{\mathrm{p}}\log_2\frac{N_{\mathrm{p}}}{d}+dL_\tau+dJ\right)L_q$

§9.2 空间信息网络

空间信息网络是以空间平台(包括同步卫星或中低轨道卫星、平流层气球和有人或无人驾驶飞机等)为载体，实时获取、传输和处理空间信息的网络系统，可支持对地观测的高动态、宽带实时传输以及深空探测的超远程、大时延可靠传输。

作为国家重要基础设施，空间信息网络可以服务远洋航行、应急救援、导航定位、航空运输、航天测控等重大场合。目前，国外相关机构和组织已投入大量的人力和物力，开展空间信息网络相关技术研究及实验验证。目前，具有代表性的空间信息网络建设实例包括：美国国家航空航天局(National Aeronautics and Space Administration, NASA)空间传感网、欧洲哥白尼计划、美国国家科学基金会(National Science Foundation, NSF)国家生态观测网络以及俄联邦航天计划等[19-21]。我国空间信息网络的体系结构已基本形成：以高轨卫星(如中继卫星)为骨干，中／低轨卫星和其他空天飞行器等作为用户接入其中，实现航天测控、数／图传和应急通信等空间任务的统一接入[22-25]，如图 9－3 所示。

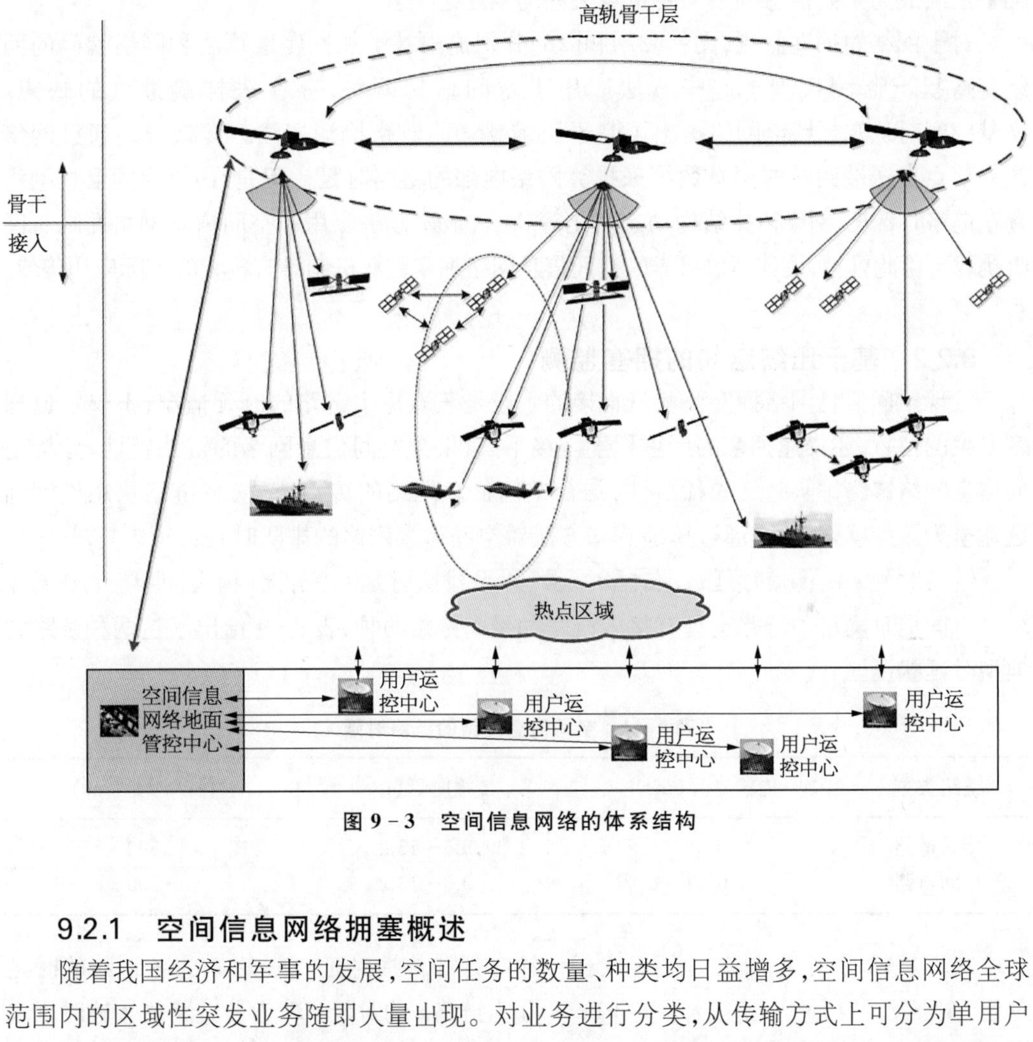

图 9－3　空间信息网络的体系结构

9.2.1　空间信息网络拥塞概述

随着我国经济和军事的发展，空间任务的数量、种类均日益增多，空间信息网络全球范围内的区域性突发业务随即大量出现。对业务进行分类，从传输方式上可分为单用户宽带数据传输业务、单用户窄带数据传输业务、集群内多用户数据传输业务、集群间跨域数据传输业务等；从业务类型上可分为高速业务(如遥感业务)、低速业务(如测控业务)、短消息业务等；从用户运动特征上可分为运动轨迹可预知的业务(如航天器用户)、运动轨迹随机的业务(如地面移动用户)等；从时延要求上可分为实时业务(如实时话音、视频通信)、非实时业务(如遥感数据事后回放)等；从接入方式上可分为事先计划的业务、突发业务等[23]。全网业务需求量的大幅增加以及热点区域的突发空间任务，直接导致空间信息网络整体和局部的负载提升。

目前,我国地球同步轨道(geosynchronous orbit, GEO)资源有限[26],中继卫星数量有限,星载、机载网络设备体积小、质量轻,空间网络节点的处理能力和存储资源能力等有限,加上网络拓扑结构的动态变化以及通信链路的间歇性连接,这些造成了空间网络节点出现高排队时延,导致网络拥塞甚至丢包,空间数据传输的可靠性严重降低。因此,拥塞监测成为空间信息网络需要重点关注的问题之一。

对于网络的拥塞监测,文献[27]和[28]分别提出基于加性度量算法和网络编码的网络链路状况监测模型。这些方法应用于空间信息网络,存在采样量过大的缺点。文献[29]对认知无线电网络提出了基于压缩感知的链路检测方法。文献[30]通过网络边界节点发送端到端的探针数据来推算网络内部的链路时延。但是,由于空间信息网络存在链路时延长、网络拓扑结构动态变化等特点,上述方法应用于空间信息网络面临着巨大挑战。由此可见,设计高效可靠的空间信息网络拥塞监测机制具有较大的实际应用价值。

9.2.2 基于压缩感知的拥塞监测

实现空间信息网络拥塞监测最直接的手段是获取每个链路的时延情况,不仅定位拥塞发生的位置,还描述拥塞的严重程度。接下来,根据空间信息网络的链路特性,分析空间信息网络链路排队时延的稀疏性,结合空间信息网络的传输方式,将链路状态检测问题建模为压缩感知问题,通过压缩感知方法对空间信息网络的排队时延进行恢复[31]。

链路时延 t 由传输时延 t_r、传播时延 t_p 以及排队时延 t_q 三部分构成,即 $t=t_r+t_p+t_q$。空间信息网络中链路类型有接入链路和星间链路两种,表 9-4 给出了这两种链路的典型时延状况。

表 9-4 空间信息网络的链路时延

链路类型	传输时延(ms)	传播时延(ms)	排队时延(ms)
接入链路	100	9.6～13.2	500
星间链路	0.09	9.6～13.2	500

从表 9-4 中可见,排队时延远大于传输时延和传播时延。假设 $\boldsymbol{T}$ 为各链路的时延矢量,$\boldsymbol{T}=(t_1, t_2, \cdots, t_N)$,$t_i(i\in[1, N])$ 为链路 i 的时延;$\boldsymbol{T}_r$ 为各链路的传输时延矢量,$\boldsymbol{T}_r=(t_{r_1}, t_{r_2}, \cdots, t_{r_N})$,$t_{r_i}(i\in[1, N])$ 为链路 i 的传输时延,接入链路的传输时延为 100 ms,星间链路的传输时延则接近 0;$\boldsymbol{T}_p$ 为各链路的传播时延矢量,$\boldsymbol{T}_p=(t_{p_1}, t_{p_2}, \cdots, t_{p_N})$,$t_{p_i}(i\in[1, N])$ 是链路 i 的传播时延;$\boldsymbol{T}_q$ 为各链路的排队时延矢量,$\boldsymbol{T}_q=(t_{q_1}, t_{q_2}, \cdots, t_{q_N})$,$t_{q_i}(i\in[1, N])$ 为链路 i 的排队时延。鉴于仅在网络拥塞时会引发链路的不断重传,从而导致较大的排队时延,而在同一时间发生拥塞的链路数量较少,因此认为各链路的排队时延 $\boldsymbol{T}_q=\boldsymbol{T}-\boldsymbol{T}_r-\boldsymbol{T}_p$ 可以构成稀疏矢量[32]。

由于空间信息网络规模大、链路多，虽然通过大量的时延数据采集能够准确得到链路拥塞的具体位置，但是这种方法所需的数据量大且效率低。通过上述排队时延矢量的稀疏性分析，可以将压缩感知方法用于对网络拥塞的监测，从而减少需要采集的数据量。

为清晰地介绍空间信息网络中用于恢复各链路排队时延的压缩感知模型，以图 9-4 所示的网络拓扑为例[30]。

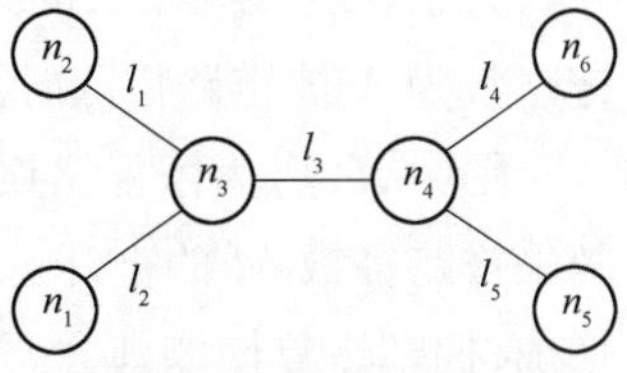

图 9-4　网络拓扑结构

在图 9-4 中，$n_i(i\in[1,6])$ 表示网络节点，$l_i(i\in[1,5])$ 表示网络链路，所有链路时延构成的矢量 $\boldsymbol{T}=(t_1, t_2, \cdots, t_5)^{\mathrm{T}}$，假设采集 4 条路径，该集合表示为 $\Omega=\{l_1l_3l_4, l_2l_3l_5, l_1l_2, l_4l_5\}$，对应的路径时延矢量表达为 $\boldsymbol{y}=(y_1, y_2, \cdots, y_4)^{\mathrm{T}}$，则各路径时延与链路时延间的关系可以通过一组线性关系来表示。

$$\boldsymbol{y}=\boldsymbol{RT} \tag{9-32}$$

式中，$\boldsymbol{R}$ 是测量矩阵，表示为

$$\boldsymbol{R}=\begin{pmatrix}1&0&1&1&0\\0&1&1&0&1\\1&1&0&0&0\\0&0&0&1&1\end{pmatrix} \tag{9-33}$$

$\boldsymbol{R}$ 中为 1 的元素，表示该元素所在行对应的路径经过所在列对应的链路。

推广到实际的大规模空间信息网络中，仍然可以用式(9-32)表示路径时延与链路时延的关系，且式(9-32)中各个量仍保持原有的物理意义：$\boldsymbol{y}$ 是 M 维列向量，代表 M 条路径的时延；$\boldsymbol{T}$ 是 N 维列向量，代表 N 条链路的时延，是整个网络的链路时延集合；$\boldsymbol{R}$ 是 $M\times N$ 维矩阵，其元素的值取决于采样路径是否经过对应的链路，列数 N 是网络中的链路总数，其大小由网络规模决定，行数 M 是选中的采样路径数，M 通常小于 N。

由于链路时延矢量可以表达为 $\boldsymbol{T}=\boldsymbol{T}_{\mathrm{r}}+\boldsymbol{T}_{\mathrm{p}}+\boldsymbol{T}_{\mathrm{q}}$，而其中的排队时延矢量 $\boldsymbol{T}_{\mathrm{q}}$ 存在稀疏性，因此构建如式(9-34)所示的压缩感知模型。

$$\boldsymbol{y}_2=\boldsymbol{RT}_{\mathrm{q}} \tag{9-34}$$

式中，测量值 $\boldsymbol{y}_2=\boldsymbol{y}-\boldsymbol{RT}_{\mathrm{r}}-\boldsymbol{RT}_{\mathrm{p}}$，$\boldsymbol{R}$ 表示测量矩阵，$\boldsymbol{T}_{\mathrm{q}}$ 表示待估计的稀疏向量。采用压缩感知的方法恢复各路径排队时延的过程如下。

(1) 在空间信息网络中随机选取 M 条采样路径，根据这些路径经过的链路得到测量矩阵 $\boldsymbol{R}_{M\times N}$。

(2) 根据上一步骤中选取的路径，分别测量这些路径的总时延，得到路径时延矢量 $\boldsymbol{y}$；根据各链路的特性，得到链路传输时延矢量 $\boldsymbol{T}_{\mathrm{r}}$ 和链路传播时延矢量 $\boldsymbol{T}_{\mathrm{p}}$。

(3) 采用 OMP 算法恢复链路排队时延矢量 $\boldsymbol{T}_{\mathrm{q}}$。

利用排队时延的稀疏性，将压缩感知用于网络拥塞监测，通过少量的测量值即可恢

复原始排队时延矢量,从而确定拥塞发生的位置,有效降低网络开销。

9.2.3 拥塞恢复性能分析

为了探究线性增长的采样路径数对网络拥塞恢复性能的影响,设定网络发生拥塞的链路数为2(即链路排队时延矢量 $\boldsymbol{T}_q$ 的稀疏度 $K=2$),拥塞恢复情况如图9-5所示。

图中,P_{error} 为恢复错误概率。仿真结果表明,如果网络链路数一定,恢复错误概率会随采样路径数 M 的上升迅速向零逼近。而随着网络链路数的上升,如果采样路径数不增加,拥塞恢复性能则会恶化。

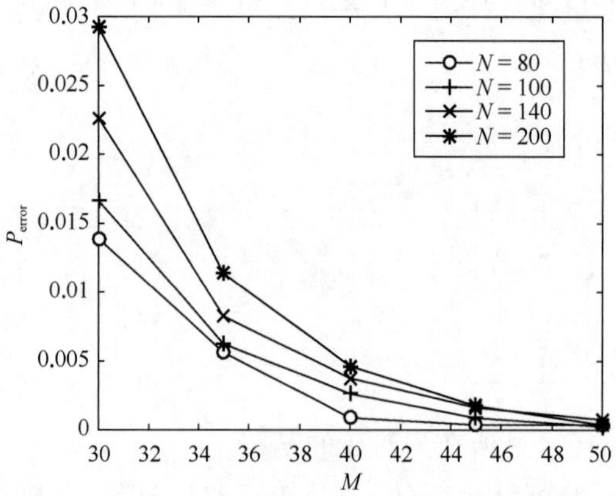

图9-5 线性增长的采样路径数对网络拥塞恢复性能的影响

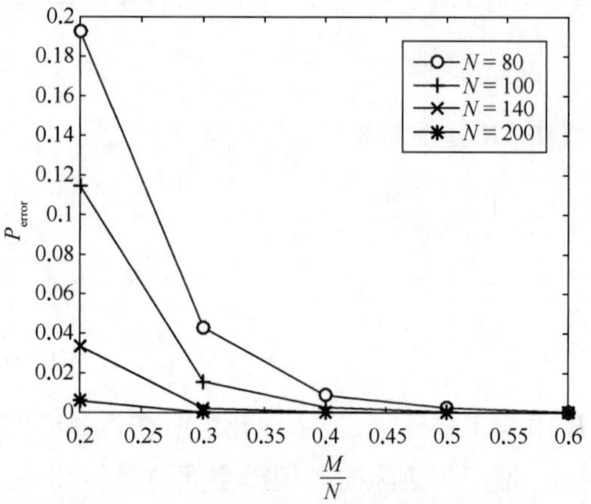

图9-6 采样路径数随网络链路数线性增长对网络拥塞恢复性能的影响

若采样路径数与总链路数之比 $\frac{M}{N}$ 为线性增长,拥塞恢复情况如图9-6所示。由图9-6可知,采样路径数与总链路数之比 $\frac{M}{N}$ 如果一定,恢复错误概率会随网络总链路数 N 的上升而急剧下降,甚至在数量级上得到改善。换言之,如果采样路径数随着网络链路数的增长作相应的线性增长,网络拥塞恢复能力就会随之得到极大提升。而在实际的场景中,为了应对网络规模的扩大,只需要适当增加采样路径数,即可得到之前的网络拥塞恢复性能。

对一定的网络总链路数(仿真设定 $N=200$)而言,不同拥塞链路数量(即链路排队时延稀疏度)条件下,拥塞恢复性能随采样路径数的变化情况如图9-7所示。图9-7表明当网络链路数 N 与采样路径数 M 不变时,即便稀疏度 K 只增加1,恢复错误概率也会大幅上升。这也意味着在一定的网络规模下,随着发生拥塞的链路数增加(即便只多了一条拥塞链路),如果不增加采样路径数,网络拥塞恢复性能将会急剧恶化。

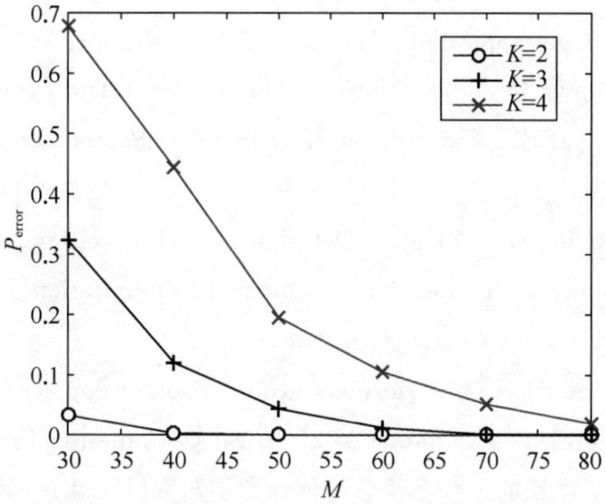

图 9－7　不同拥塞链路数量条件下,拥塞恢复性能随采样路径数的变化情况

§9.3　小结

本章讨论了稀疏信号处理在水声通信和空间信息网络中的应用。不同于陆地无线通信,水声通信表现出大多普勒扩展和大时延扩展的特点,其信道估计面临更大的挑战。考虑到水声信道的稀疏性,可以将稀疏信号处理技术应用于水声信道估计中,有效降低系统导频开销。拥塞监测是空间信息网络的重要一环。为了高效准确定位网络拥塞的位置,本章将链路排队时延作为网络拥塞指标,通过分析链路排队时延的稀疏性,采用压缩感知的方法恢复链路时延,从而对空间信息网络进行有效拥塞监测。这种方法能在保持较优的恢复性能的前提下,显著减少采样数据的需求量。除用于海洋或空间通信,稀疏信号处理还能用于舰船的目标识别、遥感卫星图像成像和处理等领域。

参考文献

[1] Heidemann J, Stojanovic M, Zorzi M. Underwater sensor network: applications, advances and challenges[J]. Philosophical Transactions of the Royal Society A Mathematical Physical & Engineering Sciences, 2012, 370(1958): 158－175.

[2] 许祥滨. 抗多途径干扰的水声数字语音通信研究[D]. 厦门: 厦门大学,2003.

[3] 徐小卡. 基于 OFDM 的浅海高速水声通信关键技术研究[D]. 哈尔滨: 哈尔滨工程大学,2009.

[4] Berger C R, Zhou S, Preisig J C, et al. Sparse channel estimation for multicarrier underwater acoustic communication: from subspace methods to compressed sensing[J]. IEEE Transactions on Signal Processing, 2010, 58(3): 1708－1721.

[5] 聂星阳.模型与数据结合的浅海时变水声信道估计与均衡[D].杭州: 浙江大学,2014.

[6] Esmaiel H, Jiang D. Multicarrier communication for underwater acoustic channel [J]. International Journal of Communications Network & System Science, 2013, 6(8): 361－376.

[7] Berger C R, Wang Z, Huang J, et al. Application of compressive sensing to sparse channel estimation[J]. IEEE Communications Magazine, 2010, 48(11): 164 - 174.
[8] Li B, Zhou S, Stojanovic M, et al. Pilot-tone based ZP - OFDM demodulation for an underwater acoustic channel[C]// IEEE. Proceedings of OCEANS, September 18 - 21, 2006. New York: IEEE, 2006: 1 - 5.
[9] Mason S F, Berger C R, Zhou S, et al. Detection, synchronization, and doppler scale estimation with multicarrier waveforms in underwater acoustic communication[J]. IEEE Journal on Selected Areas in Communications, 2009, 26(9): 1638 - 1649.
[10] Wan L, Wang Z, Zhou S, et al. Performance comparison of doppler scale estimation methods for underwater acoustic OFDM[J]. Journal of Electrical & Computer Engineering, 2012: 1 - 11.
[11] 王妮娜.基于压缩感知理论的无线多径信道估计方法研究[D].北京：北京邮电大学,2012.
[12] Zeng W J, Jiang X, Li X L, et al. Deconvolution of sparse underwater acoustic multipath channel with a large time-delay spread[J]. Journal of the Acoustical Society of America, 2010, 127(2): 909 - 919.
[13] Mason S, Berger C, Shengli Zhou, et al. An OFDM design for underwater acoustic channels with Doppler spread[C]// IEEE. Proceedings of IEEE Digital Signal Processing Workshop and 5th IEEE Signal Processing Education Workshop, January 4 - 7, 2009. New York: IEEE, 2009: 138 - 143.
[14] Senol H, Panayirci E, Uysal M. Sparse channel estimation and equalization for OFDM-based underwater cooperative systems with amplify-and-forward relaying[J]. IEEE Transactions on Signal Processing, 2015, 64(1): 214 - 228.
[15] Li W, Preisig J C. Estimation of rapidly time-varying sparse channels[J]. IEEE Journal of Oceanic Engineering, 2007, 32(4): 927 - 939.
[16] Kang T, Iltis R A. Matching pursuits channel estimation for an underwater acoustic OFDM modem[C]// IEEE. Proceedings of IEEE International Conference on Acoustics Speech and Signal Processing, March 31 - April 4, 2008. New York: IEEE, 2008: 5296 - 5299.
[17] 余方园.OFDM 水声信道估计与均衡技术研究[D].哈尔滨：哈尔滨工业大学,2016.
[18] Yu F, Li D, Guo Q, et al. Block-FFT based OMP algorithm for compressed channel estimation in underwater acoustic communications[J]. IEEE Communications Letters, 2015, 19(11): 1937 - 1940.
[19] 杨红俊.国外数据中继卫星系统最新发展及未来趋势[J].电讯技术,2016,56(1): 109 - 116.
[20] Brandel D L, Watson W A. NASA's advanced tracking and data relay satellite system for the years 2000 and beyond[J]. Proceedings of the IEEE, 1990, 78(7): 1141 - 1151.
[21] Mukherjee J, Ramamurthy B. Communication technologies and architectures for space network and interplanetary internet[J]. IEEE Communications Surveys & Tutorials, 2013, 15(2): 881 - 897.
[22] 闵士权.我国天基综合信息网构想[J].航天器工程,2013,22(5): 1 - 14.
[23] 费立刚,范丹丹,寇保华,等.基于中继卫星的天地一体化信息网络综合集成演示系统研究[J].中

国电子科学研究院学报,2015,10(5): 479 - 484.

[24] 陆洲,秦智超,张平.天地一体化信息网络系统初步设想[J].国际太空,2016(7): 20 - 25.

[25] 闵士权.天基综合信息网探讨[J].国际太空,2013(8): 46 - 54.

[26] 李于衡,黄惠明,郑军.中继卫星系统应用效能提升技术[J].中国空间科学技术,2014,34(1): 71 - 77.

[27] Ni J, Xie H, Tatikonda S, et al. Efficient and dynamic routing topology inference from end-to-end measurements[J]. IEEE/ACM Transactions on Networking, 2010, 18(1): 123 - 135.

[28] Qin P, Dai B, Huang B, et al. A survey on network tomography with network coding[J]. IEEE Communications Surveys & Tutorials, 2014, 16(4): 1981 - 1995.

[29] Yu C K, Chen K C, Cheng S M. Cognitive radio network tomography[J]. IEEE Transactions on Vehicular Technology, 2010, 59(4): 1980 - 1997.

[30] Firooz M H, Roy S. Network tomography via compressed sensing[C]//IEEE. Proceedings of IEEE Global Communications Conference, December 6 - 10, 2010. New York: IEEE, 2010: 1 - 5.

[31] 张凌,归琳,宫博,等.基于压缩感知的空间信息网络拥塞监测[J].上海师范大学学报(自然科学版),2017,46(1): 93 - 97.

[32] Wang W, Gan X, Bai W, et al. Compressed sensing based network tomography using end-to-end path measurements [C]//IEEE. Proceedings of IEEE International Conference on Communications, May 21 - 25, 2017. New York: IEEE, 2017: 1 - 6.

第10章 稀疏信号处理的若干问题讨论

前面章节详细阐述了稀疏信号处理在诸多无线通信场景的应用，需要注意的是，为了便于分析问题，前文在介绍相关内容时忽略了部分可能存在的影响因素，如稀疏度未知、基失配等，而这些在实际应用中往往存在。例如，在 OFDM 信道估计中，无法获得无线信道实时的多径数量，从而无法确定信道的稀疏度；在毫米波信道估计中，角度在连续域上存在稀疏性，然而在离散域上，由于基失配会导致能量泄漏，导致稀疏性受损。接下来，将介绍稀疏信号处理在实际应用中可能面临的若干问题，并给出相应的解决方案。

§10.1 稀疏度未知

在利用稀疏信号处理技术对信号进行重构时，往往假设原始信号的稀疏度是已知的，从而根据先验的稀疏度 K 设置 OMP，CoSaMP 等算法的停止准则。然而，在多数实际应用中，稀疏度 K 并不是先验已知的，例如，信道估计中无法获得无线信道实时的多径数量；频谱感知中无法获得空闲频谱的数量。

针对稀疏度未知的情况，最直观的解决方案是设计有效算法估计稀疏度，进而根据估计的稀疏度对信号进行重构。此外，设计有效的稀疏度自适应方案，也能对原始信号实现高精度重构。

10.1.1 稀疏度估计

为了估计信号的稀疏度，首先给出如下引理[1]：设 $\boldsymbol{\Phi}$ 是参数为 (K, δ_K) 且满足约束等距性质的测量矩阵，$\boldsymbol{y}$ 是测量值，$\boldsymbol{u}=|\boldsymbol{y}^{\mathrm{H}}\boldsymbol{\Phi}|$，取 $\boldsymbol{u}$ 中前 K^* 个最大值的索引存入集合 Ω，若 $K^* \geqslant K$，则有不等式

$$\|\boldsymbol{y}^{\mathrm{H}}\boldsymbol{\Phi}_{\Omega}\|_2 \geqslant \frac{1-\delta_k}{\sqrt{1+\delta_k}}\|\boldsymbol{y}\|_2 \tag{10-1}$$

式中，$\boldsymbol{\Phi}_{\Omega}$ 表示从矩阵 $\boldsymbol{\Phi}$ 中抽取 Ω 所对应列构成的子矩阵。基于上述引理，表 10-1 给出了稀疏度估计算法[2]。

表 10-1　稀疏度估计算法

输入：测量矩阵 $\boldsymbol{\Phi}$，测量向量 $\boldsymbol{y}$
输出：信号稀疏度 $\hat{K}$
步骤 1：令 $K^*=1$，计算 $\boldsymbol{u}=\lvert \boldsymbol{y}^{\mathrm{H}}\boldsymbol{\Phi} \rvert$
步骤 2：将 $\boldsymbol{u}$ 中前 K^* 个最大值的索引存入集合 Ω
步骤 3：判断不等式 $\Vert \boldsymbol{y}^{\mathrm{H}}\boldsymbol{\Phi}_{\Omega} \Vert_2 < \frac{1-\delta_k}{\sqrt{1+\delta_k}} \Vert \boldsymbol{y} \Vert_2$ 是否成立，若成立，$K^*=K^*+1$，返回步骤 2；否则终止迭代，得到稀疏度估计值 $\hat{K}=K^*$

通过上述算法可以获得稀疏度估计值 $\hat{K}$，从而将 $\hat{K}$ 作为 OMP，CoSaMP 等贪婪算法的输入。

10.1.2　稀疏度自适应

对 OMP，CoSaMP 等贪婪算法而言，当稀疏度未知时，可以通过设置合适的残差阈值控制迭代的次数：设阈值为 ε，第 k 次迭代的残差为 $\boldsymbol{r}_k$，当满足 $\Vert \boldsymbol{r}_k-\boldsymbol{r}_{k-1} \Vert < \varepsilon$ 时，贪婪算法停止迭代。此外，判决条件可以替换成 $\frac{\Vert \boldsymbol{r}_k-\boldsymbol{r}_{k-1} \Vert}{\Vert \boldsymbol{r}_k \Vert} < \varepsilon$，其中最优阈值 ε 的选取通常与信噪比有关，可以根据所处理信号的具体信息适当进行选择。

实际中，虽然真实的稀疏度 K 未知，但稀疏度统计量 $K=\{K_{\min}, K_{\max}\}$ 往往易得。它取决于环境的大尺度属性，且变化很慢，由先验的传输环境特性很容易得到[3]。稀疏度统计量 K 满足概率 $Pr(\Lambda)\rightarrow 1$，其中，事件 Λ 表示为

$$\Lambda : K_{\min} \leqslant K \leqslant K_{\max} \tag{10-2}$$

基于 K，对 OMP 算法做如下调整。

(1) 输入 $K=\{K_{\min}, K_{\max}\}$，其中 $K_{\min}$ 表示稀疏数最小值，$K_{\max}$ 表示稀疏数最大值。

(2) 第一阶段，当迭代次数 $i \leqslant K_{\min}$ 时，运行 OMP 算法。

(3) 第二阶段，当同时满足 $i \leqslant K_{\max}$ 和 $\Vert \boldsymbol{r}_k-\boldsymbol{r}_{k-1} \Vert < \varepsilon$ 时，运行 OMP 算法；否则停止迭代。

此外，稀疏度自适应匹配追踪(sparsity adaptive matching pursuit, SAMP)算法是面向稀疏度未知情况的有效重构算法[4]。SAMP 算法的思想是首先取一个较小的 K 值，执行某种贪婪算法，然后以 S 增量增大 K 值，直至数据失配的误差最小[5]。设系统模型为 $\boldsymbol{y}=\boldsymbol{\Phi x}+\boldsymbol{n}$，基于 SAMP 算法的稀疏信号重构步骤如表 10-2 所示。

在 SAMP 算法基础上，文献[6]提出正则化自适应匹配追踪(regularized adaptive matching pursuit, RAMP)算法。RAMP 算法在采用 ROMP 正则化过程的基础上，结合 SAMP 算法的自适应思想，可以在迭代过程中自动调整所选原子数目来重建稀疏度未知的信号。

表 10－2　SAMP 算法

输入：测量矩阵 $\boldsymbol{\Phi}$，测量向量 $\boldsymbol{y}$，稀疏度的自适应步长 S，阈值 ε

输出：估计向量 $\hat{\boldsymbol{x}}$

步骤 1：初始化残差 $\boldsymbol{r}_0=\boldsymbol{y}$，非零元位置索引集 $\boldsymbol{\Lambda}_0=\varnothing$，初始稀疏度 $K=S$，迭代次数 $i=1$，阶段次数 $j=1$

步骤 2：计算 $\boldsymbol{u}=|\boldsymbol{r}_{i-1}^{\mathrm{H}}\boldsymbol{\Phi}|$，将 $\boldsymbol{u}$ 中前 K 个最大值的索引存入集合 Ω_i

步骤 3：候选集 $C_i=\boldsymbol{\Lambda}_{i-1}\cup\Omega_i$

步骤 4：选出 $|\boldsymbol{\Phi}_{C_i}^{\dagger}\boldsymbol{y}|$ 中最大的 K 个元素值的位置，并保存到集合 $\boldsymbol{\Lambda}$

步骤 5：计算残差 $\boldsymbol{r}=\boldsymbol{y}-\boldsymbol{\Phi}_{\Lambda}(\boldsymbol{\Phi}_{\Lambda}^{\mathrm{H}}\boldsymbol{\Phi}_{\Lambda})^{-1}\boldsymbol{\Phi}_{\Lambda}^{\mathrm{H}}\boldsymbol{y}$

步骤 6：若 $\|\boldsymbol{r}\|_2<\varepsilon$，则循环结束；否则进一步判断：若 $\|\boldsymbol{r}\|_2\geqslant\|\boldsymbol{r}_{i-1}\|_2$，则 $j=j+1$，$K=j\times S$，转到步骤 2；若 $\|\boldsymbol{r}\|_2<\|\boldsymbol{r}_{i-1}\|_2$，则 $\boldsymbol{\Lambda}_i=\boldsymbol{\Lambda}$，$\boldsymbol{r}_i=\boldsymbol{r}$，$i=i+1$，转到步骤 2

步骤 7：计算系数 $\hat{\boldsymbol{x}}_{\Lambda}=(\boldsymbol{\Phi}_{\Lambda}^{\mathrm{H}}\boldsymbol{\Phi}_{\Lambda})^{-1}\boldsymbol{\Phi}_{\Lambda}^{\mathrm{H}}\boldsymbol{y}$，然后将 $\hat{\boldsymbol{x}}$ 中与集合 $\boldsymbol{\Lambda}$ 对应位置的元素值设为 $\hat{\boldsymbol{x}}_{\Lambda}$，其余元素值设为零

§ 10.2　基失配

稀疏表示模型是建立在离散域上的，即离散化分割参数空间，形成等均匀分割的离散网格点，并假设未知参数恰好分布在这些离散的网格点上。然而，在某些实际应用中，信号的参数空间往往是连续分布的，并不能确保实际参数恰好落在网格点上。例如，信道时延 τ 可能不是采样时间 T_s 的整数倍，空间离开角 ϕ 可能不是角度分辨率 $\dfrac{2\pi}{G_T}$ 的整数倍。这种参数离散化表示带来的稀疏性恶化会降低建模的精度，影响恢复性能，这就是基失配问题(又称基偏差问题)。

10.2.1　问题描述

以时延-多普勒二维空间为例，假设离散网格为

$$\tau\in\{T_s,\ 2T_s,\ \cdots,\ T_g\} \tag{10-3}$$

$$a\in\{-a_{\max},\ -a_{\max}+\Delta a,\ \cdots,\ a_{\max}\} \tag{10-4}$$

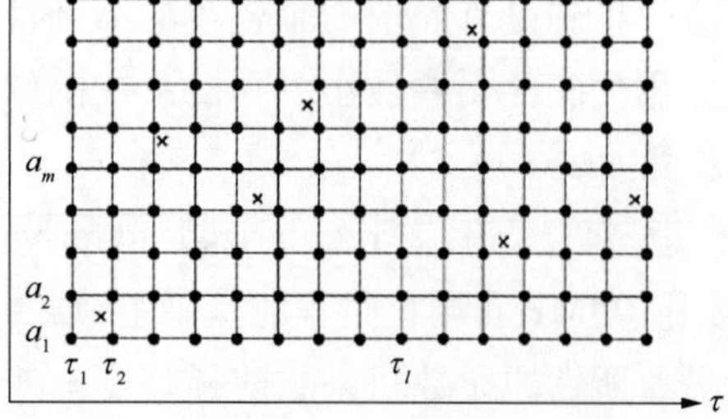

图 10－1　多径时延和多普勒分布示意图[7]

两式中，T_s 是采样间隔，T_g 是保护间隔，时延分辨率为 T_s；$a_{\max}$ 表示最大多普勒频偏，多普勒分辨率为 Δa。图 10－1 给出了多径时延(τ 轴)和多普勒分布(a 轴)情况。

从图 10－1 可以看出，实际的多径时延和多普勒因子没有落在均匀划分的时延-多普勒网

格点上。信道冲激响应在用这些离散网格点表示时,对应的信道系数向量的稀疏性变得较差,导致基于稀疏信号处理的信道估计性能明显下降。

图 10 - 1 直观解释了基失配现象,接下来给出基失配问题的数学描述。假设为了得到信号的稀疏表示,用傅里叶变换基 $\boldsymbol{\Psi}_0$ 对原始信号 $\boldsymbol{s}$ 进行处理,得到 $\boldsymbol{x}_0=\boldsymbol{\Psi}_0^{-1}\boldsymbol{s}$。其中 $\boldsymbol{\Psi}_0$ 为

$$\boldsymbol{\Psi}_0=\frac{1}{\sqrt{N}}\begin{bmatrix}1 & 1 & \cdots & 1\\ 1 & \mathrm{e}^{\frac{\mathrm{j}2\pi}{N}} & \cdots & \mathrm{e}^{\frac{\mathrm{j}2\pi(N-1)}{N}}\\ \vdots & \vdots & \ddots & \vdots\\ 1 & \mathrm{e}^{\frac{\mathrm{j}2\pi(N-1)}{N}} & \cdots & \mathrm{e}^{\frac{\mathrm{j}2\pi(N-1)^2}{N}}\end{bmatrix} \tag{10-5}$$

$\boldsymbol{x}_0$ 是主观上认定的稀疏向量。事实上,$\boldsymbol{s}$ 在变换基 $\boldsymbol{\Psi}_1$ 下才是稀疏的,即 $\boldsymbol{x}_1=\boldsymbol{\Psi}_1^{-1}\boldsymbol{s}$ 是稀疏向量,而 $\boldsymbol{x}_0$ 不是稀疏向量。

$$\boldsymbol{\Psi}_1=\frac{1}{\sqrt{N}}\begin{bmatrix}1 & 1 & \cdots & 1\\ \mathrm{e}^{\mathrm{j}\varepsilon_0} & \mathrm{e}^{\mathrm{j}\left(\varepsilon_1+\frac{2\pi}{N}\right)} & \cdots & \mathrm{e}^{\mathrm{j}\left[\varepsilon_{N-1}+\frac{2\pi(N-1)}{N}\right]}\\ \vdots & \vdots & \ddots & \vdots\\ \mathrm{e}^{\mathrm{j}\varepsilon_0(N-1)} & \mathrm{e}^{\mathrm{j}\left(\varepsilon_1+\frac{2\pi}{N}\right)(N-1)} & \cdots & \mathrm{e}^{\mathrm{j}\left(\varepsilon_{N-1}+\frac{2\pi(N-1)}{N}\right)(N-1)}\end{bmatrix} \tag{10-6}$$

式中,参数偏差量为 $\boldsymbol{\varepsilon}=(\varepsilon_0,\ \cdots,\ \varepsilon_{N-1})^{\mathrm{T}}$。定义 $\boldsymbol{\Psi}=\boldsymbol{\Psi}_0^{-1}\boldsymbol{\Psi}_1$,表示 $\boldsymbol{\Psi}_0$ 和 $\boldsymbol{\Psi}_1$ 的不匹配程度,由式(10 - 5)和式(10 - 6)得到 $\boldsymbol{\Psi}$ [8]。

$$\boldsymbol{\Psi}=\frac{1}{\sqrt{N}}\begin{bmatrix}L(\varepsilon_0) & L\left(\varepsilon_1-\frac{2\pi(N-1)}{N}\right) & \cdots & L\left(\varepsilon_{N-1}-\frac{2\pi}{N}\right)\\ L\left(\varepsilon_0-\frac{2\pi}{N}\right) & L(\varepsilon_1) & \cdots & L\left(\varepsilon_{N-1}-\frac{2\pi\times 2}{N}\right)\\ \vdots & \vdots & \ddots & \vdots\\ L\left(\varepsilon_0-\frac{2\pi(N-1)}{N}\right) & L\left(\varepsilon_1-\frac{2\pi(N-2)}{N}\right) & \cdots & L(\varepsilon_{N-1})\end{bmatrix} \tag{10-7}$$

式中,

$$L(\theta)=\frac{1}{N}\sum_{n=0}^{N-1}\mathrm{e}^{\mathrm{j}n\theta}=\frac{1}{N}\mathrm{e}^{\frac{\mathrm{j}\theta(N-1)}{2}}\frac{\sin\left(\frac{\theta N}{2}\right)}{\sin\left(\frac{\theta}{2}\right)} \tag{10-8}$$

易知 $\boldsymbol{x}_0=\boldsymbol{\Psi}\boldsymbol{x}_1$,由于 $L(\theta)$ 收敛很慢,经过 $\boldsymbol{\Psi}$ 的作用,真正的参数向量 $\boldsymbol{x}_1$ 的少量稀疏元素被分布到 $\boldsymbol{x}_0$ 的所有位置上,使得 $\boldsymbol{x}_0$ 不再具有严格意义的稀疏性,从而导致信号重构精度降低。

10.2.2 解决方案

解决基失配最直接的方式是提高参数的量化精度，采用过采样方法减小真实值与网格点的偏差[9]。将时延分辨率提高为 $\frac{T_s}{\lambda}$ $(\lambda \geqslant 1)$，式(10-3)所示的量化时延变成

$$\tau \in \left\{\frac{T_s}{\lambda},\ \frac{2T_s}{\lambda},\ \cdots,\ T_g\right\} \tag{10-9}$$

设 T^0 和 T^1 分别表示 $\lambda=1$ 和 $\lambda=2$ 情况下的时延网格，由图 10-2 可知，通过提高量化精度，可以有效降低实际时延和量化网格的最小距离，从而减小建模误差。

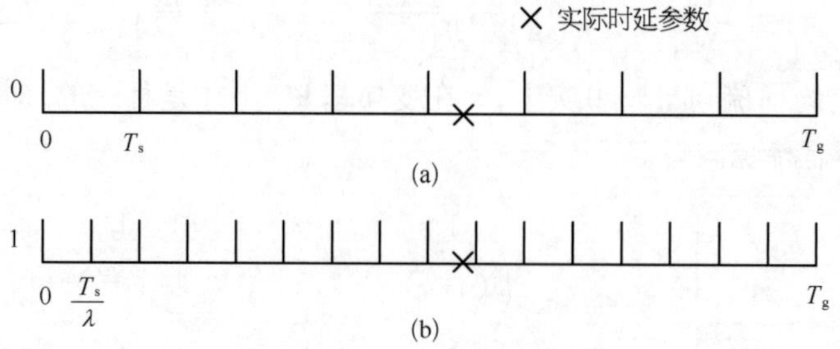

图 10-2 路径时延网格分布

然而，该方法在过采样因子进一步增大时，会面临两个问题：一是测量矩阵列数过大，导致稀疏重构算法复杂度较大；二是测量矩阵不同列之间的相关性增强，导致稀疏重构算法不稳定。

为克服上述问题，以下介绍一种自适应量化方法[10]。它通过自适应提高估计参数附近的分辨率，从而提高估计精度。仍以 OFDM 系统为例，设一个符号的子载波数为 N，信道估计模型为

$$\boldsymbol{H}_p = \boldsymbol{\Phi h} + \boldsymbol{n} \tag{10-10}$$

式中，$\boldsymbol{h}$ 是待求解的时域信道响应值，$\boldsymbol{H}_p$ 为导频处的频率信道响应值，记导频序号为 $P=\{k_0,\ k_1,\ \cdots,\ k_{P-1}\}$，$\boldsymbol{\Phi}=[\phi_0,\ \cdots,\ \phi_{L-1}]\in\mathbb{C}^{P\times L}$ 是部分傅里叶变换矩阵，其第 $(m,\ n)$ 个元素表示为

$$[\boldsymbol{\Phi}]_{m,\ n} = \mathrm{e}^{-\mathrm{j}\frac{2\pi}{N}p_m n},\ n\in\{0,\ 1,\ 2\cdots,\ L-1\} \tag{10-11}$$

为描述方便，记路径时延网格 $T^0=\{0,\ 1,\ 2,\ \cdots,\ L-1\}$。通过计算测量矩阵 $\boldsymbol{\Phi}$ 的每一列与 $\boldsymbol{H}_p$ 的内积来判断时延径 $\hat{l}^{(0)}$ 的位置

$$\hat{l}^{(0)} = \arg\max_{l\in T^0} |\langle \phi_l,\ \boldsymbol{H}_p\rangle| \tag{10-12}$$

基于 $\hat{l}^{(0)}$，选择新的路径时延网格 $T^1=\left\{\hat{l}^{(0)}-\frac{1}{2},\ \hat{l}^{(0)},\ \hat{l}^{(0)}+\frac{1}{2}\right\}$，构建新的测量矩阵

$$[\boldsymbol{\Phi}^1]_{m,n} = \mathrm{e}^{-\mathrm{j}\frac{2\pi}{N}p_m l_n},\ l_n \in T^1 \tag{10-13}$$

在新的路径时延网格 T^1 下,通过计算测量矩阵 $\boldsymbol{\Phi}^1$ 的每一列与 $\boldsymbol{H}_\mathrm{p}$ 的内积来判断时延径 $\hat{l}^{(1)}$ 的位置

$$\hat{l}^{(1)} = \arg\min_{l_n \in T^1} |\langle \phi_n^1,\ \boldsymbol{H}_\mathrm{p}\rangle| \tag{10-14}$$

经过 Q 次迭代后,真实值和估计值的误差 $|l-\hat{l}^{(Q)}| \leqslant \frac{1}{2}^{Q+1}$,随着 Q 的增大,估计的 $\hat{l}^{(Q)}$ 越来越接近真实值。以 $L=9$, 稀疏度 1 为例,图 10-3 给出了自适应路径时延网格分布情况。

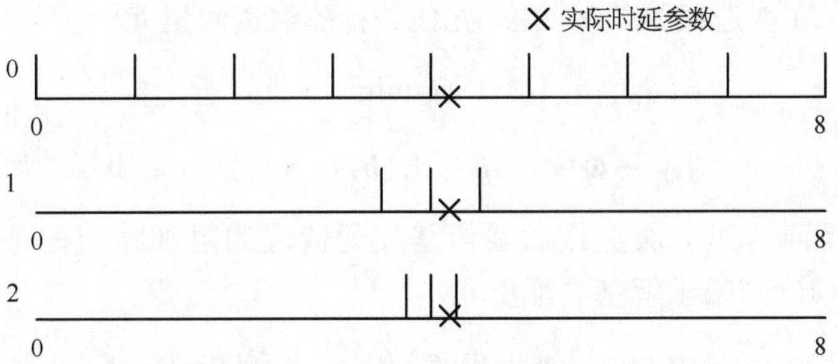

图 10-3　自适应路径时延网格分布

除了上述提高量化精度的方案,还有一类解决基失配的方案,即直接对偏差量进行求解和补偿。文献[11]提出将基偏差进行一阶线性近似处理,进而采用总体最小二乘(total least squares, TLS)算法对稀疏信道进行估计,并提出采用基调整与稀疏向量求解迭代进行的方式来完成基偏差的补偿。文献[12]在已经得到的支撑集上调整基偏差,算法复杂度更小。文献[13]提出采用扰动的基追踪去噪交替算法(alternating algorithm for perturbed basis pursuit deNoising, AA-P-BPDN)求解基失配问题。该算法比 TLS 能更逼近实际问题,可取得更好的性能,同时凸优化问题也保证了问题求解的易实现性。

接下来,介绍一种求解偏差量的迭代凸优化补偿算法[7],其思想是交替迭代求解基失配向量和稀疏信道向量。设带基失配的压缩信道估计模型为

$$\boldsymbol{y} = \boldsymbol{\Phi}(\boldsymbol{\varepsilon})\boldsymbol{h} + \boldsymbol{n} \tag{10-15}$$

测量矩阵 $\boldsymbol{\Phi}$ 为时延偏差向量 $\boldsymbol{\varepsilon} = (\varepsilon_1,\ \cdots,\ \varepsilon_L)^\mathrm{T}$ 的函数。令测量矩阵 $\boldsymbol{\Phi}(\boldsymbol{\varepsilon})$ 在点 $\boldsymbol{\varepsilon}=\mathbf{0}$ 处作泰勒展开,即

$$\boldsymbol{\Phi}(\boldsymbol{\varepsilon}) = \boldsymbol{\Phi}(\mathbf{0}) + \boldsymbol{\Phi}^{(1)}(\mathbf{0})\boldsymbol{D}(\boldsymbol{\varepsilon}) + \sum_{i=2}^{\infty}\boldsymbol{\Phi}^{(i)}(\mathbf{0})\boldsymbol{D}(\boldsymbol{\varepsilon})^i \tag{10-16}$$

式中, $\boldsymbol{D}(\boldsymbol{\varepsilon}) = \mathrm{diag}(\boldsymbol{\varepsilon})$, 矩阵导数

$$\boldsymbol{\Phi}^{(i)} = \left[\frac{\partial^i \phi_1}{\partial \varepsilon_1^i},\ \frac{\partial^i \phi_2}{\partial \varepsilon_2^i},\ \cdots,\ \frac{\partial^i \phi_L}{\partial \varepsilon_L^i}\right] \tag{10-17}$$

ϕ_l 为测量矩阵$\boldsymbol{\Phi}$的第l列。令$\boldsymbol{W}(\boldsymbol{\varepsilon})=\boldsymbol{\Phi}(\boldsymbol{0})+\boldsymbol{\Phi}^{(1)}(\boldsymbol{0})\boldsymbol{D}(\boldsymbol{\varepsilon})$，为基失配量$\boldsymbol{\varepsilon}$的线性函数，令残留项$\boldsymbol{E}(\boldsymbol{h},\boldsymbol{\varepsilon})=\sum_{i=2}^{\infty}\boldsymbol{\Phi}^{(i)}(\boldsymbol{0})\boldsymbol{D}(\boldsymbol{\varepsilon})^i\boldsymbol{h}$，为基失配量$\boldsymbol{\varepsilon}$的非线性函数。

存在基失配的压缩信道估计问题可以用式(10－18)所示的最优问题进行求解。

$$\begin{gathered}\hat{\boldsymbol{h}}=\arg\min_{\boldsymbol{h}\boldsymbol{\varepsilon}}\|\boldsymbol{h}\|_1\\ \text{s.t.}\ \|\boldsymbol{y}-\boldsymbol{\Phi}(\boldsymbol{\varepsilon})\boldsymbol{h}-\boldsymbol{E}(\boldsymbol{h},\boldsymbol{\varepsilon})\|_2\leqslant\delta\end{gathered}\tag{10-18}$$

式中，δ 表示测量数据的噪声水平。式(10－18)的最优化问题中含有两个未知待求向量：$\boldsymbol{h}$ 和$\boldsymbol{\varepsilon}$。同时求解两个未知向量复杂度高，考虑用迭代求解的方式依次求解这两个向量。在第$(i+1)$次迭代的第一阶段，先估计稀疏信道向量$\boldsymbol{h}$。

$$\begin{gathered}\hat{\boldsymbol{h}}_{(i+1)}=\arg\min_{\boldsymbol{h}}\|\boldsymbol{h}\|_1\\ \text{s.t.}\ \|\boldsymbol{y}-\boldsymbol{\Phi}(\boldsymbol{\varepsilon}_{(i)})\boldsymbol{h}-\boldsymbol{E}(\boldsymbol{h}_{(i)},\boldsymbol{\varepsilon}_{(i)})\|_2\leqslant\delta_{(i)}\end{gathered}\tag{10-19}$$

式中，$\delta_{(i)}$ 表示噪声与第i次迭代后残留基失配造成的附加噪声的叠加。基于$\hat{\boldsymbol{h}}_{(i+1)}$，第二阶段采用式(10－20)求解基失配量$\hat{\boldsymbol{\varepsilon}}_{(i+1)}$。

$$\begin{gathered}\hat{\boldsymbol{\varepsilon}}_{(i+1)}=\arg\min_{\boldsymbol{h}}\|\boldsymbol{y}-\boldsymbol{\Phi}(\boldsymbol{\varepsilon})\boldsymbol{h}_{(i+1)}-\boldsymbol{E}(\boldsymbol{h}_{(i+1)},\boldsymbol{\varepsilon}_{(i)})\|_2\\ \text{s.t.}\ \|\boldsymbol{\varepsilon}\|_2\leqslant\beta\end{gathered}\tag{10-20}$$

经过两个阶段后，得到更新后的$\hat{\boldsymbol{\varepsilon}}_{(i+1)}$和$\hat{\boldsymbol{h}}_{(i+1)}$，噪声和基失配的能量之和为

$$\gamma_{(i+1)}=\|\boldsymbol{y}-\boldsymbol{\Phi}(\boldsymbol{\varepsilon}_{(i+1)})\boldsymbol{h}_{(i+1)}-\boldsymbol{E}(\boldsymbol{h}_{(i+1)},\boldsymbol{\varepsilon}_{(i+1)})\|_2\tag{10-21}$$

如果$\gamma_{(i+1)}\geqslant\boldsymbol{\varepsilon}_{(0)}$，其物理含义是，经过第$(i+1)$次迭代后仍然存在残留基失配，该残留部分被视为附加噪声处理；如果$\gamma_{(i+1)}<\boldsymbol{\varepsilon}_{(0)}$，表明估计的$\hat{\boldsymbol{\varepsilon}}_{(i+1)}$和$\hat{\boldsymbol{h}}_{(i+1)}$过度匹配，可能会造成迭代不收敛的后果。因此，为保证整个迭代的收敛性，噪声控制项需要进行修正，确保噪声能量高于接收机收到的噪声$\boldsymbol{n}$的能量$\boldsymbol{\varepsilon}_{(0)}$，噪声控制项的更新方案为

$$\hat{\boldsymbol{\varepsilon}}_{(i+1)}=\max\{\gamma_{(i+1)},\boldsymbol{\varepsilon}_{(0)}\}\tag{10-22}$$

当迭代逐渐收敛时，$\hat{\boldsymbol{h}}_{(i+1)}$和$\hat{\boldsymbol{\varepsilon}}_{(i+1)}$逐渐接近准确的稀疏信道向量$\boldsymbol{h}$和基失配向量$\boldsymbol{\varepsilon}$，比较前后两次迭代的变化大小，并将其作为迭代停止准则的参考。

$$\frac{\|\boldsymbol{\Phi}(\boldsymbol{\varepsilon}_{(i)})\boldsymbol{h}_{(i)}-\boldsymbol{\Phi}(\boldsymbol{\varepsilon}_{(i-1)})\boldsymbol{h}_{(i-1)}\|_2}{\|\boldsymbol{\Phi}(\boldsymbol{\varepsilon}_{(i)})\boldsymbol{h}_{(i)}\|_2}\leqslant\xi\tag{10-23}$$

式中，ξ 为停止迭代参数。当满足式(10－23)时，算法结束，输出估计的基失配向量和稀疏信道向量。

§ 10.3 噪声影响

回顾前文的压缩感知模型可以发现，稀疏信号处理常在噪声的影响下，根据测量信

号对原始的稀疏信号进行恢复，而这些噪声通常假设服从高斯分布。在实际应用中，往往会面临更复杂的情况，例如脉冲噪声、稀疏信号的背景噪声都会对压缩感知的算法性能产生影响。

10.3.1　背景噪声

实际工程应用中，往往不存在理想的稀疏信号，这些稀疏信号通常会包含一定的噪声或者干扰，这种噪声被称为背景噪声。例如在雷达探测中，目标信号往往处于一定的背景噪声下，并非完全稀疏。背景噪声与测量手段无关，只与信号所处背景有关，这也使得这类噪声会连同理想的稀疏信号一起进入压缩测量，进而对测量信号产生影响。

考虑一个近似稀疏信号的压缩感知恢复数学模型

$$\boldsymbol{y}=\boldsymbol{\Phi}(\boldsymbol{x}+\boldsymbol{n})+\boldsymbol{w}=\boldsymbol{\Phi x}+\boldsymbol{e} \tag{10-24}$$

式中，$\boldsymbol{y}\in\mathbb{R}^{N\times1}$ 为测量向量；$\boldsymbol{\Phi}\in\mathbb{R}^{N\times M}$ 为测量矩阵，通常有 $N\ll M$；$\boldsymbol{w}\in\mathbb{R}^{N\times1}$ 为测量噪声，与恢复的稀疏信号无关，只与测量环境（如温度、湿度、仪器精度）有关，假定 $\boldsymbol{w}$ 服从均值为 0，协方差矩阵为 $\sigma_w^2\boldsymbol{I}$ 的高斯分布；$\boldsymbol{n}\in\mathbb{R}^{N\times1}$ 为背景噪声，假定 $\boldsymbol{n}$ 服从均值为 0，协方差矩阵为 $\sigma_n^2\boldsymbol{I}$ 的高斯分布。联合噪声 $\boldsymbol{e}=\boldsymbol{\Phi n}+\boldsymbol{w}$，其协方差矩阵为

$$\boldsymbol{Q}=\sigma_w^2\boldsymbol{I}+\sigma_n^2\boldsymbol{\Phi\Phi}^{\mathrm{H}} \tag{10-25}$$

通常情况下，由于测量矩阵 $\boldsymbol{\Phi}$ 的影响，联合噪声往往不再是一个高斯过程，这使得重构恢复算法的分析变得复杂。值得注意的是，高准确度的稀疏恢复需要以测量矩阵的列之间的高正交性为前提。因此，可以假设 $\boldsymbol{\Phi}$ 是由 $R=\dfrac{M}{N}$ 个正交基组成，即 $\boldsymbol{\Phi}=[\boldsymbol{\Phi}_1,\cdots,\boldsymbol{\Phi}_R]$，其中 $\boldsymbol{\Phi}_r$ 均为 $N\times N$ 的正交基（例如以小波基和余弦基组合分析信号）。在这种情况下，有

$$\boldsymbol{\Phi\Phi}^{H}=\sum_{r=1}^{R}\boldsymbol{\Phi}_r\boldsymbol{\Phi}_r^{\mathrm{H}}=R\boldsymbol{I}=\frac{M}{N}\boldsymbol{I} \tag{10-26}$$

因此，联合噪声的相关矩阵可以写为 $\boldsymbol{Q}=\sigma_e^2\boldsymbol{I}$，其中，

$$\sigma_e^2=\sigma_w^2+\frac{M}{N}\sigma_n^2 \tag{10-27}$$

当 $N\ll M$ 时，系统的噪声会受到背景噪声的严重影响，这就是噪声叠加现象（noise folding）。文献[14]以白化的角度分析了噪声叠加对稀疏恢复的性能影响，结论表明，当 $N, M\to\infty$ 且 $\dfrac{M}{N}\to0$ 时，测量矩阵的 RIP 界和相关参数基本不变，如果采用常规的稀疏恢复算法进行信号重构时，需要额外考虑噪声叠加导致的联合噪声方差变化问题。

10.3.2 脉冲噪声

压缩感知系统的应用涉及不同噪声环境下的鲁棒性技术。在前几章的讨论中,压缩感知框架仅仅考虑了有限噪声和高斯白噪声,高斯白噪声在概率意义上也是有限噪声,而且传统的压缩感知重构算法的性能与噪声的能量成正比。实际应用环境中,还存在另外一种常见环境噪声——脉冲噪声,脉冲噪声与前二者相比,具有特异性。直观地看,脉冲噪声会在一些采样点上产生极大干扰,从而破坏这些采样点上的测量值。对传统的稀疏重构算法而言,其测量值的数量本身较少,造成它在脉冲噪声环境下重构稀疏信号的能力下降。

R. E. Carrillo 等人在文献[15]中提出洛伦兹迭代硬阈值(Lorentzian iterative hard thresholding, LIHT)算法来求解最小洛伦兹范数问题[16],从而实现脉冲噪声环境下的有效重构。一个稀疏度为 s 的向量 $\boldsymbol{x}$ 的稀疏重构问题被建模为

$$\begin{aligned} &\min_{x\in\mathbb{R}^n} \|\boldsymbol{y}-\boldsymbol{\Phi x}\|_{LL_2,\gamma} \\ &\text{s.t. } \|\boldsymbol{x}\|_0 \leqslant s \end{aligned} \tag{10-28}$$

式中,测量矩阵 $\boldsymbol{\Phi}$ 的维度为 $m\times n$, $\|\cdot\|_{LL_2,\gamma}$ 表示最小化洛伦兹范数,定义为

$$\|\boldsymbol{x}\|_{LL_2,\gamma}=\sum_{i=1}^{N}\ln\left(1+\frac{|x_i|^2}{\gamma^2}\right) \tag{10-29}$$

式(10-28)是一个非凸的组合优化问题,可以基于投影梯度算法得到次优解。设定初始向量 $\boldsymbol{x}^{(0)}$ 为全零向量,在第 t 次迭代中对向量进行更新。

$$\boldsymbol{x}^{(t+1)}=H_s(\boldsymbol{x}^{(t)}+\mu^{(t)}\boldsymbol{g}^{(t)}) \tag{10-30}$$

式中, $H_s(\boldsymbol{x})$ 为硬阈值算子,是一种非线性的运算:将向量 $\boldsymbol{x}$ 中幅值最大的 s 个以外的元素置为 0。$\mu^{(t)}$ 为步长参数, $\boldsymbol{g}$ 为 $\|\boldsymbol{y}-\boldsymbol{\Phi x}\|_{LL_2,\gamma}$ 的负梯度,表示为

$$\boldsymbol{g}^{(t)}=\boldsymbol{\Phi}^{\mathrm{T}}\boldsymbol{W}_t(\boldsymbol{y}-\boldsymbol{\Phi x}^{(t)}) \tag{10-31}$$

矩阵 $\boldsymbol{W}_t$ 为 $m\times m$ 的对角矩阵,其对角线上的元素为

$$\boldsymbol{W}_t(i,i)=\frac{\gamma^2}{\gamma^2+(\boldsymbol{y}(i)+\boldsymbol{\Phi}(i,:)^{\mathrm{T}}\boldsymbol{x}^{(t)})^2} \tag{10-32}$$

事实上,当步长 μ 设为 1、矩阵 $\boldsymbol{W}_t$ 设为单位矩阵时,LIHT 算法会退化为迭代硬阈值(iterative hard thresholding, IHT)算法[17]。对 LIHT 算法而言,算法的性能取决于洛伦兹范数的尺度参数 γ 以及步长 $\mu^{(t)}$ 的设定。文献[15]给出的参考设定为

$$\gamma=\frac{\boldsymbol{y}_{(0.875)}-\boldsymbol{y}_{(0.125)}}{2},\quad \mu^{(t)}=\frac{\|\boldsymbol{g}_{S(t)}^{(t)}\|_2^2}{\|\boldsymbol{W}_t^{\frac{1}{2}}\boldsymbol{\Phi}_{S(t)}\boldsymbol{g}_{S(t)}^{(t)}\|_2^2} \tag{10-33}$$

式中，$\boldsymbol{y}_{(q)}$ 为测量向量的 q 分位数，$S(t)$ 为第 t 次迭代的解 $\boldsymbol{x}^{(t)}$ 的支撑集。

然而,LIHT 算法对脉冲数量十分敏感,其重构性能会随着脉冲数量的增加而明显下降。洛伦兹硬阈值追踪(Lorentzian hard thresholding pursuit, LHTP)算法和改进的洛伦兹迭代硬阈值(modified Lorentzian iterative hard thresholding, MLIHT)算法可对 LIHT 的恢复性能进行改善[18]。LHTP 算法将硬阈值追踪(hard thresholding pursuit, HTP)算法与 LIHT 算法结合,先估计信号的支撑集,并在此基础上求解最小洛伦兹范数问题以进行稀疏恢复。MLIHT 算法采用 Barzilai-Borwein 方法[19]来设置步长 μ，引入 l_1 范数来寻找最优参数 γ，有效解决了 LIHT 算法对稀疏度敏感的问题。

§10.4　小结

本章介绍了稀疏信号处理在实际应用中存在的稀疏度未知和基失配问题,并讨论了噪声对重构算法的影响。压缩重构算法往往需要已知稀疏度,面对稀疏度未知的情况,除设计有效算法估计稀疏度外,还可以通过迭代过程自适应调整所选原子数目来重建稀疏度未知的信号。基失配会导致能量泄漏,可能使恢复精度严重恶化。解决基失配的方式是提高参数的量化精度,或者通过凸优化补偿算法对偏差量进行求解。

参考文献

[1] Burger M, Moller M, Benning M, et al. An adaptive inverse scale space method for compressed sensing[J]. Mathematics of Computation, 2013, 82(281): 269 - 299.

[2] 季彪,李有明,刘小青,等.基于压缩感知的未知稀疏度信号重构方法[J]. 数据通信,2016: 44 - 48.

[3] Rao X, Lau V K. Distributed compressive CSIT estimation and feedback for FDD multi-user massive MIMO systems[J]. IEEE Transactions on Signal Processing, 2014, 62(12): 3261 - 3271.

[4] Do T T, Gan L, Nguyen N, et al. Sparsity adaptive matching pursuit algorithm for practical compressed sensing[C]// IEEE. Proceedings of Asilomar Conference on Signals, Systems and Computers, October 26 - 29, 2008. New York: IEEE, 2008: 581 - 587.

[5] 李廉林,李芳. 稀疏感知导论[M]. 北京：科学出版社,2018.

[6] 闫敬文,刘蕾,屈小波. 压缩感知及应用[M]. 北京：国防工业出版社,2015.

[7] 余方园. OFDM 水声信道估计与均衡技术研究[D]. 哈尔滨：哈尔滨工业大学,2016.

[8] 陈栩杉,张雄伟,杨吉斌,等. 如何解决基不匹配问题：从原子范数到无网格压缩感知[J]. 自动化学报,42(3),2016: 335 - 346.

[9] Berger C R, Wang Z, Huang J, et al. Application of compressive sensing to sparse channel estimation[J]. IEEE Communication Magazine, 2010, 48(11): 164 - 174.

[10] Hu D, Wang X, He L. A new sparse channel estimation and tracking method for time-varying OFDM systems[J]. IEEE Transactions on Vehicular Technology, 2013, 62(9): 4648 - 4653.

[11] Huang T, Liu Y, Wang X, et al. Adaptive matching pursuit with constrained total least squares[J]. EURASIP Journal on Advances in Signal Processing, 2012, 76: 1 - 12.

[12] Nichols J M, Oh A K, Willett R M. Reducing basis mismatch in harmonic signal recovery via alternating convex search[J]. IEEE Signal Processing Letters, 2014, 21(8): 1007 - 1011.

[13] Guldogan M B, Arikan O. Detection of sparse targets with structurally perturbed echo dictionaries[J]. Digital Signal Processing, 2013, 23: 1630 - 1644.

[14] Arias-Castro E, Eldar Y C. Noise folding in compressed sensing[J]. IEEE Signal Processing Letters, 2011, 18(8): 478 - 481.

[15] Carrillo R E, Barner K E. Lorentzian based iterative hard thresholding for compressed sensing[C]// IEEE. Proceedings of IEEE International Conference on Acoustics, Speech and Signal Processing, May 22 - 27, 2011. New York: IEEE, 2011: 3664 - 3667.

[16] Carrillo R E, Barner K E, Aysal T C. Robust sampling and reconstruction methods for sparse signals in the presence of impulsive noise[J]. IEEE Journal of Selected Topics in Signal Processing, 2010, 4(2): 392 - 408.

[17] Blumensath T, Davies M E. Normalized iterative hard thresholding: guaranteed stability and performance[J]. IEEE Journal of Selected Topics in Signal Processing, 2010, 4(2): 298 - 309.

[18] 季云云. 压缩感知观测矩阵与脉冲噪声环境下重构算法研究[D]. 南京: 南京邮电大学,2014.

[19] Wright S J, Nowak R D, Figueiredo M A T. Sparse reconstruction by separable approximation[J]. IEEE Transactions on Signal Processing, 2008, 57(7): 2479 - 2493.

索　引

T

W

X

Y

Z